高职高专机电类专业系列教材

单片机原理及应用

（汇编语言与C51语言版）

第3版

主　编　曹克澄
副主编　熊建云
参　编　余丙荣　曾永和　周　兵
主　审　曹振军

机 械 工 业 出 版 社

本书介绍了微型计算机的基础知识，重点介绍了 MCS－51 系列单片机的系统，包括内部结构、指令系统、汇编语言、C51 语言，并介绍了单片机的扩展技术和接口技术，还介绍了单片机系统开发工具及系统设计方面的知识。

本书简单介绍了 Keil 软件的使用方法，便于缺少单片机实验条件的院校在教学时以及自学本书的读者在学习时进行单片机仿真运行操作。

本书可作为高职高专机电类专业的教材，也适用于成人教育相关专业，亦可供从事单片机应用的工程技术人阅读参考。

为方便教学，本书配有电子课件、模拟试卷及习题解答等，凡选用本书作为授课用书的教师，均可登录教材服务网（www.cmpedu.com）免费下载。如有问题，可拨打 010-88379375 咨询营销人员。

图书在版编目（CIP）数据

单片机原理及应用：汇编语言与 C51 语言版/曹克澄主编．—3 版．—北京：机械工业出版社，2018.3（2023.1 重印）
高职高专机电类专业系列教材
ISBN 978-7-111-59151-1

Ⅰ．①单… Ⅱ．①曹… Ⅲ．①单片微型计算机-高等职业教育-教材 Ⅳ．①TP368.1

中国版本图书馆 CIP 数据核字（2018）第 029588 号

机械工业出版社（北京市百万庄大街 22 号 邮政编码 100037）
策划编辑：于 宁 王宗锋 责任编辑：于 宁 王宗锋 高亚云
责任校对：王 延 封面设计：马精明
责任印制：张 博
北京建宏印刷有限公司印刷
2023 年 1 月第 3 版第 6 次印刷
184mm×260mm · 18 印张 · 443 千字
标准书号：ISBN 978-7-111-59151-1
定价：49.80 元

电话服务	网络服务
客服电话：010-88361066	机 工 官 网：www.cmpbook.com
010-88379833	机 工 官 博：weibo.com/cmp1952
010-68326294	金 书 网：www.golden-book.com
封底无防伪标均为盗版	机工教育服务网：www.cmpedu.com

前　言

为适应高等职业教育的需要，根据“单片机原理及应用”课程教学大纲的要求，我们组织编写了本书。

本书以 Intel 公司的 MCS－51 系列高档 8 位单片机为主体，全面介绍了单片机的结构原理、指令系统、扩展技术和接口技术。本书在编写上，注重培养学生从理论和实践中掌握单片机的硬件和软件知识的能力，同时结合目前高职高专的生源情况，通过大量的图片较形象地说明了指令的功能和硬件电路，为学生具备单片机应用系统软硬件初步开发能力提供便利。

针对目前单片机程序采用 C51 语言编写的情况，本书在第 2 版的基础上增加了 C51 语言的有关知识，以适应不同读者的需求。本书还对常用的单片机开发工具做了简单介绍，便于读者了解掌握单片机开发工具。

本书共分 10 章，第 1 章概述；第 2 章 MCS－51 系列单片机汇编语言编程；第 3 章 C51 语言程序设计；第 4 章 MCS－51 系列单片机的中断系统与定时/计数器；第 5 章存储器扩展技术；第 6 章并行 I/O 扩展技术；第 7 章 I/O 设备接口技术；第 8 章串行通信技术；第 9 章常用开发工具；第 10 章单片机应用系统设计。附录中包含 MCS－51 系列单片机指令表、MCS－51 系列单片机反汇编指令分类表、ASCII 表及 C51 语言常用头文件等。

本书编写分工为：四川信息职业技术学院熊建云编写第 1 章；上海电机学院曹克澄编写第 2 章、第 3 章、第 4 章、第 7 章、第 9 章；安徽机电职业技术学院余丙荣编写第 5 章；张家界航空职业技术学院曾永和编写第 6 章；辽宁机电职业技术学院周兵编写第 8 章及第 10 章。书中的 C51 语言程序由曹克澄编写并调试。本书由曹克澄负责制定编写大纲，并对全书进行统稿，河北机电职业技术学院曹振军担任本教材主审。

本课程的参考学时数为 90 学时，包括理论教学、实验教学和课程设计。

本书力求深入浅出、语言精练、内容完整并具有较好的系统性。但由于编者水平有限，加之时间仓促，书中难免会有不足和疏漏之处，恳请读者提出宝贵意见。

编　者

目　录

第1章 概 述

本章摘要

通过本章学习，应了解单片机的发展概况与组成、特点与应用，掌握二进制、十进制、十六进制等数制及相互转换，掌握单片机中数的表示方法，了解 MCS－51 系列单片机的内部组成、引脚及存储器系统，掌握构成 MCS－51 系列单片机的最小应用系统。

1.1 单片机基础知识

1.1.1 单片机的发展概况与组成

1. 单片机的发展概况

自 1971 年微型计算机问世以来，随着大规模集成电路技术的进一步发展，微型计算机正向两个主要方向发展：一是高速度、高性能、大容量的高档微型机及其系列化，向大、中型计算机发起挑战；另一个是稳定可靠、小而廉、能适应各种控制领域需要的单片机。

单片机（Single Chip Microcomputer）是指把中央处理单元（CPU）、存储器（随机存储器 RAM、只读存储器 ROM）、定时/计数器以及 I/O 接口电路等主要部件集成在一块半导体芯片上的微型计算机。虽然单片机只是一个芯片，但从组成和功能上看，它已具有了微型计算机系统的含义，从某种意义上说，一块单片机芯片就是一台微型计算机。

自从 1975 年美国德克萨斯公司推出世界第一个 4 位单片机 TMS－1000 型以来，单片机技术不断发展，目前已成为微型计算机技术的一个独特分支，广泛应用于工业控制、仪器仪表、家用电子产品等各个控制领域。

1976 年美国 Intel 公司首次推出了 8 位单片机 MCS－48 系列，从而进入了 8 位单片机时代。1978 年 Motorola 公司推出了6801 系列的 8 位单片机。早期的 8 位单片机功能较差，一般都没有串行 I/O 口，几乎不带 A－D、D－A 转换器，中断控制和管理能力也较弱，并且寻址范围小（小于 8KB）。随着集成工艺水平的提高，一些高性能 8 位单片机相继问世，增加了通用串行通信控制，强化了中断控制功能，增加了定时/计数器的个数，扩展了存储器的容量，部分系列单片机内还集成了 A－D、D－A 转换接口，如 Intel 公司的 MCS－51 系列、NEC 公司的 μPD78××系列等。为了提高单片机的控制功能，拓宽其应用领域，在高档 8 位单片机的基础上，又出现了新一代 8 位单片机，如 Intel 公司、Phillips 公司、Atmel 公司、华邦公司的 80C51 系列，Motorola 公司的 MC68HC11 系列，Micro Chip 公司的 PIC16C 系列等。由于8位单片机功能强、品种多、价格低廉，因而广泛应用于各个领域，是单片机的主流。本书将以目前在我国应用最多的Intel公司的MCS－51系列单片机为主进行介绍。

继8位单片机以后，16位单片机逐渐问世并得到很大的发展，Intel公司于1983年推出的MCS－96系列单片机就是其中的典型产品。16位单片机的集成度更高，内部除有常规I/O口、定时/计数器、全双工串行口外，还有高速I/O部件、多路A－D转换、脉冲宽度调制及监视定时器等，运算速度更快。近年来还出现了32位单片机，例如英国Inmos公司的IMST414单片机、Intel公司的80960单片机、日本NEC公司的μPD77230单片机，可用于高速控制、图像处理、语音处理及数字滤波等。

从结构功能来看，单片机将向着片内存储器容量增加、高性能、高速度、多功能、低电压、低功耗、低价格以及外围接口电路内装化（嵌入式）等方向发展。

1）大容量和高性能化：新一代8位单片机的CPU及寄存器都采用16位，内部总线也采用16位，有的还采用流水线技术以及RISC（Reduced Instruction Set Computer，精简指令集计算机）技术，指令执行速度可达100ns，堆栈的空间达64KB，并支持C语言的开发。内部RAM在1MB以上，内部ROM可达48KB，存储器寻址可达16MB。

2）多样化的I/O接口及电路内装化：随着集成度的不断提高，应尽可能把众多的各种外围功能器件集成在片内。单片机内部一般带有存储器、定时/计数器、串行口、并行口，目前较高档的单片机内部还集成有A－D转换模块、D－A转换模块、DMA控制器、声音发生器、监视定时器、液晶显示器驱动、PWM端口、FIP控制模块、彩色电视机和录像机用的锁相电路等多样的I/O接口。

3）低功耗、宽范围的电源电压：许多单片机工作电压范围大，而且在低电压下工作。

总之，单片机的发展前景是非常乐观的，其应用范围也将更加广泛。

2. 单片机的组成

单片机由中央处理单元（称为微处理器，CPU）、存储器及I/O接口电路等组成，各部件之间通过三组总线（Bus）——地址总线（Address Bus，AB）、数据总线（Data Bus，DB）和控制总线（Control Bus，CB）来连接。单片机的基本结构如图1-1所示。

（1）中央处理单元（CPU） CPU主要由运算器、控制器以及相关的寄存器阵列组成，它控制着整个计算机，是计算机的核心部件。运算器主要用于二进制的算术运算和逻辑运算；控制器用于控制计算机进行各种操作以及协调各部件之间的相互联系，是计算机的指挥系统；寄存器主要用于临时存放计算机运行过程中的中间结果、地址或指令代码等。

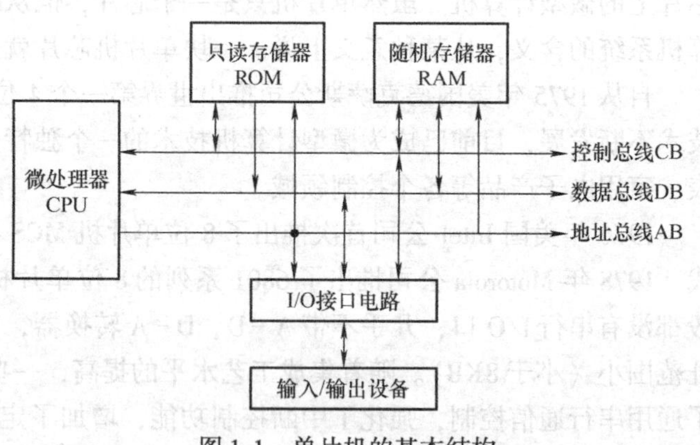

图1-1 单片机的基本结构

(2) 存储器 存储器的主要功能是存放程序和数据。不管是程序还是数据，在存储器中都是用二进制的“1”或“0”来表示的。存储器中存放二进制数的单元称为存储单元。存储器中包含许多存储单元，为了便于信息的存入和取出，每个存储单元都有一个固定的地址来标识，单元地址用二进制编码来表示。

(3) 输入/输出接口 (I/O 接口) 电路 I/O 接口是 CPU 与外部设备进行信息交换的部件。I/O 接口的主要功能是：完成外部设备与 CPU 的连接；转换数据传送速度；转换电平；转换数据格式及将 I/O 设备的状态信息反馈给 CPU 等。如 A-D 和 D-A 转换接口，其作用是转换信号种类。目前，大多数接口电路已标准化、系列化，并制成集成电路芯片，且一般是可编程的。

(4) 总线 (Bus) 总线是将 CPU、存储器和 I/O 接口等相对独立的功能部件连接起来，并传送信息的公共通道。总线是一组传输线的集合，根据传递信息种类不同分为地址总线、数据总线和控制总线。

1) 地址总线 (Address Bus，AB) 是 CPU 用于给存储器或输入/输出接口发送地址信息的单向通信总线，以便选择相应的存储单元或寄存器。地址总线的宽度 (根数) 决定了 CPU 的寻址范围 (即 CPU 所能访问的存储单元的个数)。例如，8051 系列单片机的 AB 有 16 根，用 A0 ~ A15 表示，则它的寻址范围为 2^{16} B = 64KB，即其地址范围为 0000H ~ 0FFFFH。

2) 数据总线 (Data Bus，DB) 是用于实现 CPU、存储器及 I/O 接口之间数据信息交换的双向通信总线。数据总线的宽度决定了微型计算机的位数。如 8051 单片机的 DB 有 8 根，用 D0 ~ D7 表示；80486 的 DB 为 32 位；Pentium Pro 的 DB 为 64 位。

3) 控制总线 (Control Bus，CB) 是传输各种控制信号的总线，对于某个具体的控制线是单向的，其中有的是输出控制线，用于传送从 CPU 发出的控制信息，如读信号、写信号；有的是输入控制线用于传送其他部件发给 CPU 的控制信息，如中断请求信号、复位信号。

1.1.2 单片机的特点与应用

与普通的微型计算机相比，单片机主要具有以下特点：

(1) 体积小、结构简单、可靠性高 单片机把各功能部件集成在一块芯片上，内部采用总线结构，减少了各芯片之间的连线，大大提高了单片机的可靠性与抗干扰能力。另外，其体积小，对于强磁场环境易于采取屏蔽措施，适合在恶劣环境下工作。

(2) 控制功能强 单片机虽然结构简单，但是它“五脏俱全”，已经具备了足够的控制功能。单片机具有较多的 I/O 口，CPU 可以直接对 I/O 口进行 I/O 操作、算术操作、逻辑操作和位操作，指令简单而丰富。所以单片机也是“面向控制”的计算机。

(3) 低电压、低功耗 单片机可在 2.2V 的电压下运行，有的已能在 1.2V 或 0.9V 下工作；功耗降至毫安级，一个纽扣电池就可以长期使用。

(4) 优异的性能价格比 由于单片机构成的控制系统硬件结构简单、开发周期短、控制功能强、可靠性高，因此，在达到同样功能的条件下，用单片机开发的控制系统比用其他类型的微型计算机开发的控制系统价格更低廉。

由于单片机具有上述特点，其应用领域非常广泛。

(1) 工业控制 单片机广泛应用于工业自动化控制系统中，数据采集、过程控制、过程测控和生产线上的机器人系统，都是用单片机作为控制器。自动化能使工业系统处于最佳工作状态，从而提高经济效益，改善产品质量和减轻劳动强度。因此，单片机技术广泛应用于机械、电子、石油、化工、纺织和食品等工业领域中。

(2) 智能化仪器仪表　在各类仪器仪表中引入单片机，可以使仪器仪表智能化、数字化、自动化，提高测试精度和准确度，简化结构，减小体积及重量，提高其性能价格比。例如智能仪器、医疗器械和数字示波器等，都广泛使用单片机。

(3) 智能家电　家电产品智能化程度的进一步提高需要单片机的参与，例如“微电脑控制”的洗衣机、电冰箱、微波炉、空调机、电视机、音响设备等，这里的“微电脑”实际上就是单片机。

(4) 信息与通信技术　如图形终端机、传真机、复印机、调制解调器、声像处理器及数字滤波器等，都广泛使用单片机。

1.1.3 数制

数制即进位计数制，是按进位原则进行计数的一种方法。数制是将数划分为不同的数位，按位进行累积，累积到一定数量之后，又从零开始，同时向高位进位。由于位数不同，则同样的数码在不同的数位中所表示的数值是不同的，低位数值小，高位数值大。

在进位计数制中，使用的数码符号的总数，称为该数制的基数（又称为进位模数），用R表示。若第i位数码用a_i表示，n为整数的位数，m为小数的位数，则进位计数制表示数的式子为

$$N = a_{n-1}a_{n-2}\cdots a_1a_0a_{-1}a_{-2}\cdots a_{-m} \tag{1-1}$$

当某位的数码为1时所表征的数值，称为该数位的权值。权值随数位的增加呈指数规律增加，第i位的权值为R^i。这样，第i位数码a_i所表示的绝对值就是数码a_i乘上该数位的权值，即$a_i \times R^i$。式(1-1) 可写成下述的按权展开式：

$$\begin{aligned} N &= a_{n-1} \times R^{n-1} + a_{n-2} \times R^{n-2} + \cdots + a_0 \times R^0 + a_{-1} \times R^{-1} + \cdots + a_{-m} \times R^{-m} \\ &= \sum_{i=-m}^{n-1} a_i \times R^i \end{aligned} \tag{1-2}$$

式中，a_i可以是$0 \sim (R-1)$中任意一个数码；m、n为正整数；R为基数。当R取不同数值时，N为不同进制的数。

1. 十进制

在日常生活和工作中，人们最熟悉的是十进制，它的基数R为10，数码为0、1、2、3、4、5、6、7、8、9，进位规则是“逢十进一”。

例如：十进制数4231.2的按权展开式为

$$4231.2 = 4 \times 10^3 + 2 \times 10^2 + 3 \times 10^1 + 1 \times 10^0 + 2 \times 10^{-1}$$

其中小数点前的“2”的权是10^2，表示200；小数点后的“2”的权是10^{-1}，表示0.2。

2. 二进制

在计算机中二进制数最容易表示和存储，且适用于逻辑表达与运算。二进制数的基数为2，只有0和1两个数码，进位规则是“逢二进一”。用按权展开式来表示一个二进制数为

$$(1101.01)_2 = 1 \times 2^3 + 1 \times 2^2 + 0 \times 2^1 + 1 \times 2^0 + 0 \times 2^{-1} + 1 \times 2^{-2}$$

(1) 二进制的算术运算　同十进制数一样，二进制数也可进行加、减、乘、除四则运算，且运算规则也相同，不同之处在于进位基数。由于二进制数只有两个数码0和1，所以二进制的运算比十进制的运算简单得多。

1）加法运算。同十进制数一样，二进制数进行加法运算时按权对位相加，其加法规则是

0 + 0 = 0
0 + 1 = 1
1 + 0 = 1
1 + 1 = 10(逢二进一)

【例1-1】 求0111B与0110B之和。

【解】

```
     0 1 1 1B ……(  7)
 + ) 0 1 1 0B ……(  6)
 ----------------------
     1 1 0 1B ……( 13)
```

2）减法运算。二进制数相减时，也要先按权对位，然后同位数相减，其减法规则是

1 − 1 = 0
1 − 0 = 1
0 − 0 = 0
0 − 1 = 1(向高位借1当2)

【例1-2】 求1110B和0101B之差。

【解】

```
     1 1 1 0B ……( 14)
 − ) 0 1 0 1B ……(  5)
 ----------------------
     1 0 0 1B ……(  9)
```

3）乘法运算。二进制数相乘时，遵守下列规则：

0 × 0 = 0
0 × 1 = 0
1 × 0 = 0
1 × 1 = 1

两个二进制数相乘时，其难点不在乘，而在加。

【例1-3】 求1101B × 1011B = ?

【解】

```
           1 1 0 1B ……(13)
       × ) 1 0 1 1B ……(11)
 --------------------------
           1 1 0 1B
         1 1 0 1
 + ) 1 1 0 1
 --------------------------
   1 0 0 0 1 1 1 1B … (143)
```

4）除法运算。除法可以归结为连续的减法，即从被除数中不断地减去除数，所减的次数是相除的商，而剩下的值则是相除的余数。

因为减法可以转换为加法（见二进制数补码的加减运算），所以除法也能转换成加法。这样，二进制数的加、减、乘、除都可以转换加法运算。

（2）二进制的逻辑运算　在计算机中，除了进行加、减、乘、除等基本算术运算外，还可以对两个或一个逻辑数进行逻辑运算。利用逻辑运算可以进行两个数的逻辑比较，或者从某个数中选取某几位进行操作。总之，在非数值应用的广大领域中，逻辑运算是非常有用的。

计算机中的逻辑运算，主要有逻辑与、逻辑或、逻辑异或和逻辑非等四种基本运算。二进制数的各种逻辑运算是逐位运算。

1）逻辑与。逻辑与的规则是

$$0 \wedge 0 = 0$$

$$0 \wedge 1 = 0$$

$$1 \wedge 0 = 0$$

$$1 \wedge 1 = 1$$

总结上面规律，我们可以用“有0为0，全1为1”口诀来记忆。

【例1-4】 10111010B∧11001001B＝?

【解】

$$\begin{array}{r} 10111010B \\ \wedge\,11001001B \\ \hline 10001000B \end{array}$$

所以：10111010B∧11001001B＝10001000B

2）逻辑或。逻辑或的规则是

$$0 \vee 0 = 0$$

$$0 \vee 1 = 1$$

$$1 \vee 0 = 1$$

$$1 \vee 1 = 1$$

同样总结上面规律，我们可以用“有1为1，全0为0”口诀来记忆。

【例1-5】 10001100B∨10011001B＝?

【解】

$$\begin{array}{r} 10001100B \\ \vee\,10011001B \\ \hline 10011101B \end{array}$$

所以：10001100B∨10011001B＝10011101B

3）逻辑异或。逻辑异或的规则是

$$0 \oplus 0 = 0$$

$$0 \oplus 1 = 1$$

$$1 \oplus 0 = 1$$

$$1 \oplus 1 = 0$$

同样总结上面规律，我们可以用“相同为0，不同为1”口诀来记忆，注意这个口诀仅对两个数运算适用。对于多个数的异或运算，应用“奇（数）1为1，偶（数）1为0”口诀来记忆。

【例1-6】 10001100B⊕10011001B＝?

【解】

$$
\begin{array}{r}
10001100\text{B} \\
\oplus\ 10011001\text{B} \\
\hline
00010101\text{B}
\end{array}
$$

所以：10001100B⊕10011001B＝00010101B

4）逻辑非。逻辑非的规则是

$$\bar{0}=1$$

$$\bar{1}=0$$

【例1-7】 $\overline{10010011\text{B}}=?$

【解】 $\overline{10010011\text{B}}=01101100\text{B}$

3. 十六进制

虽然在计算机中以二进制数形式存储信息，但由于其位数较长，书写、阅读和记忆都不方便，因此在编写计算机程序时经常采用八进制数、十进制数、十六进制数，根据单片机情况，本书对八进制数不作介绍。

十六进制数的基数为16，有效的数码是0、1、2、3、4、5、6、7、8、9、A、B、C、D、E、F，其中A、B、C、D、E、F分别对应十进制数的10、11、12、13、14、15，进位规则为“逢十六进一”。

一个多位十六进制数按权展开式表示如下：

$$(18\text{AF.CB})_{16}=1\times16^{3}+8\times16^{2}+\text{A}\times16^{1}+\text{F}\times16^{0}+\text{C}\times16^{-1}+\text{B}\times16^{-2}$$

在表示数的时候，为了区分不同的数制，可在数的右下角注明数制，或者在数的后面加一字母，通常用B（Binary）表示二进制，D（Decimal）表示十进制（通常不加字母），H（Hexadecimal）表示十六进制。表1-1列出常用数制的对应关系。

表1-1 十进制、二进制、十六进制之间的对应关系

十进制	二进制	十六进制	十进制	二进制	十六进制
0	0000	0	8	1000	8
1	0001	1	9	1001	9
2	0010	2	10	1010	A
3	0011	3	11	1011	B
4	0100	4	12	1100	C
5	0101	5	13	1101	D
6	0110	6	14	1110	E
7	0111	7	15	1111	F

4. 数制之间的相互转换

十六进制数与二进制数之间有固定的对应关系，即按4位二进制数一组就可以完成十六进制数与二进制数之间的相互转换。各种数制间的相互转换主要是十进制数与二进制数之间的相互转换。

1）二进制数和十六进制数转换为十进制数。二进制数和十六进制数转换十进制数的方法是：将二进制数、八进制数或十六进制数写成按权展开式，然后各项相加，即得相应的十进制数。

【例1-8】 把二进制数10101.1011B转换成相应的十进制数。

【解】 $10101.1011B = 1\times2^4 + 1\times2^2 + 1\times2^0 + 1\times2^{-1} + 1\times2^{-3} + 1\times2^{-4} = 21.6875D$

【例1-9】 把十六进制数0F3DH转换成为相应的十进制数。

【解】 $0F3DH = F\times16^2 + 3\times16^1 + D\times16^0 = 15\times256 + 3\times16 + 13\times1 = 3901D$

2）十进制数转换为二进制数。十进制数转换成为二进制数时，其整数部分和小数部分是分别转换的，其规律如下：

十进制数的整数部分第一次除以2所得的余数，就是对应二进制数的“个”位；其商再除2所得的余数就是对应二进制数的“十”位，依此类推，即可获得对应二进制数的整数部分，这种方法称为除2取余法。为方便记忆，我们采用口诀“除二倒读余数法”。

十进制数的小数部分乘以2所得的整数就是对应二进制数小数部分的小数点后第1位，乘积中的小数部分再乘以2得到的整数就是对应二进制数小数部分的小数点后第2位，依此类推，即可得到对应二进制数的小数，这种方法称为乘2取整法。同样我们可以用口诀“乘二顺读整数法”。

【例1-10】 把十进制数15.625转换成为对应的二进制数。

【解】 整数部分15：

```
2 | 15          余数
  2 | 7  ······ 1  ↑ 低位
    2 | 3  ······ 1
      2 | 1  ······ 1
          0  ······ 1    高位
```

所以整数15相当于二进制数1111B。

小数部分0.625：

$0.625\times2 = 1.25$ …… 1 第一整数

$0.25\times2 = 0.5$ …… 0 第二整数

$0.5\times2 = 1.0$ …… 1 第三整数

所以小数0.625相当于二进制数0.101B。

因此十进制数15.625=1111.101B。

将十进制数转换成十六进制数的方法同将十进制转换成二进制数的方法类似，只是将基数2换成16即可。由于除16较难，因此先将十进制转换成二进制数，再将二进制数转换成十六进制数，这种转换更为方便且不易出错。

3）二进制数与十六进制数间的相互转换。由于二进制数与十六进制数正好满足 2^4 关系，因此它们之间的转换十分方便。

二进制整数转换为十六进制数时，方法是从右（最低位）向左将二进制数分为每四位一组，最高位一组不足四位时应在左边加0，以凑成四位一组，每一组用一位十六进制数表示即可；二进制小数转换为十六进制数，方法是从小数点起从左至右将二进制数分为每四位一组，最低位一组不足四位时应在右边加0，以凑成四位一组，每一组用一位十六进制数表示。二进制整数转换为八进制数时，方法与转换成十六进制类似，只是取每三位一组而已。

【例1-11】 将二进制数1111000111.100101B转换成为十六进制数。

【解】 1111000111.100101B = 0011 1100 0111.1001 0100B = 3C7.94H

十六进制数转换成为二进制数，只需用四位二进制数代替一位十六进制数即可。

【例1-12】 将十六进制数2FB5H转换成为二进制数。

【解】 2FB5H = 0010 1111 1011 0101B = 10111110110101B

1.1.4 单片机中数的表示方法

1. 计算机中数的表示

计算机中处理的数常常是带符号数，即有正数与负数之分。例如：+1001，+0.1011，-1011，-0.1011。在计算机中正数与负数如何表示呢？为便于计算机识别与处理，通常在数的最高位上，用一位二进制数位来表示数的符号，0表示正数，1表示负数。日常用“+”或“-”表示的数称为真值，而在二进制数最高位设置符号位，并把符号加以数值化，这样的数称为机器数。例如：

真值	机器数
+1001	01001
-1011	11011

一个带符号的机器数在计算机中可以有原码、反码和补码三种表示方法，由于补码表示法在加减运算中表现出的优点，现在多数计算机都采用补码表示法。下面以8位二进制数（1个字节）为例对原码、反码和补码进行介绍。

（1）原码　对于带符号数来说，用最高位表示带符号数的正负，其余各位表示该数的绝对值，这种表示法称为原码表示法。如：

$$+74 = +1001010B,\ [+74]_{原} = 01001010B$$

$$-74 = -1001010B,\ [-74]_{原} = 11001010B$$

（2）反码　带符号数也可以用反码表示，仍规定最高位为符号位，反码与原码的关系是：正数的反码与原码相同；负数的反码是在原码在基础上保持符号位不变，其余各位按位取反。如：

$$+74 = +1001010B,\ [+74]_{反} = 01001010B$$

$$-74 = -1001010B,\ [-74]_{反} = 10110101B$$

（3）补码　在计算机中，带符号数并不用原码或反码表示，而是用补码表示的。补码仍然用最高位来表示符号位，正数的补码与反码、原码相同；负数的补码即在原码的基础上保持符号位不变，其余各位取反后末位加1。如：

$+74 = +1001010B$，$[+74]_{补} = 01001010B = 4AH$

$-74 = -1001010B$，$[-74]_{补} = 10110110B = B6H$

微型计算机中所有带符号数均是以补码形式来存放的，对于8位二进制数来说，补码表示的范围为 -128 ~ +127（即80H ~ FFH对应 -128 ~ -1，00H ~ 7FH对应0 ~ +127）。

真值与原码、反码、补码的对应关系见表1-2。

表1-2 真值与原码、反码、补码的对应关系

真 值	原 码	反 码	补 码
+0	00000000B	00000000B	00000000B
+1	00000001B	00000001B	00000001B
+2	00000010B	00000010B	00000010B
…	…	…	…
+127	01111111B	01111111B	01111111B
-0	10000000B	11111111B	00000000B
-1	10000001B	11111110B	11111111B
-2	10000010B	11111101B	11111110B
…	…	…	…
-127	11111111B	10000000B	10000001B
-128			10000000B

从表1-2中可以看出，原码、反码的0有两种表示法，即有+0和-0之分，而补码的0只有一种表示法。

【例1-13】 求-59的补码和补码C9H的真值。

【解】

1）-59的二进制数真值：-00111011B

原码：10111011B = BBH

反码：11000100B = C4H

补码：11000101B = C5H

$[-59]_{补} = 11000101B = C5H$

2）已知补码求真值，要根据口诀“正数补码不变，负数补码求补，求补后勿忘添负号”来操作。

补码C9H = 11001001B的符号位为1，为负数，所以应该再次求补以得到真值的绝对值为37H = 55，然后勿忘给55添上负号，即C9H的真值为-55。

(4) 真值与原码、反码和补码之间的简易算法　如果给定真值，如何较方便地求原码、反码和补码？可以采用以下步骤：

1）如果真值为正数，则直接将其转换成二进制数即可，长度为1B（8位二进制数）。

2）如果真值为负数，则先求其对应真值的原码（简称正原码），然后通过下列方法求解该真值的原码、反码和补码：

原码 = 10000000B + 正原码(二进制数) = 80H + 正原码(十六进制数)

反码 = 11111111B - 正原码(二进制数) = FFH - 正原码(十六进制数)

补码 = 100000000B - 正原码(二进制数) = 100H - 正原码(十六进制数)

同样如果给定原码、反码或补码，求真值，可以采用以下步骤：

1）判断给定是正数还是负数，无论是原码、反码还是补码，如果给定的数小于 80H，必是正数（最高位为 0），通过将二进制数（或十六进制数）转换成十进制数即为真值。

2）如果给定的数大于等于 80H，则为负数：

给定原码求真值：-(原码 - 80H) = - 正原码

给定反码求真值：-(FFH - 反码) = - 正原码

给定补码求真值：-(100H - 补码) = - 正原码

2. 二进制编码

由于计算机中数是用二进制表示的，因而在计算机中表示的数、字母、符号等都要以特定的二进制数的组合来表示，称为二进制编码。

(1) BCD 码　十进制数包含 0 ~ 9 共 10 个数码，这 10 个数可以用 4 位二进制数来表示，这种用二进制数表示的十进制数称为二进制编码的十进制数，简称为BCD 码（Binary Coded Decimal）。表 1-3 列出用 4 位二进制数编码表示 1 位十进制数较常用的 8421BCD 码。

例如：十进制数 7206.29 的 BCD 码是：0111 0010 0000 0110. 0010 1001BCD。

表 1-3　8421BCD 码

十进制数	8421BCD 码	十进制数	8421BCD 码
0	0000B (0H)	5	0101B (5H)
1	0001B (1H)	6	0110B (6H)
2	0010B (2H)	7	0111B (7H)
3	0011B (3H)	8	1000B (8H)
4	0100B (4H)	9	1001B (9H)

可见，十进制数与 BCD 码的转换是比较直观的，但 BCD 码与二进制数之间的转换是不直接的，要先将 BCD 码转换成十进制数后才能转换为二进制数，反之亦然。

【例 1-14】 用 BCD 码进行计算 45 + 78 = ?

【解】 45D = 0100 0101BCD，78D = 0111 1000BCD

```
          0100 0101
      +)  0111 1000
      -------------
          1011 1101
      +)       0110   加6调整
      -------------
          1100 0011
      +)  0110        加6调整
      -------------
     0001 0100 0011
```

计算结果为 0001 0010 0011BCD = 123D。

由此可知，两个 BCD 码相加，结果显然还应该是 BCD 码，它必须符合十进制数的“逢十进一”的进位规则。但是计算机只能做二进制运算，即低 4 位向高 4 位的进位规则是

"逢十六进一"，因此，当两个 BCD 码相加结果大于 9 时，并不会自然进位，而是出现意外的结果。为了得出正确的结果，必须人为再加 6（十六进制与十进制的进位差距 16 - 10 = 6），以促进 BCD 码的进位。如例 1-14 中低 4 位相加时，得到 1101 后，人为再加 6（BCD 码为 0110），即 1101 + 0110 = 0001 0011，才能得到正确的结果。这种人为加 6 的方法，称为 BCD 码的"十进制调整"。以后我们会看到，单片机有专门的十进制调整指令。

（2）ASCII 码　计算机使用的字符普遍采用美国标准信息交换码（American Standard Code for Information Interchange），简称 ASCII 码。它是用 7 位二进制数码来表示的，所以它可以表示 128 个字符。用字节表示 ASCII 码时，最高位通常作 0 处理（除非另有规定）。常用 ASCII 码如下：

1）数字符 0 ~ 9 的 ASCII 码：30H ~ 39H。

2）大写英文字母 A ~ Z 的 ASCII 码：41H ~ 5AH。

3）小写英文字母 a ~ z 的 ASCII 码：61H ~ 7AH。

各种字符的 ASCII 表详见附录 C。

1.2　MCS - 51 系列单片机的结构

1.2.1　内部组成

MCS - 51 系列单片机有多种型号芯片，基本芯片有 8031、8051、8751。8051 内部有 4KB 的 ROM，8751 内部有 4KB 的 EPROM，8031 内部无 ROM，除此之外，三者的内部结构、引脚和指令系统都是完全相同的。

8051 单片机内部由 1 个 8 位 CPU、4KB 的 ROM、256B 的内部 RAM、4 个 8 位并行 I/O 口 P0 ~ P3、1 个全双工的串行口、2 个 16 位定时/计数器 T0 和 T1 等组成。

图 1-2 为 8051 单片机的功能框图。

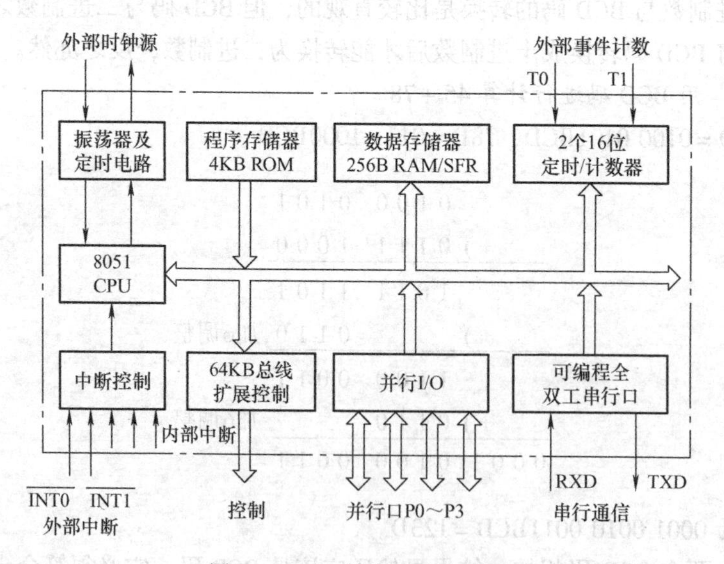

图 1-2　8051 单片机功能框图

图 1-3 为 8051 单片机内部结构图，各功能部件由总线连接在一起，图中 4KB 的 ROM 如果用 EPROM 替换就成为 8751 单片机的内部结构图，图中去掉 ROM 就成为 8031 单片机的内部结构图。

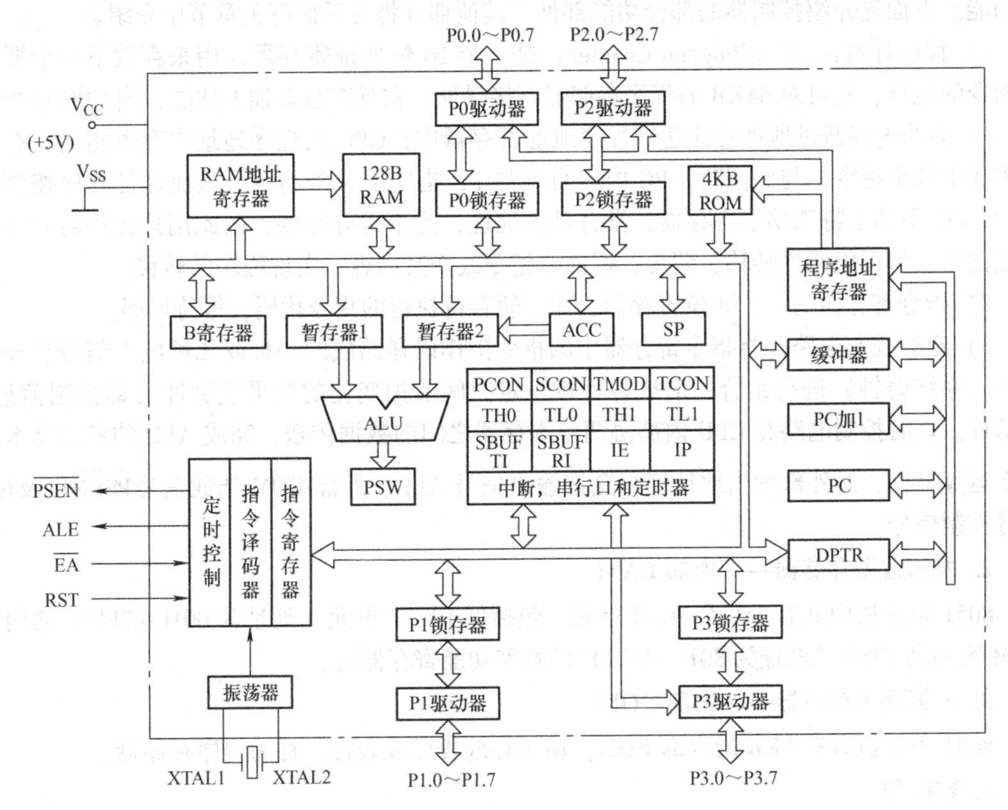

图 1-3　8051 单片机内部结构图

1. 中央处理器（CPU）

单片机内部最核心的部分是 CPU，它是单片机的大脑和心脏。CPU 的主要功能是产生各种控制信号以控制存储器、输入/输出端口的数据传送、数据的算术运算和逻辑运算以及位操作处理等。

CPU 从功能上可分为运算器和控制器两部分，下面分别介绍各部分的组成及功能。

（1）运算器　运算器由 ALU（算术及逻辑运算单元）、ACC（累加器，可简写为 A）、B 寄存器、PSW（程序状态字寄存器）和暂存器等组成，主要用于实现算术运算和逻辑运算，可以对半字节、单字节等数据进行操作，包括加、减、乘、除、加 1、减 1、BCD 码十进制调整、比较等算术运算和与、或、异或、循环等逻辑运算，操作数暂存于累加器和相应寄存器中，操作结果存于累加器，操作结果的状态保存于程序状态字寄存器（PSW）中。

8051 运算器还包括有一个布尔处理器（位处理器），它有很强的位处理功能，为单片机实现控制功能带来极大的方便。在硬件上，它是以进位标志位 Cy 为累加器，有以位为单位的 RAM 和 I/O 空间，有相应的指令系统以实现置位、复位、取反、等于 1 转移、等于 0 转移及位与位之间传送操作，逻辑与、或等操作，操作结果送回进位标志位 Cy。

（2）控制器　控制器由程序计数器 PC、指令寄存器、指令译码器、堆栈指针 SP、数据指针 DPTR、定时控制电路等组成。执行一条指令的过程是，先从程序存储器中读出指令，送指令寄存器保存，然后送指令译码器进行译码，译码结果送定时控制电路，在定时控制电路里产生各种定时信号和控制信号，再送到系统的各部分进行相应的操作以完成指令所规定的功能。下面先介绍控制器的部分功能部件，其他部件将在后面有关章节中介绍。

1）程序计数器 PC（Program Counter）是一个 16 位地址寄存器，用来存放下一个要执行指令的地址，它可对 64KB 的程序存储器直接寻址。它具有自动加 1 功能，当 CPU 取指令时，PC 中的内容通过地址总线送到程序地址寄存器中，CPU 从程序地址寄存器指向的存储器单元中取出指令，与此同时，PC 内容自动加 1，指向下一条指令，从而保证程序按顺序执行。PC 不属于特殊功能寄存器，没有具体地址，是不可寻址的，因此用户无法对它进行直接读写。但可以通过转移、调用、返回等指令改变其内容，实现程序的转移。

2）指令寄存器是一个 8 位寄存器，用于暂存待执行的指令代码，等待译码。

3）定时控制电路是将指令寄存器中的指令操作码译码成的一种或几种电平信号与外部时钟（系统时钟）进行组合、形成各种按一定时间节拍变化的电平或脉冲（即控制信息）的部件。定时控制电路在 CPU 内部协调各寄存器之间的数据传送，完成 ALU 的各种算术或逻辑运算操作，对外部发出地址锁存允许输出信号 ALE、外部 ROM 选通信号 $\overline{\text{PSEN}}$ 以及读、写等控制信号。

2. 内部数据存储器——内部 RAM

8051 单片机中共有 256 个 RAM 单元，包括低 128 个单元（地址为 00H ~ 7FH）的内部 RAM 区和高 128B（地址为 80H ~ FFH）的特殊功能寄存器区。

3. 内部程序存储器——内部 ROM

8051 单片机共有 4KB 的内部 ROM，用于存放程序或表格，称为程序存储器。

4. I/O 口

MCS - 51 系列单片机有 P0、P1、P2、P3 四个双向的 8 位并行 I/O 口，每个端口可以按字节输入或输出，每一条 I/O 线也可以单独用作输入或输出。P0 口是三态双向口，每位能驱动 8 个 LSTTL 电路；P1、P2、P3 口为准双向口，每个引脚可驱动 4 个 LSTTL 输入。每个端口都是由一个锁存器（即特殊功能寄存器 P0 ~ P3），一个输出驱动器和两个（P3 口为 3 个）输入缓冲器组成。为了叙述方便，这里把 4 个端口和其中的锁存器笼统地表示为 P0、P1、P2、P3。P0 口和 P2 口构成 MCS - 51 系列单片机的 16 位地址总线，P0 口还是 8 位的数据总线。P3 口多用于第二功能输入或输出。通常只有 P1 口用于一般输入/输出。各引脚第二功能见表 1-4。

表 1-4　并行 I/O 口各引脚第二功能

I/O 口	复用情况	I/O 口	复用情况
P0 口	低 8 位地址/数据总线分时复用	P3.3	$\overline{\text{INT1}}$（外部中断 1 输入）
P1 口	只能作一般 I/O 口	P3.4	T0（定时器 0 的外部输入）
P2 口	高 8 位地址总线	P3.5	T1（定时器 1 的外部输入）
P3.0	RXD（串行输入端）	P3.6	$\overline{\text{WR}}$（外部数据存储器写选通控制输出）
P3.1	TXD（串行输出端）	P3.7	$\overline{\text{RD}}$（外部数据存储器读选通控制输出）
P3.2	$\overline{\text{INT0}}$（外部中断 0 输入）		

5. 串行口

8051 单片机内部有一个全双工的串行口，以实现单片机和其他设备之间的串行数据传送。串行口控制电路主要包括串行控制寄存器 SCON、串行缓冲寄存器 SBUF 等，用于对串行口工作方式、数据的接收与发送等进行控制。

6. 定时/计数器

8051 单片机带有 2 个 16 位的定时/计数器（52 子系列为 3 个），在定时/计数器控制寄存器 TCON 和定时/计数器方式选择寄存器 TMOD 等的控制下，既可以作为定时器对被控系统进行定时控制，也可以作为计数器产生各种不同频率的矩形波及测量脉冲宽度等。

7. 中断控制系统

8051 单片机的中断功能比较强，有 5 个中断源（即外部中断 2 个、定时/计数器中断 2 个、串行中断 1 个），有 2 个中断优先级。中断控制电路主要包括用于中断控制的四个寄存器：定时/计数器控制寄存器 TCON、串行控制寄存器 SCON、中断允许控制寄存器 IE 和中断优先级控制寄存器 IP 等。

需要说明的是，以上介绍的各寄存器中，部分属于特殊功能寄存器（SFR），从存储器配置来看，SFR 属于内部数据存储器的高 128B。

1.2.2 引脚

MCS－51 系列单片机采用 40 引脚双列直插式封装（DIP），其引脚排列如图 1-4 所示，4 个并行口共有 32 根引脚，可分别作地址线、数据线和 I/O 线；2 根电源线；2 根时钟振荡电路引脚和 4 根控制线。

MCS－51 系列单片机是高性能单片机，因为受引脚数目的限制，许多引脚具有第二功能。各引脚功能说明如下：

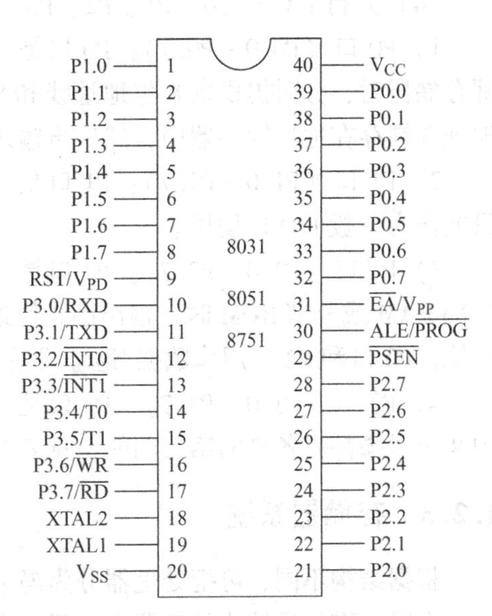

图 1-4 MCS－51 系列单片机引脚排列

（1）电源引脚 V_{CC} 和 V_{SS}

1）V_{SS}：接地端。

2）V_{CC}：芯片 +5V 电源端。

（2）时钟信号引脚 XTAL1 和 XTAL2　当使用单片机内部振荡电路时，用来外接石英晶体和微调电容，XTAL1 是片内振荡电路反相放大器的输入端，XTAL2 是片内振荡电路反相放大器的输出端，振荡电路的频率就是晶体的固有频率。当使用外部时钟时，XTAL1 接地，XTAL2 接外部时钟信号源。

（3）控制信号引脚 RST/V_{PD}、ALE/$\overline{PROG}$、$\overline{PSEN}$ 和 $\overline{EA}$/V_{PP}

1）RST/V_{PD}：RST 是复位信号输入端。当输入的复位信号保持两个机器周期（24 个时钟周期）的高电平时有效，用来完成复位操作。第二功能 V_{PD} 作为备用电源输入端，当主电源 V_{CC} 发生故障，电压降低到低电平规定值时，可通过 V_{PD} 为单片机内部 RAM 提供电源，以保护内部 RAM 中的信息不丢失，使系统在上电后能继续正常运行。

2）ALE/$\overline{\text{PROG}}$：ALE 为地址锁存选通信号端。在访问外部存储器时，ALE 用来锁存 P0 口扩展低 8 位地址的控制信号。在不访问外部存储器时，ALE 也以时钟振荡频率的 1/6 的固定速率输出，因而它又可用作对外输出时钟信号或其他需要，例如可以用示波器查看 ALE 是否有脉冲信号输出来确定 8051 芯片的好坏。第二功能$\overline{\text{PROG}}$是对内部有 EPROM 的单片机（如 8751）的 EPROM 编程时的编程脉冲输入端，它和 31 号引脚的第二功能 V_{PP}（编程电源输入端）一起使用。

3）$\overline{\text{PSEN}}$：$\overline{\text{PSEN}}$是外部 ROM 的读选通信号端。在访问外部 ROM 时，$\overline{\text{PSEN}}$产生负脉冲作为读外部 ROM 的选通信号。而在访问外部 RAM 或内部 ROM 时，不会产生有效$\overline{\text{PSEN}}$信号。

4）$\overline{\text{EA}}$/V_{PP}：$\overline{\text{EA}}$是内部 ROM、外部 ROM 的选择信号端。当$\overline{\text{EA}}$为低电平（接地）时，CPU 只执行外部 ROM 中的程序。当$\overline{\text{EA}}$为高电平且 PC 值小于 0FFFH（4K）时，CPU 执行内部 ROM 的程序，但当 PC 的值超出 4K 时（对于 8051/8751），将自动转去执行外部 ROM 的程序。对于无内部 ROM 的 8031 单片机或不使用内部 ROM 的 8051 单片机，需外扩 EPROM，此时$\overline{\text{EA}}$必须接地。第二功能 V_{PP}是对 8751 单片机的内部 EPROM 编程时的 +21V 编程电源输入端。

（4）并行 I/O 口 P0、P1、P2、P3

1）P0 口（P0.0～P0.7）：P0 口是一个 8 位双向 I/O 口（需外接上拉电阻）。在访问外部存储器时，分时提供低 8 位地址线和 8 位双向数据线。P0 口先输出外部存储器的低 8 位地址并锁存在地址锁存器中，然后再输入或输出数据。

2）P1 口（P1.0～P1.7）：P1 口是一个内部带有上拉电阻的 8 位准双向 I/O 口。P1 口只能作为一般 I/O 口使用。

3）P2 口（P2.0～P2.7）：P2 口是一个内部带有上拉电阻的 8 位准双向 I/O 口。在访问外部 RAM 或外部 ROM 时，输出高 8 位地址，与 P0 口提供的低 8 位地址一起组成 16 位地址总线。P0 口和 P2 口用作数据/地址线后，不能再作为通用 I/O 口使用。

4）P3 口（P3.0～P3.7）：P3 口是一个内部带有上拉电阻的 8 位准双向 I/O 口。在系统中 8 个引脚都有各自的第二功能，见表 1-4。

1.2.3　存储器系统

根据结构不同，可把处理器分为冯·诺依曼结构处理器和哈佛结构处理器。

在冯·诺依曼结构处理器中，程序指令和数据采用统一的存储器，对数据和指令的寻址不能同时进行，只能交替完成。

在哈佛结构处理器中，数据和指令分开存储，通过不同的指令访问，具体特点体现在两个方面：

1）程序存储器和数据存储器分离，分开存储指令和数据。

2）使用两套彼此独立的存储器总线，CPU 通过两套总线分别读、写程序存储器和数据存储器。

MCS－51 系列单片机的存储器采用哈佛结构，它把程序存储器和数据存储器分开，从物理地址空间看，MCS-51 系列单片机有四个存储器空间：内部程序存储器、外部程序存储器、内部数据存储器和外部数据存储器。从用户使用的角度，MCS-51 系列单片机的存储器分为三个逻辑地址空间：

1）内部、外部统一编址的 64KB 程序存储器地址空间 0000H ~ FFFFH。

2）外部数据存储器和扩展 I/O 口地址空间 0000H ~ FFFFH。

3）256B 的内部数据存储器地址空间 00H ~ FFH（包括低 128B 的内部 RAM 地址 00H ~ 7FH 和高 128B 的特殊功能寄存器地址 80H ~ FFH）。

MCS-51 系列单片机访问程序存储器、外部数据存储器、内部数据存储器采用不同的指令格式，其中：访问程序存储器（ROM）用“MOVC”指令格式，访问外部数据存储器或扩展 I/O 口用“MOVX”指令格式，访问内部数据存储器用“MOV”指令格式。具体使用方法将在指令系统中介绍。

8051 单片机的存储器组织结构如图 1-5 所示。

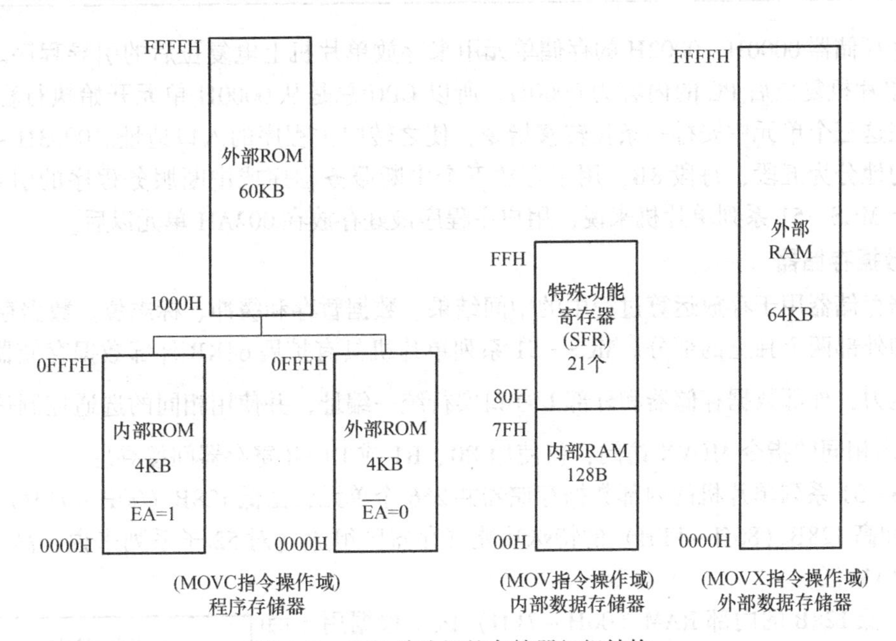

图 1-5 8051 单片机的存储器组织结构

1. 程序存储器

程序存储器用来存放编制好的程序及表格常数。程序存储器以程序计数器 PC 作为地址指针，通过 16 位地址总线可寻址的地址空间为 64KB。

8051/8751 有 4KB 的内部程序存储器 ROM/EPROM，地址为 0000H ~ 0FFFH，当需要外部扩展时，最多可扩展到 64KB，内部 ROM 和外部 ROM 统一编址。8031 内部没有 ROM，必须使用外部扩展 EPROM。

当引脚 $\overline{EA}$ 接高电平时，8051/8751 的程序计数器 PC 的值在 0000H ~ 0FFFH 范围内（即低 4KB 地址），则访问内部 ROM；当 PC 值即指令的地址大于 0FFFH 时，CPU 自动访问外部 ROM。

当 $\overline{EA}$ 为低电平（接地）时，CPU 只能访问外部 ROM，外部 ROM 可从 0000H 开始编址。

由于8031没有内部ROM，所以必须扩展外部ROM，并且从0000H开始编址。因此8031的$\overline{EA}$必须接低电平，以保证从外部ROM中取指令。

程序存储器中的某些特定单元是留给系统使用的，用户不能存储程序，具体地址分配见表1-5。

表1-5　内部ROM的保留单元

存储单元	用　途
0000H~0002H	复位操作后初始化引导程序
0003H~000AH	外部中断0（$\overline{INT0}$）服务程序
000BH~0012H	定时器0（T0）溢出中断服务程序
0013H~001AH	外部中断1（$\overline{INT1}$）服务程序
001BH~0022H	定时器1（T1）溢出中断服务程序
0023H~002AH	串行口中断服务程序

程序存储器0000H~0002H的存储单元用来存放单片机上电复位后的引导程序。MCS-51系列单片机复位后PC的内容为0000H，所以CPU总是从0000H单元开始执行程序。通常用户在这三个单元中安排一条长转移指令，使之转向主程序的入口地址。0003H~002AH单元均匀地分为五段，每段8B，用于存放五个中断服务程序或中断服务程序的引导程序。因此对于MCS-51系列单片机来说，用户主程序最好存放在002AH单元以后。

2. 数据存储器

数据存储器用于存放运算过程中的中间结果、数据暂存和缓冲、标志位。数据存储器分为内部和外部两个独立的部分。MCS-51系列单片机具有扩展64KB外部数据存储器和I/O端口的能力，外部数据存储器和外部I/O口实行统一编址，并使用相同的选通控制信号$\overline{RD}$、$\overline{WR}$，使用相同的指令MOVX访问，仅使用R0、R1或DPTR寄存器间接寻址。

MCS-51系列单片机的内部数据存储器共256个单元，由低128B（00H~7FH）的内部RAM区和高128B（80H~FFH）的特殊功能寄存器区组成（对52子系列来说，高128B也是内部RAM区）。

（1）低128B的内部RAM（00H~7FH）区　根据用途可划分为通用工作寄存器区、位寻址区和用户RAM区，如图1-6所示。

1）通用工作寄存器区（00H~1FH）是内部RAM的低32个单元，分为4个工作寄存器区，每个区有8个8位的寄存器R0~R7。

在任何时刻，四个区中只有一个区作为当前工作寄存器区使用，其他三个区作为一般的内部RAM使用。当前工作寄存器区由程序状态字寄存器PSW中的RS1和RS0的状态来决定，见表1-6。在单片机复位后，由于RS1和RS0都为0，因此复位后的当前工作寄存器区为工作寄存器0区，其物理地址为00H~07H，分别对应的工作寄存器为R0~R7。

图1-6　低128B的内部RAM区

表 1-6 当前工作寄存器区的选择

RS1	RS0	被选当前工作寄存器区	寄存器 R0 ~ R7 对应的地址
0	0	0 区	00H ~ 07H
0	1	1 区	08H ~ 0FH
1	0	2 区	10H ~ 17H
1	1	3 区	18H ~ 1FH

2）位寻址区（20H ~ 2FH）共 16 个单元，每个单元有 8 位，共 128 位，位地址为 00H ~ 7FH，见表 1-7。位寻址区的各位可以单独作为软件触发器，由位操作指令直接对它们进行置位、清零、取反和测试等操作。通常把各种程序状态标志、位控制变量设在位寻址区内。位寻址区的 16 个单元也可以按字节寻址，作为一般的内部 RAM 使用。

每位的地址有两种表示形式，一种以位地址的形式表示，如 20H 单元的 D0 位可以表示为 00H，D1 位可表示为 01H；另一种是以字节地址加第几位的形式来表示，如 20H 单元的 D0 位还可表示为 20H.0。

注意：虽然位地址和字节地址的表现形式可以一样，但因为位操作与字节操作的指令不同，应注意不要混淆。

表 1-7 内部 RAM 位寻址区的位地址

字节地址	位地址							
	D7	D6	D5	D4	D3	D2	D1	D0
2FH	7FH	7EH	7DH	7CH	7BH	7AH	79H	78H
2EH	77H	76H	75H	74H	73H	72H	71H	70H
2DH	6FH	6EH	6DH	6CH	6BH	6AH	69H	68H
2CH	67H	66H	65H	64H	63H	62H	61H	60H
2BH	5FH	5EH	5DH	5CH	5BH	5AH	59H	58H
2AH	57H	56H	55H	54H	53H	52H	51H	50H
29H	4FH	4EH	4DH	4CH	4BH	4AH	49H	48H
28H	47H	46H	45H	44H	43H	42H	41H	40H
27H	3FH	3EH	3DH	3CH	3BH	3AH	39H	38H
26H	37H	36H	35H	34H	33H	32H	31H	30H
25H	2FH	2EH	2DH	2CH	2BH	2AH	29H	28H
24H	27H	26H	25H	24H	23H	22H	21H	20H
23H	1FH	1EH	1DH	1CH	1BH	1AH	19H	18H
22H	17H	16H	15H	14H	13H	12H	11H	10H
21H	0FH	0EH	0DH	0CH	0BH	0AH	09H	08H
20H	07H	06H	05H	04H	03H	02H	01H	00H

3）用户 RAM 区（30H ~ 7FH）作为一般的内部 RAM 区，CPU 只能按字节方式寻址。通常把堆栈开辟在这部分空间中。

堆栈（Stack）是按照"先进后出，后进先出"（FILO）的原则来存取数据的一个内部RAM区域，这个存储器区域的一端是固定的，另一端是活动的，每个存储单元是不能按字节任意访问的。这种数据处理方式对于中断、调用子程序等都非常方便。堆栈有专门的操作指令：数据压入堆栈（PUSH）或数据弹出堆栈（POP）。在使用堆栈之前，应规定堆栈的起始位置（固定端），称为栈底。堆栈最后压入或即将弹出数据的单元（活动端），称栈顶。

不管入栈还是出栈，都是针对栈顶单元的数据进行操作的，为此，设置了堆栈指针SP（Stack Point）来指示栈顶地址，即SP的内容就是堆栈栈顶的字节地址。SP是一种8位的特殊功能寄存器。

堆栈指针SP始终指向栈顶，栈顶随着数据入栈和出栈上下浮动，如图1-7所示。

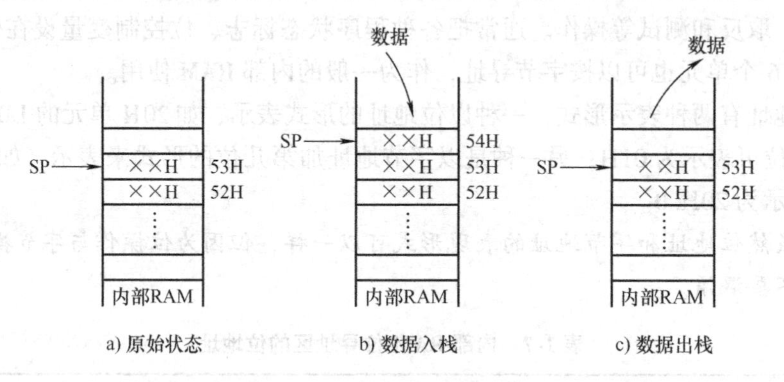

图1-7　数据入栈和出栈

（2）高128B的特殊功能寄存器（SFR）区　8051单片机的高128B的内部数据存储器区也称为特殊功能寄存器（Special Function Register，SFR）区，共有21个8位的SFR，它们的地址离散地分布在内部数据存储器的80H～FFH地址空间，其中有11个SFR具有位地址，可以进行位寻址，对应的位也有位名称，它们的字节地址正好能被8整除。SFR的名称、符号、字节地址及可位寻址的位名称和位地址，见表1-8。

表1-8　特殊功能寄存器地址表（标＊的为可位寻址的SFR）

SFR名称	符号	字节地址	位地址/位定义							
			D7	D6	D5	D4	D3	D2	D1	D0
B寄存器	＊B	F0H	F7H	F6H	F5H	F4H	F3H	F2H	F1H	F0H
累加器A	＊ACC	E0H	E7H	E6H	E5H	E4H	E3H	E2H	E1H	E0H
程序状态字	＊PSW	D0H	D7H	D6H	D5H	D4H	D3H	D2H	D1H	D0H
			Cy	AC	F0	RS1	RS0	OV	—	P
中断优先级控制	＊IP	B8H	BFH	BEH	BDH	BCH	BBH	BAH	B9H	B8H
			—	—	—	PS	PT1	PX1	PT0	PX0
I/O端口3	＊P3	B0H	B7H	B6H	B5H	B4H	B3H	B2H	B1H	B0H
			P3.7	P3.6	P3.5	P3.4	P3.3	P3.2	P3.1	P3.0

（续）

SFR 名称	符号	字节地址	位地址/位定义							
			D7	D6	D5	D4	D3	D2	D1	D0
中断允许控制	* IE	A8H	AFH			ACH	ABH	AAH	A9H	A8H
			EA	—	—	ES	ET1	EX1	ET0	EX0
I/O 端口 2	* P2	A0H	A7H	A6H	A5H	A4H	A3H	A2H	A1H	A0H
			P2.7	P2.6	P2.5	P2.4	P2.3	P2.2	P2.1	P2.0
串行数据缓冲	SBUF	99H								
串行口控制	* SCON	98H	9FH	9EH	9DH	9CH	9BH	9AH	99H	98H
			SM0	SM1	SM2	REN	TB8	RB8	TI	RI
I/O 端口 1	* P1	90H	97H	96H	95H	94H	93H	92H	91H	90H
			P1.7	P1.6	P1.5	P1.4	P1.3	P1.2	P1.1	P1.0
定时/计数器 1 高 8 位	TH1	8DH								
定时/计数器 0 高 8 位	TH0	8CH								
定时/计数器 1 低 8 位	TL1	8BH								
定时/计数器 0 低 8 位	TL0	8AH								
定时/计数器方式选择	TMOD	89H	GATE	C/$\overline{T}$	M1	M0	GATE	C/$\overline{T}$	M1	M0
定时/计数器控制	* TCON	88H	8FH	8EH	8DH	8CH	8BH	8AH	89H	88H
			TF1	TR1	TF0	TR0	IE1	IT1	IE0	IT0
电源控制及波特率选择	PCON	87H	SMOD	—	—	—	GF1	GF0	PG	IDL
数据指针高 8 位	DPH	83H								
数据指针低 8 位	DPL	82H								
堆栈指针	SP	81H								
I/O 端口 0	* P0	80H	87H	86H	85H	84H	83H	82H	81H	80H
			P0.7	P0.6	P0.5	P0.4	P0.3	P0.2	P0.1	P0.0

内部数据存储器的 80H～FFH 地址空间共有 128 个单元，除 SFR 占用 21 个单元外，其余的大部分是空余单元，它们没有定义，因此不能作为内部 RAM 使用。如果对空余单元进行读/写操作，将会得到一个不确定的随机数。

在使用特殊功能寄存器时，只能采用直接寻址方式，表达时可用寄存器符号，也可用寄存器单元地址。如：累加器可用符号 ACC[⊖]表示（在指令助记符中常用 A 表示），也可用地址 E0H 表示。

下面简单介绍部分 SFR，其余将在有关章节中叙述。

1）累加器 ACC 是最常用的 8 位特殊功能寄存器，大部分指令的操作数取自于 ACC，许多运算结果也存放在 ACC 中。在指令系统中，用 A 作为累加器 ACC 的助记符。

2）寄存器 B 是一个 8 位寄存器，主要用于乘法和除法操作。乘法指令的两个操作数分别取自于 A 和 B，乘积存于寄存器 BA 对中，积的高 8 位放在寄存器 B 中，积的低 8 位放在

⊖ 常见的书写形式为 ACC，为便于计算机汇编，本书采用 ACC。

累加器 A 中。除法指令中，被除数取自 A，除数取自 B，运算后的商存放于 A 中，余数存放于 B 中。

在其他指令中，寄存器 B 则作为一般的内部 RAM 使用。

3）程序状态字寄存器 PSW 是一个 8 位的寄存器，用于存放程序运行中的各种状态信息。其中有些位的状态是根据指令的执行结果，由硬件自动设置的。PSW 可以进行位寻址，其结构和定义见表 1-9。

表 1-9 PSW 结构与定义

位编号	PSW.7	PSW.6	PSW.5	PSW.4	PSW.3	PSW.2	PSW.1	PSW.0
位地址	D7H	D6H	D5H	D4H	D3H	D2H	D1H	D0H
位定义名	Cy	AC	F0	RS1	RS0	OV	—	P

① Cy（PSW.7）：进位标志位。在进行加（或减）法运算时，若操作结果的最高位（D7 位）有进位（或借位）时，Cy 由硬件置 1，否则 Cy 清 0。在进行位操作时，Cy 又是位累加器，指令助记符用 C 表示。

② AC（PSW.6）：辅助进位标志位。在进行加（或减）法运算时，若操作结果的低半字节（D3 位）向高半字节产生进位（或借位），则 AC 位将由硬件自动置 1，否则 AC 位清 0。

③ F0（PSW.5）：用户标志位。用户根据需要对 F0 置位或复位，作为软件标志。

④ RS1（PSW.4）和 RS0（PSW.3）：工作寄存器区选择控制位。用户用软件改变 RS1 和 RS0 的状态，以设定当前的工作寄存器区为哪一区。RS1、RS0 与当前工作寄存器区的对应关系见表 1-6。单片机上电或复位后，RS1、RS0 均为 0，CPU 选中第 0 区的 8 个单元为当前工作寄存器区。根据需要，用户可以通过位操作指令改变 RS1 和 RS0 的内容来选择不同的工作寄存器区，这种设置为程序中保护现场提供了方便。

⑤ OV（PSW.2）：溢出标志位。当进行补码运算时，若运算结果超出 $-128 \sim +127$，则产生溢出，此时 OV 自动置 1，否则 OV 清 0。

当执行加法指令 ADD 或 ADDC 以及减法指令 SUBB 时，若 D7 位向 Cy 位有进位或借位，则 OV 置 1；反之，如果没有进位或借位，则 OV 清 0。

对于加减法运算（均视为补码运算），如果出现下列情况（与我们正常加减法出现的结果相反），视为溢出，即 OV = 1：

正数 + 正数 = 负数

负数 + 负数 = 正数

正数 - 负数 = 负数

负数 - 正数 = 正数

在异号数相加或同号数相减时这两种情况下不可能出现溢出。

乘法指令 MUL 的执行结果也会影响溢出标志 OV，若 A 和 B 中的两个数的乘积超过 255，则 OV = 1，否则 OV = 0。判断方法是：乘法指令执行后寄存器 B = 0，则 OV = 0；否则 OV = 1。

除法指令 DIV 也会影响溢出标志。判断方法是：当除数 B = 0 时，OV = 1；否则 OV = 0。

⑥ PSW.1：保留位。8051 单片机中未定义。

⑦ P（PSW.0）：奇偶校验标志位。每条指令执行完后，该位始终跟踪累加器 A 中 1 的数目的奇偶性。如果 A 中有奇数个 1，则 P=1；否则 P=0。此标志位常用于校验串行通信中的数据传送是否出错。

【例 1-15】 试判断以下运算后 Cy、AC、OV、P 的状态。

（1）8DH+5CH　　（2）3DH+72H

（3）3DH-72H　　（4）93H-58H

【解】 （1）8DH+5CH=0E9H，Cy=0（最高位没有进位），AC=1（低 4 位向高 4 位进位），OV=0（以补码形式来判断，负数+正数不可能产生溢出），P=1（E9H=11101001B，1 的个数为奇数）。

（2）3DH+72H=0AFH，Cy=0（最高位没有进位），AC=0（低 4 位没有向高 4 位进位），OV=1（以补码形式来判断，正数+正数=负数，产生溢出），P=0（AFH=10101111B，1 的个数为偶数）。

（3）3DH-72H=0CBH，Cy=1（最高位有借位），AC=0（低 4 位没有向高 4 位借位），OV=0（以补码形式来判断，正数-正数不可能产生溢出），P=1（CBH=11001011B，1 的个数为奇数）。

（4）93H-58H=3BH，Cy=0（最高位无借位），AC=1（低 4 位向高 4 位借位），OV=1（以补码形式来判断，负数-正数=正数，产生溢出），P=1（3BH=00111011B，1 的个数为奇数）。

4）堆栈指针 SP 是一个 8 位的 SFR，它的内容可指向内部 RAM 中 00H～7FH 的任何单元。系统复位后，SP 初始化为 07H，使得堆栈实际上由 08H 单元开始。由于 00H～1FH 为工作寄存器区，20H～2FH 为位寻址区，所以一般要修改 SP 值，修改的值要确保不影响工作寄存器区和位寻址区操作，同时也要确保堆栈操作的正常进行。

堆栈指针 SP 是一个双向计数器，在数据入栈时 SP 内容自动加 1，出栈时 SP 自动减 1。SP 指向堆栈栈顶。

5）数据指针 DPTR 是一个 16 位的 SFR，它由两个 8 位寄存器 DPH（83H）和 DPL（82H）组成，DPH 是 DPTR 的高位字节，DPL 是 DPTR 的低位字节。DPTR 既可以作为一个 16 位寄存器使用，也可以作为两个独立的 8 位寄存器 DPH 和 DPL 来使用。

DPTR 主要用来存放 16 位地址，当对 64KB 外部数据存储器地址空间寻址时，可作为间址寄存器。可用“MOVX　A，@DPTR”和“MOVX　@DPTR，A”两条指令实现。在访问程序存储器时，DPTR 可用作基址寄存器，常用指令“MOVC　A，@A+DPTR”来读取存放在程序存储器内的表格常数。

6）I/O 端口 P0～P3 为 4 个 8 位的特殊功能寄存器，分别是 4 个并行 I/O 口的锁存器。它们都有字节地址，每一个端口的锁存器还有位地址。当 I/O 端口某一位用于输入时，必须在相应端口锁存器的对应位先写入 1。

在 MCS-51 系列单片机结构中，21 个 SFR 在物理上是分散在片内各功能部件中的：

① CPU 中的 SFR：ACC、B、PSW、SP 和 DPTR（16 位寄存器，由 DPH 和 DPL 组成）。

② 定时/计数器单元中的 SFR：TMOD、TCON、T0（16 位寄存器，由 TH0 和 TL0 组成）和 T1（16 位寄存器，由 TH1 和 TL1 组成）。

③ 并行 I/O 口的 SFR：P0、P1、P2 和 P3。

④ 中断系统内的 SFR：IE 和 IP。

⑤ 串行端口中的 SFR：SCON、SBUF 和 PCON。

注意：*程序计数器 PC 虽然也是 CPU 内部的一个寄存器，但它在物理结构上是独立的，没有地址，不属于特殊功能寄存器。*

1.3　MCS-51 系列单片机的最小应用系统

1.3.1　时钟电路

单片机系统的各部分是在 CPU 的统一指挥下协调工作的，CPU 在执行指令过程中，控制器所发出的一系列特定的定时信号和控制信号具有一定的时间顺序，这种在时间上的相互关系称为时序。

单片机的时钟信号用来提供单片机内各种微操作的时间基准，用于产生单片机工作所需要的时钟信号的电路称为时钟电路。

MCS-51 系列单片机的时钟信号通常用两种方式得到：内部振荡器方式和外部引入方式。

1. 内部振荡器方式

MCS-51 系列单片机内部有一个高增益的反相放大器，其输入端为引脚 XTAL1，输出端为引脚 XTAL2，用于外接石英晶体振荡器或陶瓷谐振器和微调电容，构成稳定的的自激振荡器，其发出的脉冲直接送入内部的时钟电路，如图 1-8 所示。电容 C_1 和 C_2 对频率有微调作用，一般取 30pF 左右。晶体振荡频率范围是 1.2~12MHz，一般情况下，选用振荡频率为 6MHz 的石英晶体，12MHz 振荡频率的晶体主要在高速串行通信情况下使用。

振荡脉冲信号经过内部时钟发生器进行二分频之后，才成为单片机的时钟信号。

2. 外部引入方式

外部引入方式常用于多片单片机组成的系统中，以便于各单片机之间的时钟信号同步。MCS-51 系列单片机在使用外部振荡脉冲信号时，对于 HMOS 型单片机（如 8051），XTAL2 端用来输入外部脉冲信号，XTAL1 端接地，因为 XTAL2 的逻辑电平与 TTL 电平不兼容，所以应接一个上拉电阻，如图 1-9a 所示。对于 CHMOS 型单片机（如 80C51），外部脉冲信号从 XTAL1 输入，而 XTAL2 悬空，如图 1-9b 所示。

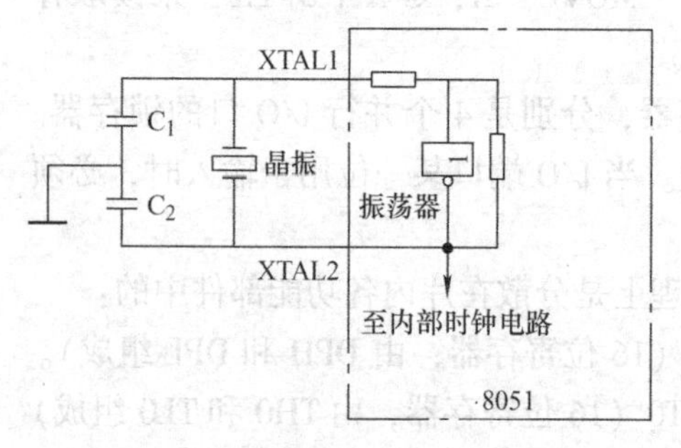

图 1-8　内部振荡器方式时钟电路

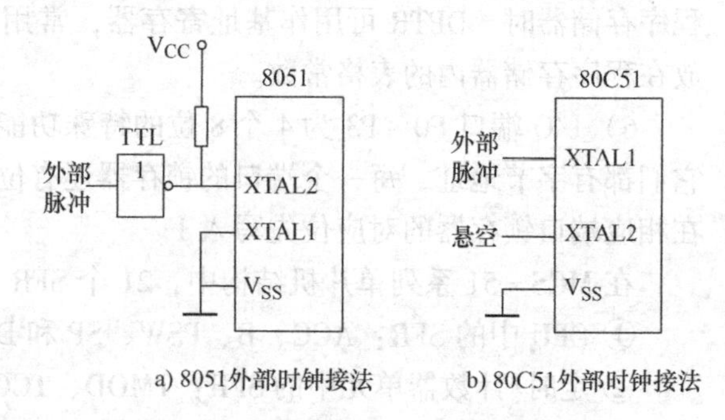

图 1-9　外部引入方式接法

CPU 的时序是用定时单位来说明的，MCS－51 系列单片机的时序定时单位有以下几个：时钟周期、状态周期、机器周期和指令周期。

（1）时钟周期　时钟周期（又称为振荡周期）是指振荡器产生一个振荡脉冲信号所用的时间，是振荡频率的倒数，称为节拍。

（2）状态周期　振荡脉冲信号经过内部时钟电路二分频之后产生的单片机时钟信号的周期（用 S 表示）称为状态周期。因此，一个状态周期 S 就包含两个节拍，前一时钟周期称为 P1 拍，后一时钟周期称为 P2 拍。

（3）机器周期　机器周期是指 CPU 完成某一个规定操作所需的时间。MCS－51 系列单片机的一个机器周期包含 6 个状态，依次表示为 S1～S6，每个状态分为 2 个节拍。因此，一个机器周期包含 12 个节拍（时钟周期），依次表示为：S1P1、S1P2、S2P1…S6P1、S6P2。若采用 12MHz 的晶体振荡器，则一个机器周期为 1μs。

（4）指令周期　CPU 执行一条指令所需要的时间称为指令周期。对于 MCS－51 系列单片机，根据指令的不同，可包含 1 个、2 个或 4 个机器周期。若采用 6MHz 的晶体振荡器，则振荡周期是 1/6μs，机器周期为 2μs，指令周期为 2μs 或 4μs 或 8μs。

指令的执行速度和它的机器周期数直接相关，机器周期数较少则执行速度较快。在编程时要注意选用具有同样功能而机器周期数少的指令。

1.3.2　复位电路

1. 复位

复位是单片机的初始化操作，复位后 CPU 和系统中其他部件都处于一个确定的初始状态，并从这个状态开始工作。当单片机系统在运行出错或操作错误使系统处死锁状态时，可按复位键重新启动。

复位后，PC 内容初始化为 0000H，即重启后程序计数器内容为 0000H，表示单片机从 0000H 单元开始执行程序。0003H～0032H 被保留，用于安装中断服务程序。单片机复位后，除 PC 外，还对片内的特殊功能寄存器有影响，它们的复位状态见表 1-10。

表 1-10　寄存器的复位状态

寄存器	复位状态	寄存器	复位状态
PC	0000H	TCON	00H
ACC	00H	TH0	00H
PSW	00H	TL0	00H
SP	07H	TH1	00H
DPTR	0000H	TL1	00H
P0～P3	FFH	SCON	00H
IP	××000000B	SBUF	不定
IE	0××00000B	PCON	0×××××××B（NMOS）
TMOD	00H		0×××0000B（CHMOS）

单片机复位后不影响内部 RAM 的状态（包括工作寄存器 Rn）。

2. 复位电路内部结构

8051单片机复位电路的内部结构如图1-10所示。RST引脚是复位信号的输入端，复位信号是高电平有效，其有效时间应持续24个时钟周期（2个机器周期）以上。

RST端的外部复位电路有两种操作方式：上电自动复位和按键手动复位。

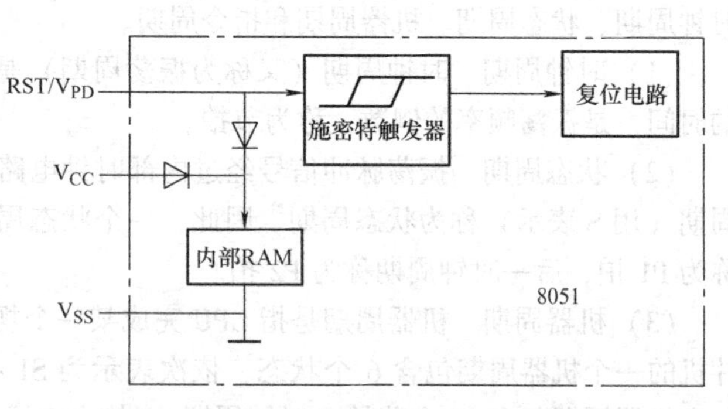

图1-10 8051单片机复位电路内部结构

上电自动复位是利用电容充电来实现的，如图1-11a所示；上电瞬间，RC电路充电，RST端出现正脉冲，随着充电电流的减少，RST的电位逐渐下降。按键手动复位有电平方式和脉冲方式两种。按键电平复位是相当于RST端通过电阻接高电平，如图1-11b所示；按键脉冲复位是利用RC微分电路产生正脉冲，如图1-11c所示。

电路中的电阻电容参数适用于6MHz晶振，能保证复位信号高电平持续时间大于2个机器周期。

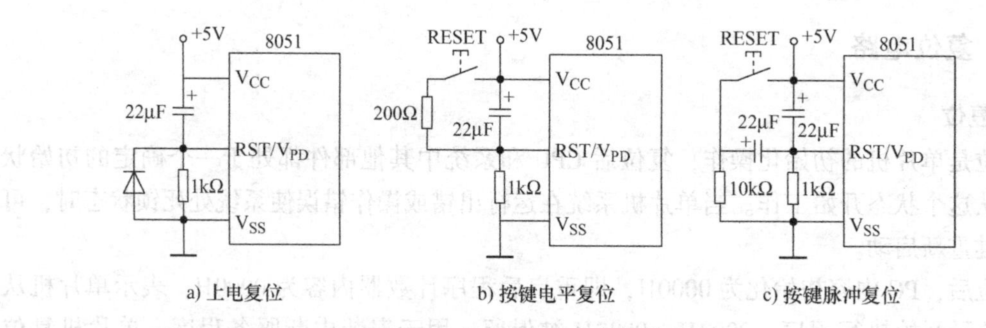

图1-11 上电复位和按键复位电路

1.3.3 最小应用系统

单片机系统的硬件电路是根据其应用情况来决定其复杂程度，在一些简单的应用场合，最小应用系统就可以满足其使用要求，只需要一片单片机芯片再配上时钟电路和复位电路即可构成应用电路，结构简单，价格便宜，使用非常方便。MCS－51系列单片机分内部无程序存储器结构的8031单片机和内部有程序存储器结构的8051/8751单片机，在构成最小应用系统时，两者有所不同。

1. 8051/8751单片机最小应用系统

8051/8751单片机内部有4KB的掩膜ROM /EPROM，在构成最小应用系统时，只要加上复位电路、时钟电路，$\overline{EA}$引脚接高电平，即可通电工作。硬件电路如图1-12所示。

用芯片构成的最小应用系统结构简单、可靠，但由于集成度的限制，这种最小应用系统只能用作一些小型的控制单元，其具有下列应用特点：

1）有大量的I/O线可供用户使用，P0～P3口共32根I/O线均可作为输入/输出线使用。

2）内部存储器容量有限，只有 128B 的内部 RAM 和一些特殊功能寄存器以及 4KB 的内部 ROM/EPROM。

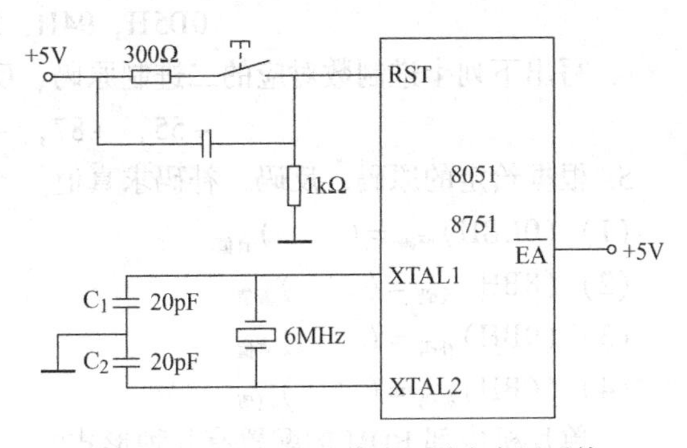

图 1-12　8051/8751 单片机最小应用系统

2. 8031 单片机最小应用系统

用 8031 芯片构成最小应用系统时，由于单片机内部无 ROM，所以必须在外部扩展程序存储器（常常选用 EPROM 芯片）。在扩展程序存储器时，还必须接上地址锁存器，硬件电路如图 1-13 所示。

系统包括 8031 单片机、EPROM2764、地址锁存器 74LS373、时钟电路和复位电路。$\overline{EA}$引脚应接地，使 CPU 只能选择外部程序存储器，并执行其中的程序。ALE 引脚接 74LS373 的 G 端。

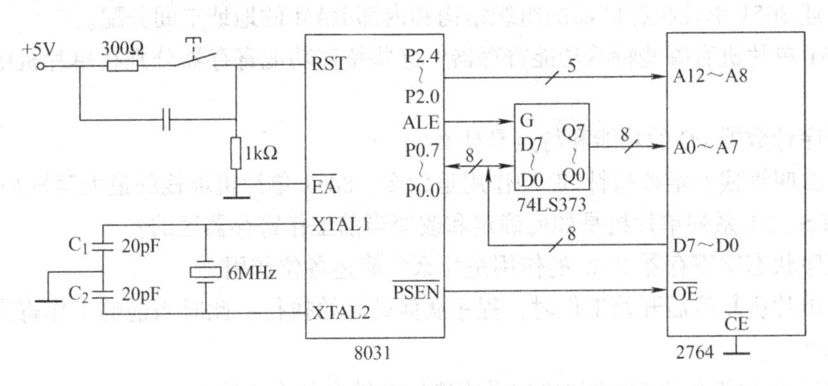

图 1-13　8031 单片机最小应用系统电路图

其特点是：

1）P0 口用作低 8 位地址线/数据线，P2 口用作高 8 位地址线，两者都不能再作为通用 I/O 口使用。

2）使用外部程序存储器，其容量最高为 64KB。外部 ROM 可选择 EPROM、EEPROM、PEROM 芯片，方便改写程序。

3）价格低廉，因此应用最为广泛。

1.4　习题

1. 何谓单片机？单片机有何特点？

2. 计算

（1）B6H∧43H =（　　）

（2）75H∨93H =（　　）

（3）69H⊕D6H =（　　）

（4）$\overline{4EH}$ =（　　）

3. 写出下列十六进制无符号数对应的十进制数和二进制数。

0D5H，94H，3BH，7EH

4. 写出下列十进制数对应的二进制原码、反码和补码。

+55，+87，-79，-119

5. 根据给定的原码、反码、补码求真值。

（1）$(0CBH)_{原码}=(\quad)_{真值}$

（2）$(8BH)_{反码}=(\quad)_{真值}$

（3）$(9BH)_{补码}=(\quad)_{真值}$

（4）$(6BH)_{补码}=(\quad)_{真值}$

6. 单片机内部 ROM 的配置有几种形式？

7. 8051 单片机内包含哪些主要功能部件？各有什么功能？

8. 为什么 8031 单片机的$\overline{EA}$必须接地，而 8051 单片机的$\overline{EA}$不一定接地？

9. MCS-51 系列单片机的 P0～P3 口各有什么功能？

10. 简述 8051 单片机存储器的组织结构和内部 RAM 的地址空间分配。

11. 8051 单片机有哪些特殊功能寄存器？这些特殊功能寄存器分别在单片机中哪些功能部件中？

12. 程序计数器 PC 的功能和特点是什么？

13. 什么叫堆栈？堆栈指针 SP 的作用是什么？8051 单片机堆栈的最大容量是多少字节？

14. MCS-51 系列单片机是如何确定和改变当前工作寄存器区的？

15. 程序状态字寄存器 PSW 的作用是什么？简述各位作用。

16. 在单片机复位后开始工作时，程序从何处开始执行？此时当前的工作寄存器区在几区？为什么？

17. 8031 单片机与 8051 单片机的最小应用系统有什么不同？

18. 为什么 8031 单片机在最小应用系统时$\overline{EA}$接地，而 8051 单片机在最小应用系统中接 V_{CC}？

第2章

MCS-51系列单片机汇编语言编程

本章摘要

通过本章学习，应了解汇编指令格式和 MCS－51 系列单片机的寻址方式，掌握 MCS－51 系列单片机指令系统、指令功能及汇编语言程序简单设计方法。

2.1 汇编语言指令基础知识

2.1.1 汇编语言指令格式

指令的表示方法称为指令格式。汇编语言的指令格式一般如下：

[标号:]　　操作码　[第一操作数][,第二操作数][,第三操作数]　[;注释]

其中带有方括号的部分代表可选项。

1）标号：表示该指令的符号地位，可以根据需要进行设置。标号以英文字母开始的 1～6 个字母或数字组成的字符串表示，并以“:”结尾。

2）操作码：表示指令的操作功能，用助记符表示。每条指令都有操作码，操作码是指令的核心部分。

3）操作数：表示参与传送、运算的数据或数据地址。这里的操作数不一定就是直接参与运算或传送的，而应根据操作数的寻址方式，寻找出真正参与运算或传送的数据。两个或两个以上操作数之间用“,”间隔。

4）注释：用来解释该条指令或一段程序的功能，便于对指令或程序的阅读理解。注释以“;”开始，注释部分对程序的执行没有影响。

2.1.2 寻址方式

在指令中，一般不直接给出直接参与传送或运算的操作数本身，而是给出该操作数的所在的寄存器、存储单元地址或 I/O 口地址或操作数地址。CPU 根据指令给出的地址信息求出操作数的地址，按照求出的地址对操作数进行存取操作。寻址就是寻找操作数的地址，寻找操作数地址的方式，称为操作数地址的寻址方式，简称寻址方式。

在 MCS－51 系列单片机指令系统中，共有 7 种寻址方式，分别是立即寻址、直接寻址、寄存器寻址、寄存器间接寻址、变址寻址、相对寻址和位寻址。

1. 立即寻址方式

立即寻址方式就是指令中直接给出操作数的寻址方式。其特征是操作数前带有“#”，指令中的操作数也称为立即数。

【例 2-1】 指令 MOV A，#67H

【解】 上述指令就是将 67H 这个数送到累加器 A 中，即执行这条指令后，累加器 A 中的内容为 67H。

2. 直接寻址方式

直接寻址方式就是指令中给出操作数地址的寻址方式，即指令中给出的数据作为地址，该地址对应存储单元中的数据才是真正的操作数。

【例 2-2】 指令 MOV A，66H

【解】 上述指令不是将 66H 这个数送累加器 A，而是将内部 RAM 中地址为 66H 的存储单元中的数据送给累加器 A，而 66H 存储单元中内容不变，如图 2-1 所示。

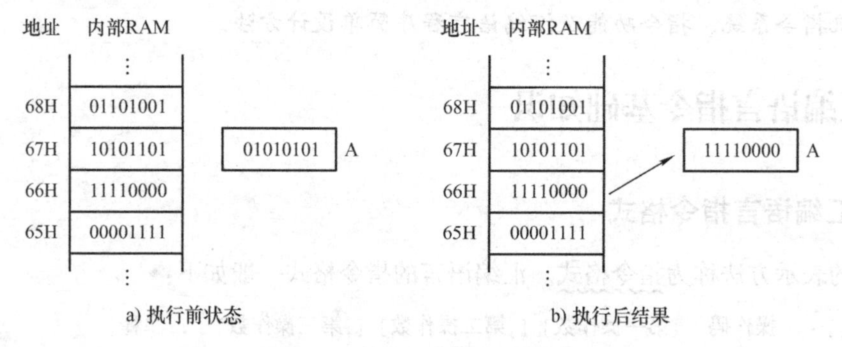

图 2-1 直接寻址方式示意图

3. 寄存器寻址方式

寄存器寻址方式就是将指令中指出的某一寄存器中的数作为操作数的寻址方式。

【例 2-3】 指令 MOV A，R3

【解】 上述指令是将寄存器 R3 中的数据传送至累加器 A 中，即执行后累加器 A 的数据为 R3 中的数据，而 R3 中的数据保持不变，如图 2-2 所示。

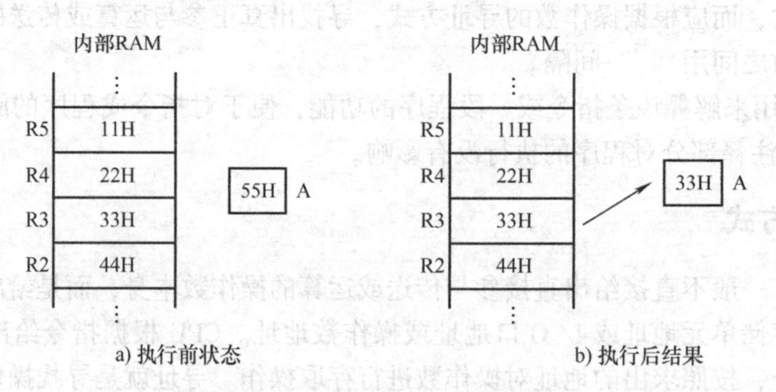

图 2-2 寄存器寻址方式示意图

4. 寄存器间接寻址方式

寄存器间接寻址方式就是将指令指定的寄存器中的内容作为地址，将该地址所对应的存储单元中的数据作为真正参与运算或传送的操作数的寻址方式。寄存器间接寻址简称为寄存器间址。这种寻址方式可以用于内部 RAM，也可以用于外部 RAM。

寄存器间接寻址用于访问内部 RAM 的 00H ~ 7FH 时，用 R0 或 R1 作为地址指针来进行寄存器间接寻址。在 PUSH 和 POP 指令中，用堆栈指针 SP 作为地址指针进行寄存器间接寻址。

在访问外部 RAM 的页内（高 8 位地址相同的为同一页）256 个单元（00H ~ 0FFH）时，用 R0 或 R1 作为地址指针来进行寄存器间接寻址。如果要访问外部 RAM 的 64KB（0000H ~ 0FFFFH）空间，用数据指针 DPTR 来间接寻址。

【例 2-4】　指令　MOV　A，@R1

【解】　设 R1 中的内容为 41H，则上述指令是将寄存器 R1 中的内容 41H 作为地址，将 41H 中的内容传送至累加器 A 中，如图 2-3 所示。

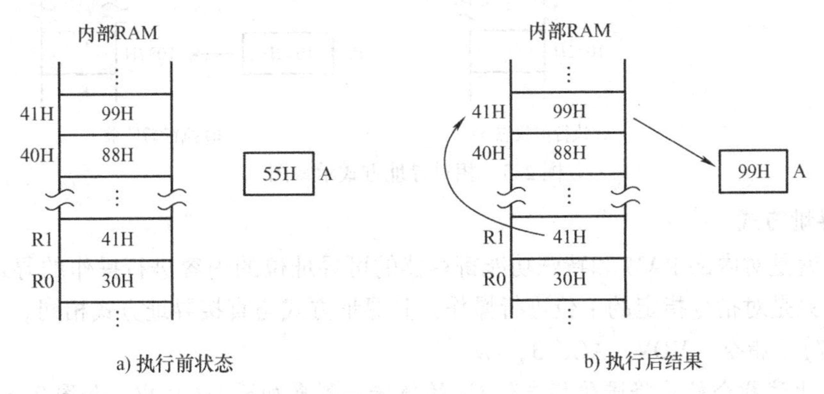

图 2-3　寄存器间接寻址方式示意图

5. 变址寻址方式

变址寻址方式就是将指令指定的变址寄存器和基址寄存器的内容相加形成操作数地址的寻址方式。在这种寻址方式中，累加器 A 作为变址寄存器，程序计数器 PC 或数据指针 DPTR 作为基址寄存器。这种寻址方式用于读取程序存储器中的常数表，即进行查表操作。

【例 2-5】　指令　MOVC　A，@A + DPTR

【解】　设(A) = 40H，(DPTR) = 2000H，则上述指令就是将 40H + 2000H 得到 2040H，然后将程序存储器中地址为 2040H 中的内容传送到累加器 A 中，如图 2-4 所示。

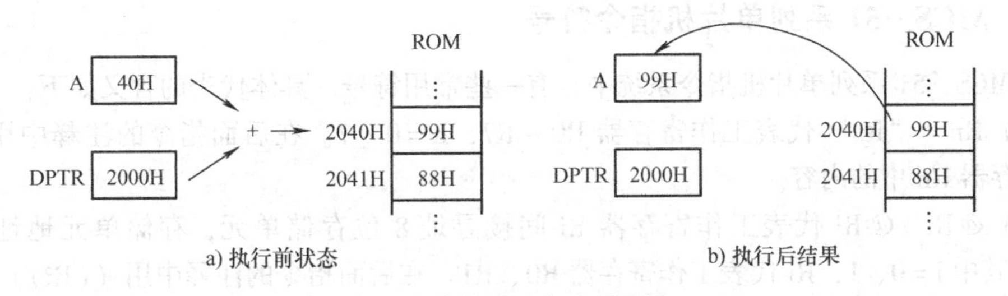

图 2-4　变址寻址方式示意图

6. 相对寻址方式

将程序计数器PC当前的值（执行本指令后的PC值）加上指令中给出的相对偏移量rel形成程序转移的目的地址，这种寻址方式就称为相对寻址方式。相对偏移量rel用补码表示，其范围为-128～+127。

【例2-6】 指令 SJMP 30H

【解】 设上述指令存放在1000H中，这是个2B的指令，取出该指令时，PC自动执行了两次加1，即PC为1002H，执行时再加上相对偏移量30H，所以执行后PC为1032H，即程序转到1032H，如图2-5所示（指令SJMP 30H的机器码为80H 30H）。

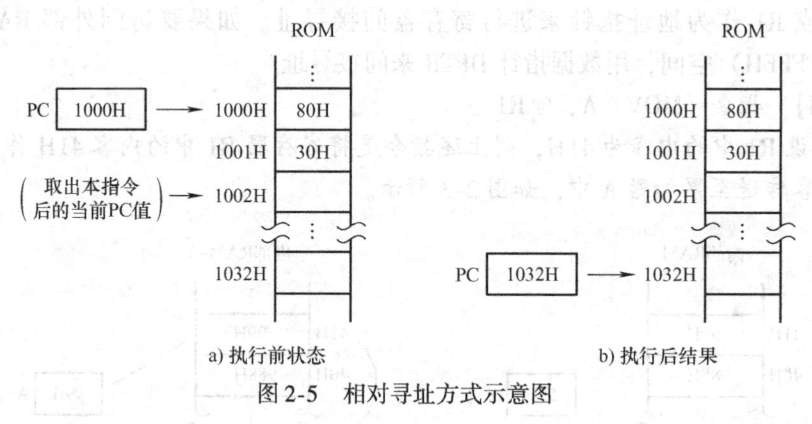

图2-5 相对寻址方式示意图

7. 位寻址方式

位寻址就是对内部RAM和特殊功能寄存器的可寻址位的内容进行操作的寻址方式。这种寻址方式只是对指令指定的1位进行操作，其寻址方式与直接寻址方式相同。

【例2-7】 指令 MOV ACC.3，Cy

【解】 上述指令就是将进位标志位Cy的值传送到累加器D3位中，如图2-6所示。

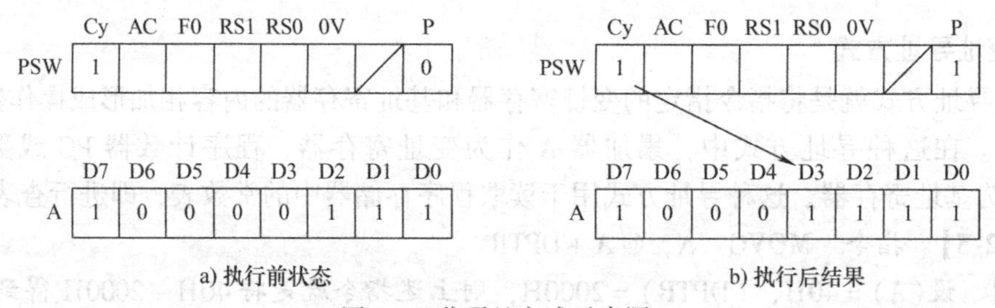

图2-6 位寻址方式示意图

2.1.3 MCS-51系列单片机指令符号

在MCS-51系列单片机指令系统中，有一些常用符号，具体代表的含义如下：

（1）Rn “Rn”代表工作寄存器R0～R7，n=0～7。在后面指令的注释中用（Rn）表示寄存器Rn中的内容。

（2）@Ri @Ri代表工作寄存器Ri间接寻址8位存储单元，存储单元地址00H～0FFH。其中i=0、1，Ri代表工作寄存器R0、R1。在后面指令的注释中用（(Ri)）表示Ri的间接寻址单元的内容。

(3) direct direct代表8位地址，该8位地址可以是内部RAM的任何一个地址（00H～7FH），也可以是SFR（特殊功能寄存器）中的任何一个（80H～0FFH）。在后面指令的注释中用（direct）表示地址为direct的单元中的内容。

(4) #data #data代表8位的立即数，该数为真正参与运算或传送的数据。

(5) #data16 #data16代表16位的立即数，该数为参与传送的数据。

(6) addr16 addr16代表16位目的地址，用于LCALL、LJMP两个指令中，可以实现在64KB程序存储器范围内调用子程序或转移。

(7) addr11 addr11代表11位目的地址，用于ACALL、AJMP两个指令中，可以实现在下条指令地址所在的2KB范围内调用子程序或转移。

(8) rel rel代表带符号的8位偏移地址，用于SJMP指令和所有条件转移指令，可以在下条指令地址所在的－128～＋127的程序存储器范围内转移。

(9) DPTR DPTR代表数据指针，可用作16位地址寄存器。

(10) A “A”代表累加器ACC。

(11) B “B”代表通用寄存器，主要用于乘法指令MUL和除法指令DIV中。

(12) Cy “Cy”代表进位标志位或在布尔处理器中的累加器。

(13) bit “bit”代表位地址，位指内部RAM中的位寻址单元及SFR中的可寻址位。

(14) /bit 在位操作指令中，/bit表示对该位（bit）先取反，再进行传送或运算，不改变该位（bit）的原值。

2.2 MCS－51系列单片机的指令系统

2.2.1 数据传送指令

1. 内部RAM中一般数据传送指令

这类数据传送指令的格式为

```
MOV  (目的操作数),(源操作数);(目的操作数)←(源操作数)
```

该指令的功能是将源操作数的内容传送到目的操作数中，而源操作数中的数据不变。对于数据传送指令，一般不影响程序状态字寄存器PSW，如果目的操作数为累加器A，仅影响奇偶标志位P。

(1) 以累加器A为目的操作数的数据传送指令

```
MOV  A,Rn           ;A←(Rn),n=0~7
MOV  A,@Ri          ;A←((Ri)),i=0,1
MOV  A,direct       ;A←(direct)
MOV  A,#data        ;A←data
```

【例2-8】 设原始状态如图2-7a所示，则分别执行下列指令：

1) MOV A, R0 ；将寄存器R0中的数据传送给累加器A，因此累加器A中的数据为40H，如图2-7b所示。

2) MOV A, @R0；将寄存器R0中的数据40H作为地址，再将40H存储单元中的数据送向累加器A中，因此累加器A中的数据不是40H，而是50H，如图2-7c所示。

3）MOV　A，40H；将40H存储单元中的数据50H送向累加器A中，因此累加器A中的数据为50H，如图2-7d所示。

4）MOV　A，#80H；将80H这个数直接送给累加器A，因此累加器A中的数据为80H，如图2-7e所示。

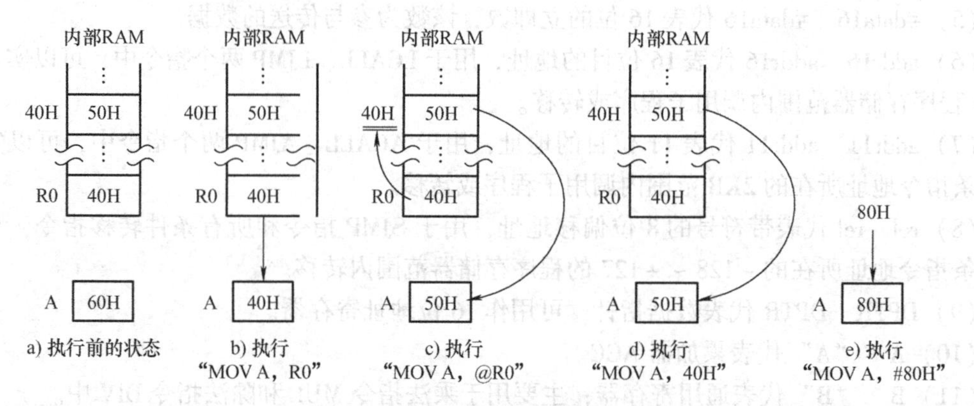

图2-7　例2-8指令执行示意图

（2）以寄存器Rn为目的操作数的数据传送指令

```
MOV   Rn,A           ;Rn←(A)
MOV   Rn,direct      ;Rn←(direct)
MOV   Rn,#data       ;Rn←data
```

【例2-9】 设原始状态如图2-8a所示，则分别执行下列指令：

1）MOV　R1，A　；将累加器A的内容60H送到寄存器R1中，因此R1中的内容为60H，如图2-8b所示。

2）MOV　R0，40H；将地址为40H存储单元中的内容50H送到寄存器R0中，因此R0中的内容为50H，如图2-8c所示。

3）MOV　R3，#78H；将数78H送到（赋给）寄存器R3中，R3＝78H，如图2-8d所示。

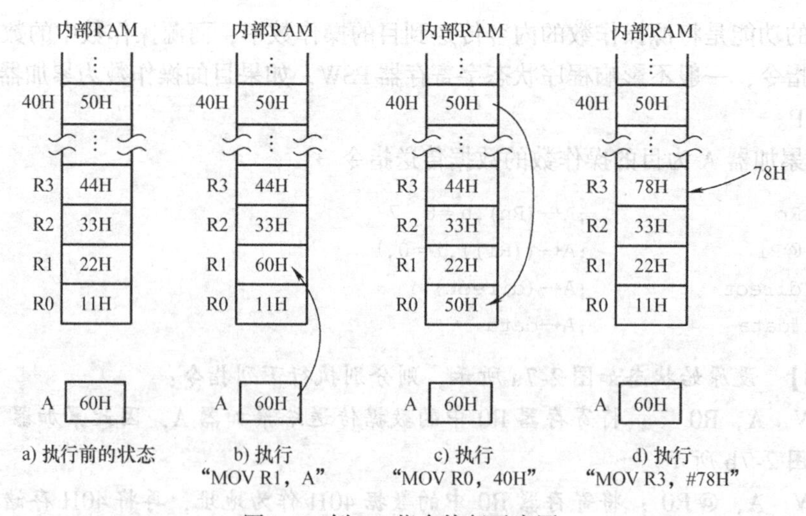

图2-8　例2-9指令执行示意图

(3) 以直接地址为目的操作数的数据传送指令

```
MOV  direct,A               ;direct←(A)
MOV  direct,Rn              ;direct←(Rn)
MOV  direct,@Ri             ;direct←((Ri))
MOV  direct,#data           ;direct←data
MOV  direct1,direct2        ;direct1←(direct2)
```

【例2-10】 设原始状态如图2-9a所示，分别执行下列指令：

1) MOV　40H, A　　; 累加器A中的内容送到40H单元中，如图2-9b所示。

2) MOV　40H, R0　　; 将R0中的内容送到40H单元中，如图2-9c所示。

3) MOV　40H, @R0 ; 将R0中的数据作为地址所对应单元中的内容送到40H单元中，如图2-9d所示。

4) MOV　40H, 50H　; 将50H中的内容送到40H单元中，如图2-9e所示。

5) MOV　40H, #60H ; 将数60H赋给40H单元，如图2-9f所示。

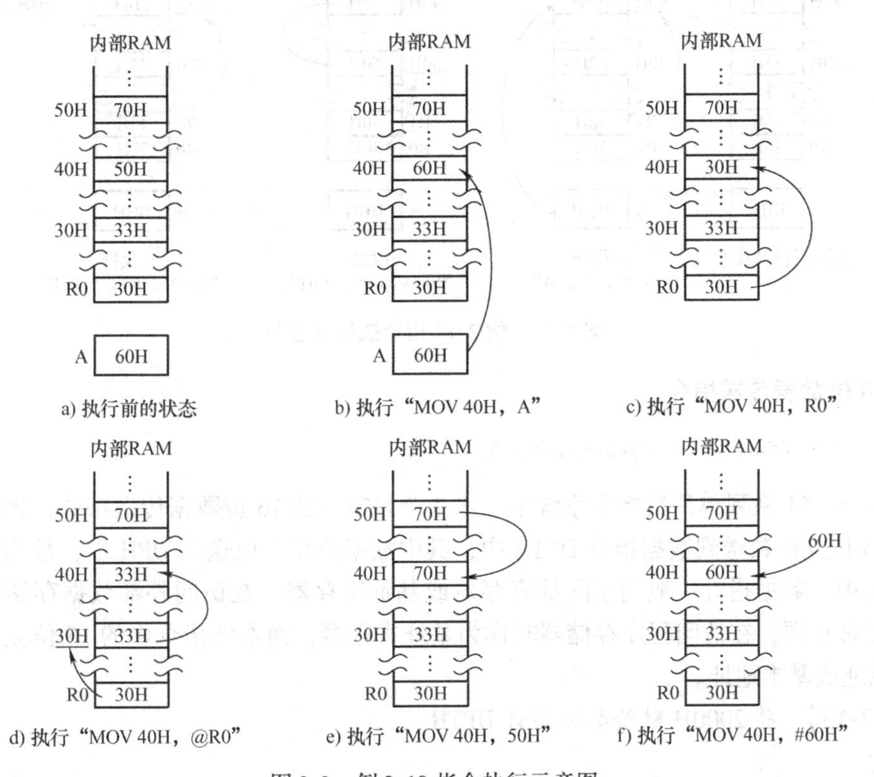

图2-9　例2-10指令执行示意图

【例2-11】 要求将两个存储单元30H和31H中的数据交换，试编程。

【解】

```
MOV  A,30H          ;A←(30H)
MOV  30H,31H        ;30H←(31H)
MOV  31H,A          ;31H←(A)
```

还可以用上述已学过的其他指令实现。

(4) 以寄存器间址为目的操作数的数据传送指令

1) MOV @Ri,A ;(Ri)←(A)

2) MOV @Ri,direct ;(Ri)←(direct)

3) MOV @Ri,#data ;(Ri)←data

【例 2-12】 设内存单元及累加器的原始数据如图 2-10a 所示，分别执行下列指令：

1) MOV @R1, A ；将累加器 A 的数据送到以 R1 中数据作为地址的存储单元中，如图 2-10b 所示。

2) MOV @R0, 40H ；将 40H 单元中的数据送到以 R0 中数据作为地址的存储单元中，如图 2-10c 所示。

3) MOV @R1, #7BH；将数据 78H 送到以 R1 中数据作为地址的存储单元中，如图 2-10d 所示。

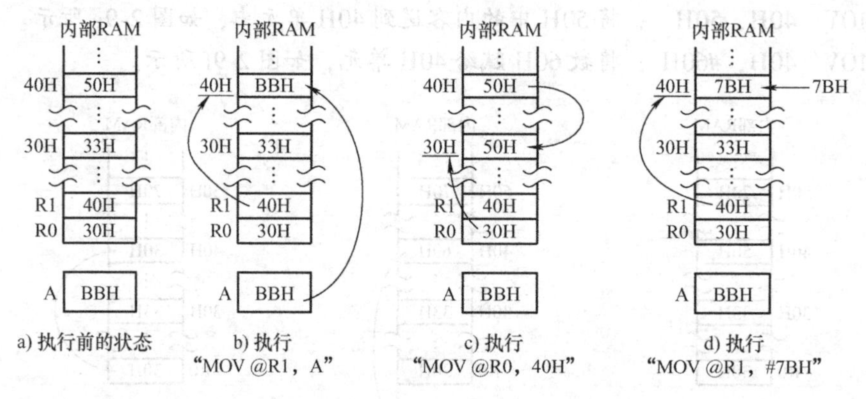

图 2-10 例 2-12 指令执行示意图

2. 16 位数据传送指令

```
MOV  DPTR,#data16     ;DPTR←data16
```

在 MCS－51 系列单片机指令系统中，该指令是唯一的 16 位数据传送指令，该指令的功能是将 16 位立即数送到数据指针 DPTR 中，其中数据的高 8 位送到 DPH 中，数据的低 8 位送到 DPL 中。数据指针一般用于间址寄存器或基址寄存器，在访问外部数据存储器时作为 16 位间址寄存器，在访问程序存储器时作为基址寄存器，而本条指令中的 16 位立即数就是相应的地址或基本地址。

【例 2-13】 将 2000H 赋给数据指针 DPTR。

【解】

```
MOV  DPTR,#2000H      ;DPTR←2000H
```

3. 累加器与外部数据存储器的数据传送指令

CPU 与外部数据存储器交换数据（读入或写出）时只能通过累加器实现，采用寄存器间接寻址方式，实现的方法有两种，其中一种方法是采用 R0 或 R1 作为间址寄存器，其寻址范围为 256B（00H ~ FFH）；另一种方法是采用 DPTR 作为间址寄存器，其寻址范围为 64KB（0000H ~ FFFFH）。

（1）以 Ri 为间址寄存器

1）MOVX　A,@Ri　　　　;A←((Ri))

2）MOVX　@Ri,A　　　　;(Ri)←(A)

在上述两条指令中，第一条指令是将外部数据存储器的数据读入（输入）到累加器 A 中，第二条指令是将累加器中的数据写入（输出）到外部数据存储器中。两条指令中间址寄存器 Ri 提供的 8 位数据作为外部数据存储器的低 8 位地址，通过 P0 口送出，如果要实现 64KB 范围内的寻址，则需要通过 P2 口输出高 8 位地址，其指令为：MOV　P2，#data 。

（2）以 DPTR 为间址寄存器

1）MOVX　A,@DPTR　　　　;A←((DPTR))

2）MOVX　@DPTR,A　　　　;(DPTR)←(A)

这两条指令中，第一条指令是将外部数据存储器的数据读入（输入）到累加器 A 中，第二条指令是将累加器中的数据写入（输出）外部数据存储器中。间址寄存器 DPTR 提供了 16 位地址，其寻址范围为 64KB，其中高 8 位地址通过 P2 口送出，低 8 位地址通过 P0 口送出。

上述四条指令数据都是通过 P0 口传送，只是数据的传送与低 8 位地址的送出是分时进行的，其中先送出低 8 位地址到地址锁存器上，然后再进行数据的传送。

在 MCS－51 系列单片机指令系统中，没有专门的 I/O 指令，外扩展的 I/O 端口与外部 RAM 采用统一编址，因此上述四条指令也可作为 I/O 指令使用，用于 CPU 与 I/O 口的数据传送。

【例 2-14】 将外部数据存储器 2040H 单元中的内容送到外部存储器 2150H 单元中，要求用 R0 作为间址寄存器。试编程。

【解】 用 R0（或 R1）作间址寄存器时，仅送出低 8 位地址，因此首先要将高 8 位地址通过 P2 口送出。

```
MOV  P2,#20H          ;通过 P2 口送出高 8 位地址 20H
MOV  R0,#40H          ;将低 8 位地址 40H 赋给 R0
MOVX  A,@R0           ;读外部 RAM 中 2040H 单元中的数据至累加器 A 中
MOV  P2,#21H          ;通过 P2 口送出高 8 位地址 21H
MOV  R0,#50H          ;将低 8 位地址 50H 赋给 R0
MOVX  @R0,A           ;将累加器 A 中的数据送到外部 RAM 中的 2150H 单元中
```

执行过程示意图如图 2-11 所示。

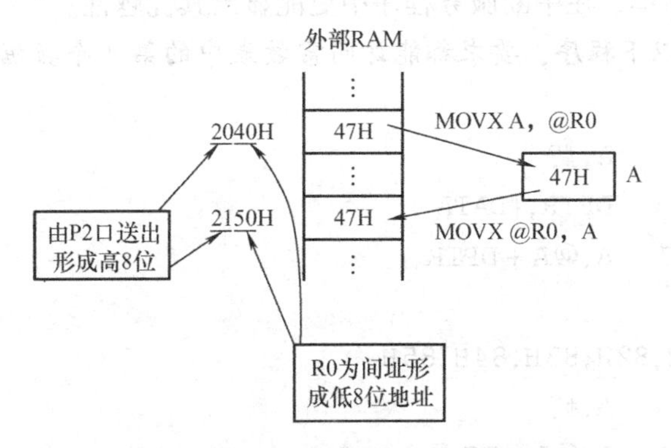

图 2-11　例 2-14 程序执行过程示意图

【例 2-15】 在例 2-14 中，如果要求用 DPTR 作为间址寄存器，试编程。

【解】 用 DPTR 作为间址寄存器，可直接形成 16 位地址。

```
MOV DPTR,#2040H
MOVX A,@DPTR
MOV DPTR,#2150H
MOVX @DPTR,A
```

执行过程示意图如图 2-12 所示。

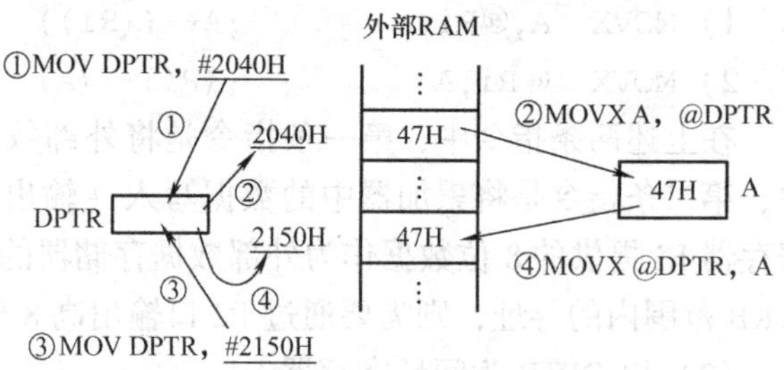

图 2-12　例 2-15 程序执行过程示意图

4. 访问程序存储器指令

程序存储器主要用来存放程序及原始数据（表格数据），如果要访问程序存储器中的原始数据（表格数据），应采用变址寻址方式，其中基址寄存器提供基本的 16 位地址，基址寄存器可以是数据指令 DPTR，也可以是程序计数器 PC；偏址寄存器为累加器 A，提供 8 位的偏移量。

访问程序存储器的指令为

1）以 DPTR 作为基址寄存器：MOVC　A，@A＋DPTR ；A←((A)＋(DPTR))

2）以 PC 作为基址寄存器：　MOVC　A，@A＋PC　；PC←(PC)＋1，A←((A)＋(PC))

第一条指令是将 DPTR 中的 16 位地址与 A 中的 8 位偏移量进行无符号数加法，形成操作数的 16 位地址；第二条指令是将执行本指令后的 PC 值与 A 中的值进行无符号数加法，形成操作数的地址，加法方法与第一条指令一样。

上述两条指令主要用于查表程序中，在操作性质上相同，但它们的适用范围有所不同。“MOVC　A，@A＋DPTR”指令的基址寄存器是数据指针 DPTR，它是一个 16 位的寄存器，其可以设置的范围为 64KB 的任何地址空间，因此该指令也称为远程查表指令。在查表前，只要对 DPTR 赋予表格常数首地址即可。如果 DPTR 已作他用，则在使用前要对原 DPTR 的内容做进栈保护，待查表完毕后再出栈恢复。

“MOVC　A，@A＋PC”指令的基址寄存器是程序计数器 PC，虽然它装载的也是 16 位数，但它受到当前 PC 值的约束，不能在 64KB 的范围内任意设置。其寻址的范围是本指令存放地址（PC 未执行本指令时的值）的 256B 范围内，因此也称为近程查表指令，一般适用于简单表格常量。与前一指令相比，本指令易读性差，编制程序技巧性要求高，但编写相同的程序比采用前者简单，在中断服务程序中更能显出其优越性。

【例 2-16】 执行以下程序，要求都能访问常数表中的第 4 个数据 84H，问赋给 A 的值各为多少？

程序 1：
```
        MOV     A,#?
        MOV     DPTR,#DATA
        MOVC    A,@A+DPTR
        RET
  DATA: 81H,82H,83H,84H,85H
```

程序 2：
```
        MOV     A,#?
        MOVC    A,@A+PC
```

```
        RET
    DATA:81H,82H,83H,84H,85H
```

【解】 在程序1中，由于赋给DPTR的是常数表的首地址，因此如果A=0，则访问第一个数据81H，现要求访问第四个数据84H，因此给A赋的值应为03H。

在程序2中，由于执行完本指令后，PC的值为指令RET的地址，因此若访问第一个数据81H，则A必须为01H，而现在要求访问第四个数据84H，因此给A赋的值应为04H。

上述两个程序的查表过程如图2-13所示。(设程序起始地址为2000H，累加器A根据结果分别为03H和04H。)

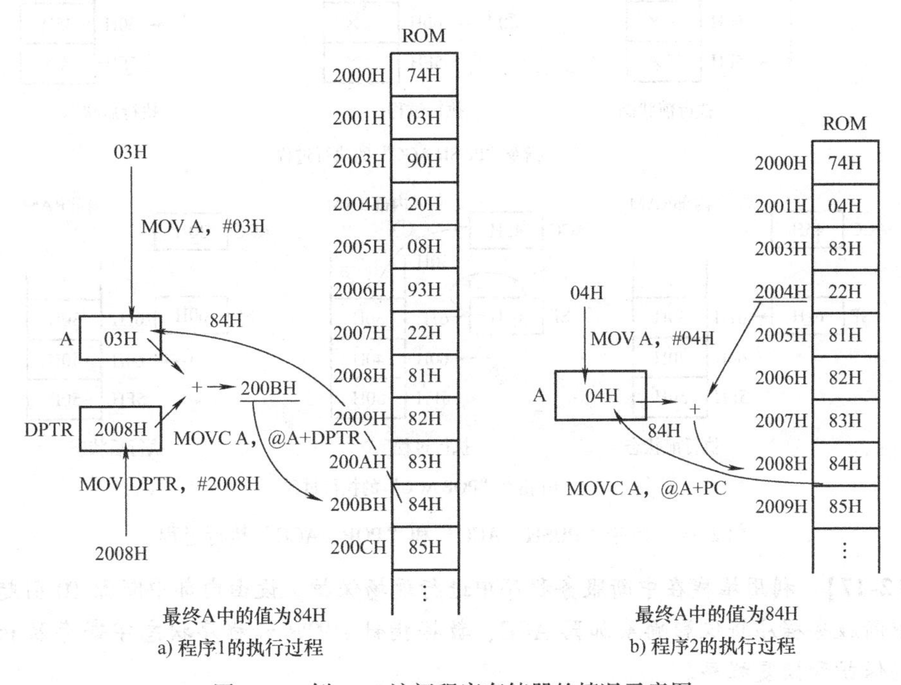

图2-13 例2-16访问程序存储器的情况示意图

5. 堆栈操作指令

在程序执行过程中，经常会发生调用子程序或中断响应的情况，为了确保子程序返回或中断返回后原来的累加器A、程序状态字寄存器PSW、工作寄存器等中的值保持调用或响应前的状态，就必须将这些值在调用子程序时或中断响应时保护起来，待子程序返回或中断返回前再恢复这些寄存器的值，因此MCS-51系列单片机也同其他微型计算机一样设置了堆栈。

堆栈的栈底是固定的，而栈顶是浮动的。为了能指明栈顶的当前位置，用一个专用寄存器来存放栈顶的地址，这个专用寄存器即为前文所述的堆栈指针SP（Stack Point）。在MCS-51系列单片机中，数据进栈（PUSH）时，SP自动加1；数据出栈（POP）时，SP自动减1。

用于数据传送的栈操作指令：

1）入栈指令：`PUSH direct` ;SP←(SP)+1,(SP)←(direct)

2）出栈指令：`POP direct` ;direct←((SP)),SP ← (SP)-1

在使用堆栈操作指令用于保护现场时，要遵循堆栈“先进后出”的原则，因此必须按这个原则执行一系列的进栈或出栈指令。当然，堆栈操作指令也可用于内部RAM单元之间的数据传送和交换。

以指令“PUSH　ACC”和指令“POP　ACC”为例，其执行过程如图2-14a、b所示。

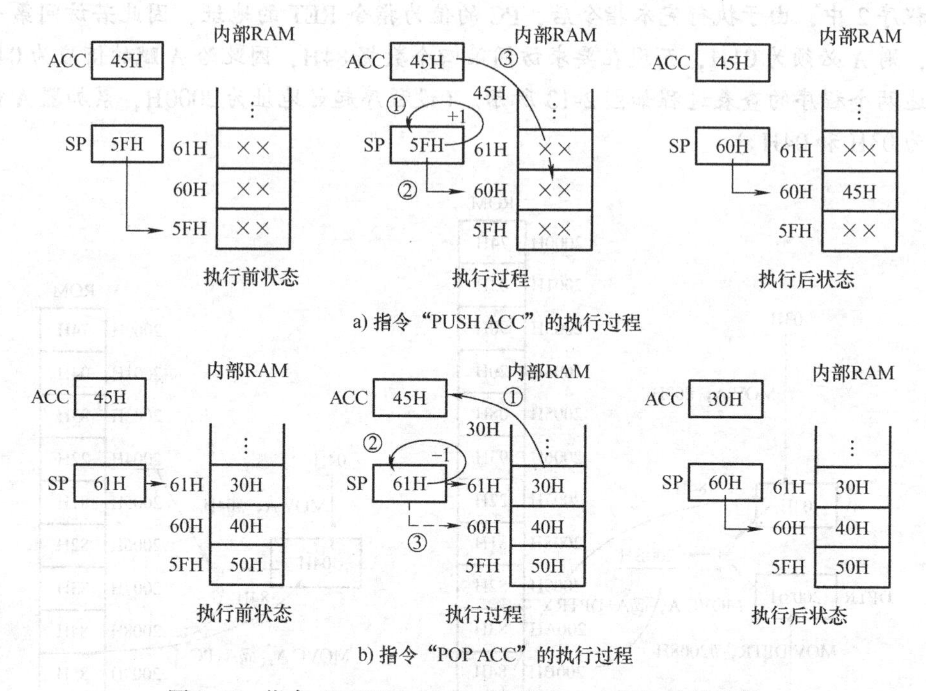

图2-14　指令“PUSH　ACC”和“POP　ACC”执行过程

【例2-17】 利用堆栈在中断服务程序中进行现场保护。设由内部中断源T0引起的中断响应，中断服务程序将仅影响累加器ACC、数据指针DPTR和程序状态字寄存器PSW。试编写现场保护和恢复程序。

【解】

```
      ORG  000BH          ;000BH为中断源T0中断服务程序入口地址,见第4章
      LJMP  IT0           ;转移到中断服务程序IT0
       ⋮
IT0:PUSH  ACC             ;累加器ACC内容压入堆栈
      PUSH  DPL           ;数据指针低字节压入堆栈
      PUSH  DPH           ;数据指针高字节压入堆栈
      PUSH  PSW           ;程序状态字压入堆栈
       ⋮                  ;中断处理
      POP  PSW            ;恢复程序状态字原有数据
      POP  DPH            ;恢复数据指针
      POP  DPL
      POP  ACC            ;恢复累加器ACC内容
      RETI                ;中断返回
```

注意在上述程序中，PUSH和POP必须遵循先进后出和成对嵌套使用的原则，否则会出错。

【例 2-18】 用堆栈操作指令编程，实现内部 RAM 中 30H 和 40H 两个单元中数据交换。

【解】

```
PUSH  30H
PUSH  40H
POP   30H
POP   40H
```

注意：上述指令是为了数据交换，因此进栈和出栈顺序与例 2-17 不同。

6. 数据交换指令

(1) 字节交换指令

1) XCH A,Rn   ;(A)↔(Rn)

2) XCH A,direct   ;(A)↔(direct)

3) XCH A,@Ri   ;(A)↔((Ri))

字节交换指令工作示意图如图 2-15 所示。

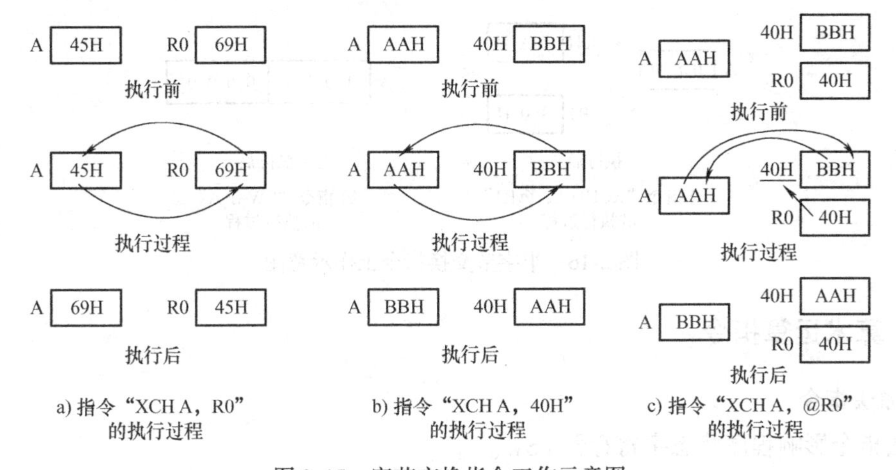

图 2-15 字节交换指令工作示意图

【例 2-19】 用字节交换指令实现将 30H 与 40H 内存单元中的数据交换。

【解】

```
XCH  A,30H
XCH  A,40H
XCH  A,30H
```

【例 2-20】 用字节交换指令将寄存器 R0 与 R2 中的数据交换。

【解】

```
XCH  A,R0
XCH  A,R2
XCH  A,R0
```

(2) 半字节交换指令

1) XCHD A,@Ri   ;$(A)_{3-0}$↔$((Ri))_{3-0}$，高 4 位内容保持不变。

2) SWAP A   ;$(A)_{7-4}$↔ $(A)_{3-0}$。

【例 2-21】 若（R1）=30H，（30H）=78H，（A）=0AH，则：

1）执行指令“XCHD A，@R1”后的结果为（R1）=30H，（30H）=7AH，（A）=08H，如图 2-16a 所示。

2）执行指令“SWAP A”后的结果为（R1）=30H，（30H）=78H，（A）=A0H，如图 2-16b 所示。

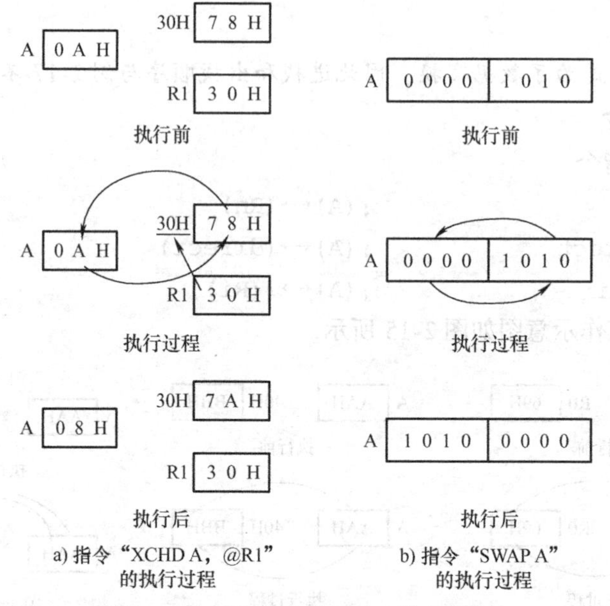

图 2-16 半字节交换指令工作示意图

2.2.2 算术运算指令

1. 加法指令

加法指令影响程序状态字寄存器 PSW。

（1）不带进位标志位的加法指令

```
1）ADD   A,Rn            ;A←(A) + (Rn)
2）ADD   A,@Ri           ;A←(A) + ((Ri))
3）ADD   A,direct        ;A←(A) + (direct)
4）ADD   A,#data         ;A←(A) + data
```

【例 2-22】 设（A）=46H，（R0）=78H，（R1）=50H，（40H）=65H，（50H）=90H，（78H）=33H，则分别执行下列指令，累加器 A、Cy、AC、OV、P 分别是多少？

```
1）ADD   A, #39H
2）ADD   A, R0
3）ADD   A, @R1
4）ADD   A, 40H
```

【解】

1）(A)=(A)+39H=46H+39H=7FH=01111111B，所以(A)=7FH，Cy=0，AC=0，OV=0，P=1。

2）(A) = (A) + (R0) = 46H + 78H = 0BEH = 10111110B，所以(A) = 0BEH，Cy = 0，AC = 0，OV = 1，P = 0。

3）(A) = (A) + ((R1)) = 46H + (50H) = 46H + 90H = 0D6H = 11010110B，所以(A) = 0D6H，Cy = 0，AC = 0，OV = 0，P = 1。

4）(A) = (A) + (40H) = 46H + 65H = 0ABH = 10101011B，所以(A) = 0ABH，Cy = 0，AC = 0，OV = 1，P = 1。

（2）带进位标志位的加法指令

```
1) ADDC  A,Rn          ;A←(A) + (Rn) + Cy
2) ADDC  A,@Ri         ;A←(A) + ((Ri)) + Cy
3) ADDC  A,direct      ;A←(A) + (direct) + Cy
4) ADDC  A,#data       ;A←(A) + data + Cy
```

【例 2-23】 设 (R1) = 30H，(30H) = 9AH，(40H) = 9DH，(A) = A5H，则执行下列程序后，(A) = ？ Cy = ？ AC = ？ OV = ？ P = ？

```
ADD  A,#86H
ADDC  A,@R1
ADDC  A,40H
ADDC  A,R1
```

【解】 以下为程序指令执行分析过程：

```
ADD  A,#86H  ;(A) = (A) + 86H = A5H + 86H = 2BH,Cy = 1
ADDC  A,@R1  ;(A) = (A) + ((R1)) + Cy = 2BH + 9AH + 1 = 0C6H,Cy = 0
ADDC  A,40H  ;(A) = (A) + (40H) + Cy = 0C6H + 9DH + 0 = 63H,Cy = 1
ADDC  A,R1   ;(A) = (A) + (R1) + Cy = 63H + 30H + 1 = 94H = 10010100B,Cy = 0,AC = 0,OV = 1,
              P = 1
```

所以结果为：(A) = 94H，Cy = 0，AC = 0，OV = 1，P = 1

在上述程序分析中，由于除了 Cy 外的其他标志位对运算没有影响，因此在前三条指令只要分析 Cy 的状态即可，在最后一条指令执行后最终分析四位标志位状态，写出结果即可，当然也可在前三条指令执行后分析其他标志位，提高分析能力。

【例 2-24】 将内部 RAM 的 30H 单元与 40H 单元中的数据相加，结果送到 50H 单元中。试编程。

【解】 程序如下：

```
MOV  A,30H
ADD  A,40H
MOV  50H,A
```

2. 减法指令

减法指令影响标志位。

```
1) SUBB  A,Rn      ;A←(A) - (Rn) - Cy
2) SUBB  A,@Ri     ;A←(A) - ((Ri)) - Cy
3) SUBB  A,direct  ;A←(A) - (direct) - Cy
4) SUBB  A,#data   ;A←(A) - data - Cy
```

【例2-25】 设（A）=65H，Cy=1，(40H)=78H，求执行指令“SUBB A，40H”后，(A)=？Cy=？AC=？OV=？P=？

【解】 (A)=(A)-(40H)-Cy=65H-78H-1=0ECH=11101100B

所以结果为（A）=0ECH，Cy=1，AC=1，OV=0，P=1。

【例2-26】 设（A）=A6H，Cy=0，(R0)=35H，(35H)=45H，求执行指令“SUBB A，@R0”后，(A)=？Cy=？AC=？OV=？P=？

【解】 (A)=(A)-((R0))-Cy=A6H-45H-0=61H=01100001B

所以结果为（A）=61H，Cy=0，AC=0，OV=1，P=1。

3. 乘法指令

```
MUL  AB  ;  BA←(A)×(B)
```

上述指令是将累加器A和寄存器B中的两个无符号数进行乘法运算，乘积的高8位（高字节）存放在寄存器B中，低8位（低字节）存放在累加器A中，如果乘积大于0FFH，即寄存器B为非零，则溢出标志（OV）=1，否则（OV）=0。注意在乘法运算中，Cy总为0。

【例2-27】 设（A）=03H，(B)=05H，则执行“MUL AB”指令后，A、B中的值分别为多少？

【解】

```
        0 0 0 0 0 0 1 1B        (A)=03H
   ×    0 0 0 0 0 1 0 1B        (B)=05H
   ---------------------
        0 0 0 0 0 0 1 1
      0 0 0 0 0 0 0 0
   + 0 0 0 0 0 0 1 1
   ---------------------
     0 0 0 0 0 0 1 1 1 1B
```

所以结果为（B）=00H，(A)=0FH，OV=0，P=0（仅判断累加器A中“1”的个数是奇数还是偶数）。

4. 除法指令

```
DIV  AB  ;(A)/(B),商存放在A中,余数存放在B中
```

除法指令是将累加器A中的8位无符号数整除以寄存器B中的8位无符号数整数。商存放在累加器A中，余数存放在寄存器B中，若除数为0，即指令执行前寄存器B为0，则溢出标志位OV=1，否则OV=0。注意在除法运算中，Cy总为0。

【例2-28】 设（A）=65H，(B)=13H，则执行“DIV AB”指令后，A、B各为多少？

【解】

```
                                1 0 1 B ────→ A
(B)=13H   1 0 0 1 1 / 0 1 1 0 0 1 0 1 B      (A)=65H
                      - 1 0 0 1 1
                    -------------------
                          1 1 0 0 1
                        - 1 0 0 1 1
                        -----------
                              1 1 0 B ────→ B
```

所以结果为（B）=06H，(A)=05H，OV=0，P=0。

5. 加1/减1指令

加1/减1指令中除“INC A”和“DEC A”指令会影响奇偶标志位P外，其他指令均不影响标志位。

(1) 加1指令

```
1) INC  A          ;A←(A)+1
2) INC  Rn         ;Rn←(Rn)+1
3) INC  @Ri        ;Ri←((Ri))+1
4) INC  direct     ;direct←(direct)+1
5) INC  DPTR       ;DPTR←(DPTR)+1
```

上述指令是将指定单元的内容加1，结果还是送回该单元中。当用上述指令对并行I/O口的内容加1时，其原始值将从I/O口的输出锁存器中读入，加1时仍保存于输出锁存器中，而不是从I/O口的引脚上读取的。

【例2-29】 将程序存储器0200H、0201H两个单元中的内容传送到内部RAM的30H、31H两个单元中。试编程。

【解】 程序如下：

```
MOV     DPTR, #0200H
MOV     R0,   #30H
MOV     A,    #00H
MOVC    A,    @A+DPTR
MOV     @R0, A
INC     DPTR
INC     R0
MOV     A,    #00H
MOVC    A,    @A+DPTR
MOV     @R0, A
```

(2) 减1指令

```
1) DEC  A        ;A←(A)-1
2) DEC  Rn       ;Rn←(Rn)-1
3) DEC  @Ri      ;Ri←((Ri))-1
4) DEC  direct   ;direct←(direct)-1
```

上述指令是将指定单元的内容加1，结果还是送回该单元中。

注意：

1) 加1/减1指令与加减法指令中的加1减1运算的区别是加1/减1指令不影响标志位，特别是不影响进位标志位Cy，即使在加1指令中有进位、减1指令中有借位也不影响Cy，而加1减1运算指令如果有进位或借位将影响Cy。

2) 对数据指针DPTR而言，只有加1指令，没有减1指令。

6. BCD码调整指令

```
DA  A
```

这条指令的功能是对加法运算结果进行BCD码调整，主要用于BCD码运算。在计算机运算中，BCD码仍按二进制数运算法则进行加减，有可能出错。因此必须加以调整。

“DA A”指令就是用来对BCD码的加法运算结果由计算机硬件做自动调整。在BCD码加法运算时，指令“DA A”只能紧跟在加法指令后才能实现BCD码调整，但对BCD码减法运算不能用此命令来调整。

对于加1指令，“DA A”指令不能做BCD码调整。

【例2-30】 求十进制数4249与5628的和，结果送往内部RAM的30H和31H单元中。

【解】 设和的低字节送30H，高字节送31H，程序如下：

```
MOV     R0,#30H
MOV     A,#49H
ADD     A,#28H
DA      A
MOV     @R0,A
INC     R0
MOV     A,#42H
ADDC    A,#56H
DA      A
MOV     @R0,A
```

2.2.3 逻辑运算指令

1. 逻辑与运算指令

```
1) ANL  A,Rn              ;A←(A)∧(Rn)
2) ANL  A,@Ri             ;A←(A)∧((Ri))
3) ANL  A,direct          ;A←(A)∧(direct)
4) ANL  A,#data           ;A←(A)∧data
5) ANL  direct,A          ;direct←(direct)∧(A)
6) ANL  direct,#data      ;direct←(direct)∧data
```

上述指令中前四条是将累加器A的内容和指定的内容进行逻辑与运算，其结果送回到累加器A中；后两条是将指定地址direct单元中的内容与累加器A中的内容或立即数进行逻辑与运算，其结果送回到指定地址direct单元中。

逻辑与运算是两个操作数逐位进行与运算。前四条逻辑与运算指令的执行仅影响奇偶标志位，对其他标志位没有影响；后两条指令对标志位没有影响。

【例2-31】 设（A）=95H，（R0）=7CH，则执行指令“ANL A ，R0”后，（A）=？

【解】

```
   1 0 0 1 0 1 0 1      (A)=95H
∧  0 1 1 1 1 1 0 0      (R0)=7CH
--------------------
   0 0 0 1 0 1 0 0      →A
```

所以结果为（A）=14H

【例2-32】 设（A）=0B7H，（40H）=0D6H，则执行指令“ANL 40H，A”后，（A）=？（40H）=？

【解】

```
    1 1 0 1 0 1 0 0      (40H)=0D6H
∧   1 0 1 1 0 1 1 1      (A)=0B7H
─────────────────────
    1 0 0 1 0 1 1 0      → 40H
```

所以结果为（40H）=96H，（A）=0B7H

2. 逻辑或运算指令

```
1) ORL  A,Rn            ;A←(A)∨(Rn)
2) ORL  A,@Ri           ;A←(A)∨((Ri))
3) ORL  A,direct        ;A←(A)∨(direct)
4) ORL  A,#data         ;A←(A)∨data
5) ORL  direct,A        ;direct←(direct)∨(A)
6) ORL  direct,#data    ;direct←(direct)∨data
```

上述指令中前四条是将累加器A的内容和指定的内容进行逻辑或运算，其结果送回到累加器A中；后两条是将指定地址direct单元中的内容与累加器A中的内容或者立即数进行逻辑或运算，其结果送回到指定地址direct单元中。

逻辑或运算是两个操作数逐位进行或运算。前四条逻辑或运算指令的执行仅影响奇偶标志位，对其他标志位没有影响；后两条指令对标志位没有影响。

【例2-33】 设（A）=6BH，（R0）=50H，（50H）=84H，则执行“ORL A，@R0”后，（A）=？

【解】

```
    0 1 1 0 1 0 1 1      (A)=6BH
∨   1 0 0 0 0 1 0 0      ((R0))=84H
─────────────────────
    1 1 1 0 1 1 1 1      → A
```

所以结果为（A）=0EFH

【例2-34】 设（50H）=84H，则执行“ORL 50H，#7CH”后，（50H）=？

【解】

```
    1 0 0 0 0 1 0 0      (50H)=84H
∨   0 1 1 1 1 1 0 0      7CH
─────────────────────
    1 1 1 1 1 1 0 0      → 50H
```

所以结果为（50H）=0FCH

3. 逻辑异或运算指令

```
1) XRL  A ,Rn           ;A←(A)⊕(Rn)
2) XRL  A ,@Ri          ;(A)←(A)⊕((Ri))
3) XRL  A ,direct       ;A←(A)⊕(direct)
```

4）XRL　A　,#data　　　;A←(A)⊕data

5）XRL　direct　,A　　　;direct←(direct)⊕(A)

6）XRL　direct　,#data　;direct←(direct)⊕data

上述指令中前四条是将累加器 A 的内容和指定的内容进行逻辑异或运算，其结果送回到累加器 A 中；后两条是将指定地址 direct 单元中的内容与累加器 A 中的内容或者立即数进行逻辑异或运算，其结果送回到指定地址 direct 单元中。

逻辑异或运算是两个操作数逐位进行异或运算。前四条逻辑异或运算指令的执行仅影响奇偶标志位，对其他标志位没有影响；后两条指令对标志位没有影响。

【例 2-35】 设（A）=47H，(50H)=52H，则执行指令“XRL　50H，A”后，(50H)=？(A)=？

【解】

```
     0 1 0 1 0 0 1 0      (50H)=52H
 ∨   0 1 0 0 0 1 1 1      (A)=47H
 ---------------------
     0 0 0 1 0 1 0 1    → 50H
```

结果：(50H)=15H，(A)=47H

如果对并行 I/O 输出锁存器的内容进行与、或、异或操作，读取的操作数应是该 I/O 口的锁存器的内容，而不是该 I/O 口引脚上的内容。

4. 清零和取反指令

1）对累加器 A 清零指令：CLR　A；A←00H

2）对累加器 A 取反指令：CPL　A；A←$\overline{(A)}$

第一条指令执行后，累加器 A 的结果为 00H。

第二条指令是对累加器 A 逐位取反，即“1”取反为“0”，“0”取反为“1”。

第一条指令仅影响奇偶标志位。

【例 2-36】 设（A）=11001011B，则执行指令“CPL　A”后，(A)=00110100B。

5. 循环移位指令

1）循环左移：　　　　　　　　RL　A

2）带进位标志位 Cy 循环左移：　RLC　A

3）循环右移：　　　　　　　　RR　A

4）带进位标志位 Cy 循环右移：　RRC　A

循环移位指令工作示意图如图 2-17 所示。

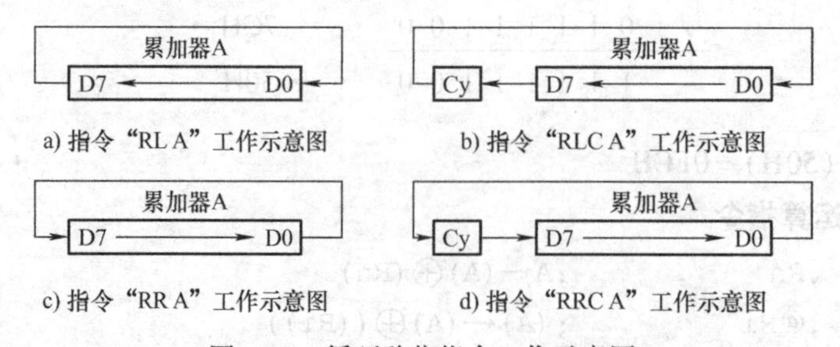

a) 指令“RL A”工作示意图　b) 指令“RLC A”工作示意图

c) 指令“RR A”工作示意图　d) 指令“RRC A”工作示意图

图 2-17　循环移位指令工作示意图

【例2-37】 设（A）=00100011B，Cy=1，则：

1）执行指令“RL A”后，（A）=01000110B，Cy=1

2）执行指令“RR A”后，（A）=10010001B，Cy=1

3）执行指令“RLC A”后，（A）=01000111B，Cy=0

4）执行指令“RRC A”后，（A）=10010001B，Cy=1

带进位标志位循环指令除影响Cy外，还影响P。

2.2.4 转移与调用返回指令

在计算机程序执行过程中，一般情况下，CPU在执行完当前指令后会自动执行下条指令，但也会发生改变正常执行顺序的情况，这种情况称为转移或调用。

为了增强程序的可读性及节省程序存储器的空间，往往对程序中反复用到的一部分程序（如延时程序、中断服务程序等）以子程序的形式出现，它们的入口地址另外定义。在使用一般子程序时要采用子程序调用指令，在子程序最后用一条子程序返回指令返回原调用指令的下一条指令处；而中断服务程序的调用是由硬件自动实现的，当CPU响应中断请求后会自动转向相应中断服务程序的入口地址，在中断服务程序最后用一条中断返回指令以返回执行原来的程序。

1. 子程序调用和返回指令

MCS-51系列单片机设置了长调用和绝对调用两种指令，其中长调用指令为三字节指令，可以在64KB程序存储器范围内调用；绝对调用指令为双字节指令，用于目标地址为所在的当前指令的下一条指令的PC的高5位地址不变的范围内调用。

（1）长调用指令

```
LCALL  addr16        ;PC←(PC)+3
                     ;SP←(SP)+1,SP←(PC)7~0
                     ;SP←(SP)+1,SP←(PC)15~8
                     ;PC15~0←addr16
```

长调用指令可以在64KB的程序存储器空间中任意调用，使用灵活方便，不会出错。长调用指令执行后不影响标志位。

【例2-38】 设当前（PC）=2045H，（SP）=65H，执行“LCALL 3678H”指令后，（PC）=？（SP）=？（（SP））=？（（SP）-1）=？

【解】 执行该指令后，（PC）=3678H，（SP）=67H，（（SP））=20H，（（SP）-1）=48H。

（2）绝对调用指令

```
ACALL  addr11        ;PC←(PC)+2
                     ;SP←(SP)+1,SP←(PC)7~0
                     ;SP←(SP)+1,SP←(PC)15~8
                     ;PC10~0←addr11,(PC)15~11不变
```

绝对调用指令中仅提供了低11位目标地址，它只限在当前PC（“PC←(PC)+2”后）所在的同一页的2KB地址空间范围内调用，即调用的目的地址的高5位地址必须与当前PC的高5位地址相同，否则会出错。指令执行不影响标志位。

图 2-18 是绝对调用指令 PC 形成的示意图，执行本指令时，先将当前的 PC 值（“ACALL addr11”指令存放单元的地址加 2）进栈保护，然后保持 PC 的高 5 位不变，将目标地址 addr11（其中三位隐含在操作码中）送到 PC 的低 11 位，从而形成调用的 16 位目标地址。

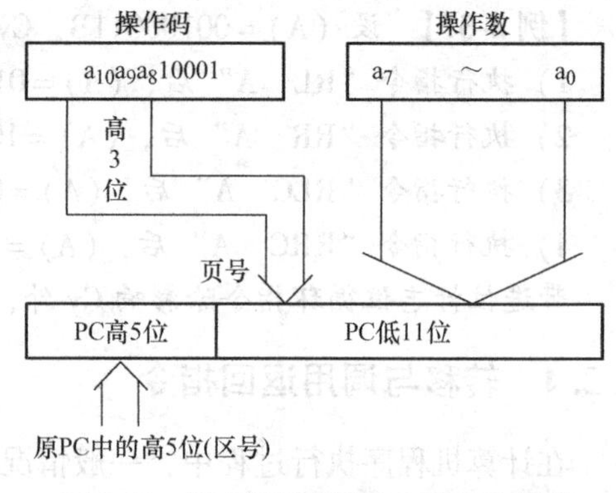

图 2-18　绝对调用指令 PC 形成示意图

指令的操作码为

```
a10 a9 a8 1 0 0 0 1
addr7~0
```

【例 2-39】 设当前（PC）=2A43H，执行机器码为 1011 0001　1000 0011（ACALL 指令的两个机器码，前一个为操作码，后一个为操作数）后，（PC）=？

【解】 取出 1011 0001　1000 0011 两个字节后，（PC）=2A43H+2=2A45H=0010 1010 0100 0101B，PC 的高 5 位 00101，操作码 1011 0001 中隐含了 11 位地址中的高 3 位，即 101，操作数提供了 11 位地址的低 8 位，即 1000 0011，从而形成 11 位地址 101 1000 0011，所以执行该指令后，（PC）=0010 1101 1000 0011B=2D83H。

在程序存储器 64KB 的空间中，把 256B 作为 1 页，8 页（2KB）划分为一个区，64KB 共划分成 32 个区，在使用绝对调用指令的过程中，应注意 ACALL 的下一条指令第一字节与子程序的入口地址必须在同一区内（即高 5 位保持不变），否则将引起程序的混乱。

建议：长调用指令与绝对调用指令执行速度相同，因此在程序存储器空间允许的情况下，建议使用长调用指令。

（3）子程序返回指令

```
RET          ;PC15~8←(SP),SP←(SP)-1
             ;PC7~0←(SP),SP←(SP)-1
```

子程序返回指令是实现子程序执行完成后返回到原程序断点的指令，是子程序的最后一条指令。

（4）中断返回指令

```
RETI         ;PC15~8←(SP),SP←(SP)-1
             ;PC7~0←(SP),SP←(SP)-1
```

中断返回指令是实现中断服务程序执行完成后返回原程序断点的指令，是中断服务程序的最后一条指令。中断返回时必须用 RETI 指令，因为这条指令除了具有返回断点的功能外，还对中断系统有影响。

2. 转移指令

（1）无条件转移指令

1）长转移指令。

```
LJMP  addr16  ;PC15~0←addr16
```

该指令是三字节指令，执行该指令后，将无条件转移到目标地址 addr16 指定的地方，它可以转移到 64KB 程序存储器空间的任何地方。

2）绝对转移指令。

```
AJMP  add11    ;PC←(PC)+2
               ;PC10~0←addr11,PC15~11不变
```

该指令是二字节指令，是 11 位无条件的转移指令，它可以在当前 PC 值（紧接 AJMP add11 指令的下一条指令的地址）同一页的 2KB 范围内实现无条件转移，其用法同“ACALL add11”类似，即调用的目的地址的高 5 位地址必须与当前 PC 的高 5 位地址相同，否则会出错。

建议：长转移指令与绝对转移指令的执行速度相同，因此在程序存储器空间允许的情况下，建议使用长转移指令。

3）短转移指令。

```
SJMP  rel      ;PC←(PC)+2+rel
```

这是一条无条件相对转移指令，转移的目标地址为：

目标地址 = 源地址 +2 + rel

式中，源地址为指令操作码所在的地址；本指令是二字节指令，源地址 +2 表示下条指令操作码所在的地址；相对偏移量 rel 是一个用补码表示的 8 位数，rel 的值为 -128 ~ +127，因此转移范围为（(PC) -126）~（(PC) +129）。

【例 2-40】 设当前（PC）= 2034H，执行“SJMP rel”后，PC 为 2079H，请问 rel 为多少？

【解】 因为：目标地址 = 源地址 +2 + rel

所以：rel = 目标地址 - 源地址 -2 = 2079H - 2034H - 2 = 43H

【例 2-41】 设当前（PC）= 2034H，要求执行“SJMP rel”后，计算机转到地址为 2021H 的指令开始执行。请问 rel 为多少？

【解】 本例中，由于目标地址比源地址要小，因此 rel 肯定是负数（注意 rel 为 8 位数的补码）。

rel = 目标地址 - 源地址 -2

得出结果：rel = 0EBH

若偏移量 rel 的值为 0FEH，则目标地址就是源地址，单片机就始终执行本指令，单片机处于动态停机状态。由于 MCS - 51 系列单片机中没有停机或暂停指令，因此可以用 SJMP 指令来实现动态停机，具体指令如下：

```
HERE:SJMP  HERE       ;处于动态停机(机器码为 80H  FEH)
```

或写成：

```
SJMP  $               ;“$”表示本指令首字节所在单元的地址,使用它可省略标号
```

使用上述指令，一般是在单片机系统处于中断开放时，CPU 在执行本指令的同时等待中断，当发生中断请求时，CPU 响应中断请求转而处理中断服务程序，当中断服务程序处理完毕返回后，又回到本指令进入动态停机状态。

4）间接转移指令。

```
JMP   @A+DPTR          ;PC←(A)+(DPTR)
```

转移的目标地址是累加器A的8位无符号数与数据指针DPTR的16位数相加（模2^{16}）之和，相加之和送到PC中，即指定CPU要执行的下条指令所在的目标地址，上述相加既不影响累加器A中的值，也不影响数据指针DPTR中的值。

本指令是MCS－51系列单片机独特的指令，采用变址方式实现无条件转移，其特点是转移地址可以根据A的不同值转到不同的地方，因此本指令常用于多分支选择转移。

（2）条件转移指令　条件转移指令是根据某种特定的条件发生而转移的指令，若条件没有发生（条件没有满足）则按顺序执行下一条指令，若条件发生（条件满足）则转移到指定的地址处执行指令。

在MCS－51系列单片机指令系统中，条件转移指令的寻址方式均为相对寻址方式，即有偏移量rel，偏移量的计算同无条件相对转移指令SJMP的计算方法相似，其中若条件转移指令是两个字节的，则目标地址=源地址+2+rel；若条件转移指令是三个字节的，则目标地址=源地址+3+rel。

1）判零转移指令。

```
JZ   rel      ;PC←(PC)+2,若(A)=0,则PC←(PC)+rel
              ;若(A)≠0,则程序按顺序执行下一条指令
JNZ  rel      ;PC←(PC)+2,若(A)≠0,则PC←(PC)+rel
              ;若(A)=0,则程序按顺序执行下一条指令
```

上述两条指令是对累加器A中的值进行检测，其条件刚好相反，其中，指令“JZ　rel”是当累加器A为零时发生转移；指令“JNZ　rel”是当累加器A为非零时发生转移。上述两条指令执行时不影响累加器A的内容及任何标志位。

2）判Cy转移指令。

```
JC   rel      ;PC←(PC)+2,若Cy=1,则PC←(PC)+rel
              ;若Cy=0,则程序按顺序执行下一条指令
JNC  rel      ;PC←(PC)+2,若Cy=0,则PC←(PC)+rel
              ;若Cy=1,则程序按顺序执行下一条指令
```

上述两条指令是对进位标志位进行检测，其条件刚好相反，其中，指令“JC　rel”是当Cy为1时则转移，而指令“JNC　rel”是当Cy为0时则转移。上述两条指令执行时不影响任何标志位，包括Cy本身。

【例2-42】　执行下列程序后，(A)=？(R0)=？

```
START: MOV   A,#038H
       MOV   R0,#00H
LOOP:  ADD   A,#9DH
       JC    EXIT
       INC   R0
       SJMP  LOOP
EXIT:  END
```

【解】 执行本程序后结果为（A）=72H，（R0）=01H。

【例2-43】 执行下列程序后，（A）=？（R0）=？

```
START: MOV   A,#038H
       MOV   R0,#00H
LOOP:  ADD   A,#9DH
       JNC   EXIT
       INC   R0
       SJMP  LOOP
EXIT:  END
```

【解】 执行本程序后结果为（A）=D5H，（R0）=00H。

3）判位变量转移指令。

```
JB  bit,rel      ;PC←(PC)+3,若(bit)=1,则 PC←(PC)+rel
                 ;若(bit)=0,则程序按顺序执行下一条指令
JNB  bit,rel     ;PC←PC+3,若(bit)=0,则 PC←(PC)+rel
                 ;若(bit)=1,则程序按顺序执行下一条指令
```

上述两条指令是三字节指令，其功能是对位地址为bit的位的状态进行检测，其中，指令“JB bit，rel”是当位地址为bit的位状态为1时发生转移；而指令“JNB　bit，rel”是当位地址为bit的位状态为0时发生转移。上述两条指令执行时不影响任何标志位及位地址为bit的位的状态。

4）判位变量并清零转移指令。

```
JBC  bit,rel     ;PC←(PC)+3,若(bit)=1,则 PC←(PC)+rel 且(bit)=0
                 ;若(bit)=0,则程序按顺序执行下一条指令
```

本指令是对指定位的状态进行检测，若指定位的值为1，则发生转移且对指定位清零，否则CPU按顺序程序往下执行。本指令不影响标志位，但在发生转移时对指定位进行清零。

5）比较转移指令。

```
CJNE  第一操作数,第二操作数,rel
```

本指令是将第一操作数与第二操作进行比较，若二者不等，则发生转移，转移的目标地址为当前指令操作码所在的地址加3再加rel，即目标地址=（PC）+3+rel，如果第一操作数小于第二操作数，则Cy置1，如果第一操作数大于第二操作数，则Cy清0；若二者相等，则CPU继续按顺序往下执行。本指令的执行不影响任何操作数和除Cy外的其他标志位。

根据第一操作数和第二操作数的约定，它的指令有四条，具体如下：

```
CJNE  A,direct,rel     ;PC←(PC)+3,若(A)<(direct),则 PC←(PC)+rel 且 Cy=1
                       ;若(A)>(direct),则 PC←(PC)+rel 且 Cy=0
                       ;若(A)=(direct),则按顺序往下执行
CJNE  A,#data,rel      ;PC←(PC)+3,若(A)<data,则 PC←(PC)+rel 且 Cy=1
                       ;若(A)>data,则 PC←(PC)+rel 且 Cy=0
                       ;若(A)=data,则按顺序往下执行
CJNE  Rn,#data,rel     ;PC←(PC)+3,若(Rn)<data,则 PC←(PC)+rel 且 Cy=1
```

```
                          ;若(Rn)>data,则 PC←(PC)+rel 且 Cy=0
                          ;若(Rn)=data,则按顺序往下执行
CJNE   @Ri,#data,rel      ;PC←(PC)+3,若((Ri))<data,则 PC←(PC)+rel 且 Cy=1
                          ;若((Ri))>data,则 PC←(PC)+rel 且 Cy=0
                          ;若((Ri))=data,则按顺序往下执行
```

6）循环转移指令。

```
DJNZ   Rn,rel             ;PC←(PC)+2,Rn←(Rn)-1
                          ;若(Rn)≠0,则 PC←(PC)+rel
                          ;若(Rn)=0,则按顺序执行下一条指令
DJNZ   direct,rel         ;PC←(PC)+3,direct←(direct)-1
                          ;若(direct)≠0,则 PC←(PC)+rel
                          ;若(direct)=0,则按顺序执行下一条指令
```

上述两条指令先对指定的寄存器或指定单元中的内容进行减1操作，然后对该寄存器或单元中的内容进行检测，若该寄存器或单元中的内容为非零，则发生转移，否则按顺序执行下一条指令。

【例2-44】 要求将内部RAM的30H~3FH中的数据转移到内部RAM的50H~5FH中，试编程。

【解】 程序如下：

```
START: MOV   R0,#30H
       MOV   R1,#50H
       MOV   R2,#10H
LOOP:  MOV   A,@R0
       MOV   @R1,A
       INC   R0
       INC   R1
       DJNZ  R2,LOOP
       END
```

注意： 在实际编程过程中，子程序调用、无条件转移、条件转移等分支指令的地址或偏移量一般用地址标号代替，除了LJMP和LCALL指令外，要注意调用或转移的范围，超出规定的范围，程序将不能连接。

3. 空操作指令

```
NOP    ;PC←(PC)+1
```

本指令不做任何具体操作，仅将程序计数器PC加1，使程序继续执行下一条指令。本指令为单字节、单周期指令，一般用于时间延时或程序补充，便于程序调试时指令的增删。

2.2.5　位操作指令

MCS－51系列单片机内部有一个布尔处理器，它是一位的处理器，作为处理器，它有自己的位累加器和位存储器，也有自己的I/O口，位累加器借用Cy，而位存储器就是内部

RAM 中的位寻址区中的各位，位 I/O 口就是 P0 ~ P3 口的各位。布尔处理器可以实现位传送、位逻辑运算、位清零、位置位和位取反。

位操作指令除影响指定位的状态外，不影响其他标志位。

在位操作指令中，位地址的表达形式有多种，如 PSW 中的位 7 就可以用以下四种方法表示：

1）直接地址方式：D7H。

2）点操作符方式：PSW.7。

3）位名称方式：Cy。

4）用户定义名方式：此种方式必须先经过伪指令 BIT 进行定义，然后才能在程序中使用该用户定义名。例如：

```
USER  BIT  Cy
       ⋮
MOV  bit,USER
```

1. 位传送指令

1）MOV C,bit   ;Cy←(bit)

上述指令是将位地址 bit 中的内容送到位累加器 Cy 中。

2）MOV bit,C   ;bit←Cy

上述指令是将位累加器 Cy 中的内容送到位地址 bit 中。

2. 位置位指令

1）SETB C   ;Cy←1

2）SETB bit   ;bit←1

3. 位清零指令

1）CLR C   ;Cy←0

2）CLR bit   ;bit←0

4. 位取反指令

1）CPL C;   Cy←$\overline{\text{Cy}}$

2）CPL bit   ;bit←$\overline{\text{(bit)}}$

5. 位逻辑运算指令

（1）位逻辑与运算指令

1）ANL C,bit   ;Cy←Cy∧(bit)

2）ANL C,/bit   ;Cy←Cy∧$\overline{\text{(bit)}}$

（2）位逻辑或运算指令

1）ORL C,bit   ;Cy←Cy∨(bit)

2）ORL C,/bit   ;Cy←Cy∨$\overline{\text{(bit)}}$

注意：在 MCS-51 系列单片机指令系统中，位逻辑运算指令中没有异或操作指令，不要与前面的逻辑运算指令相混淆。

【例 2-45】 试编制程序，实现以下逻辑运算：

$$Q = X \cdot Y + Y \cdot \overline{Z}$$

其中 Q 为 P1.1，X 为 P2.1，Y 为 P0.1，Z 为 P1.7。

【解】 程序如下：

```
Q  BIT  P1.1      ;将 Q 定义为 P1.1
X  BIT  P2.1      ;将 X 定义为 P2.1
Y  BIT  P0.1      ;将 Y 定义为 P0.1
Z  BIT  P1.7      ;将 Z 定义为 P1.7
MOV  C,X          ;C = X
ANL  C,Y          ;C = X · Y
MOV  F0,C         ;中间结果暂存 F0(用户标志位),F0 = X · Y
MOV  C,Y          ;C = Y
ANL  C,/Z         ;C = Y · /Z
ORL  C,F0         ;C = X · Y + Y · /Z
MOV  Q,C          ;Q = X · Y + Y · /Z
END
```

2.3　汇编语言程序设计

2.3.1　汇编语言简介

汇编语言又称为符号语言，它是用助记符、符号地址以及标号等符号来编写程序的。这种程序比较直观、易懂、易记，而且对指令的操作码和操作数也容易区分。用汇编语言所编写的程序就称为汇编程序。汇编程序（源程序）必须经过翻译，将其译成计算机能读懂的机器语言才能被计算机执行，这个翻译过程，称为汇编过程。如果汇编过程是通过人工查表将汇编程序逐条译成机器指令，称为人工汇编；如果是通过计算机程序进行自动汇编；称为计算机汇编，在计算机汇编过程中，如果出现错误指令格式或转移的地址超出范围等因素，计算机会出现错误或警告提示信息，且汇编不成功。计算机汇编程序的功能就是将用助记符书写的汇编程序译成机器语言表示的目标程序。

汇编语言的指令格式已经在本章 2.1 节中介绍过。

2.3.2　伪指令

伪指令在形式上也是一条指令，但它并不译成机器语言，在指令系统代码表中也找不到它的机器码。伪指令不影响程序的执行。对汇编程序而言，伪指令只是在汇编时提供必需的控制信息的命令，以便执行某些特殊的操作，如确定指令程序的起始地址，为连续存放的数据确定地址或保留一定的空间等。因此伪指令也称为汇编命令。

1. ORG 伪指令

格式：　　[标号：]　ORG　××××H　　;注释

ORG 伪指令的作用是确定程序起始地址，其中“××××H”为四位十六进制地址，

ORG 伪指令总出现在每段源程序或数据块开始，指定下面的源程序或数据块在程序存储器中的起始地址。在汇编过程中，“××××H”表明了下面源程序或数据块第一字节的地址，后面的指令字节或数据连续存放在以后的地址内，直至遇到下一个 ORG 语句为止。

【例 2-46】

```
        ORG    0000H
        LJMP   MAIN
        ORG    0003H
        LJMP   INTO
        ORG    0100H
MAIN:   SETB   EA
        SETB   EX0
LOOP:   SJMP   LOOP
        ORG    0200H
INTO:   CPL    P1.1
        RETI
        END
```

由伪指令“ORG 0000H”指明下面的程序存放在程序存储器中地址为 0000H 开始的单元中，如图 2-19 所示。

地址	ROM
0000H	02H
0001H	01H
0002H	00H
0003H	02H
0004H	02H
0005H	00H
	⋮
0100H	D2H
0101H	AFH
0102H	D2H
0103H	A8H
0104H	80H
0105H	FEH
	⋮
0200H	B2H
0201H	91H
0202H	32H
	⋮

图 2-19 例 2-46 程序存放示意图

2. END 伪指令

格式：　　[标号:]　END

END 伪指令是一个结束标志，说明汇编程序已经结束。在汇编时，遇到 END 即停止汇编。因此即使程序中包含许多子程序，也只能使用一个 END，且应放在整个程序（含伪指令）的最后，否则，在 END 后面的指令就不能汇编。

3. DB 伪指令

格式：　　[标号:]　DB　8 位二进制数表

DB 伪指令是定义字节伪指令，即从指定的地址单元开始，定义若干个 8 位二进制数据。各字节之间用逗号间隔，如果是字符，则必须加引号。

【例 2-47】

```
ORG     0200H
MOV     A,#02H
MOVC    A,@A+PC
RET
DB      A1H,45H,78H,'4','a'
```

上述程序汇编后存放在程序存储器中的情况如图 2-20 所示。

地址	ROM
	⋮
0200H	74H
0201H	02H
0202H	83H
0203H	22H
0204H	A1H
0205H	45H
0206H	78H
0207H	34H
0208H	61H
	⋮

图 2-20 例 2-47 程序存放示意图

4. DW 伪指令

格式：　　[标号:]　DW　16 位二进制数表

DW 伪指令是定义字伪指令，即从指定的地址单元开始，定义若干个 16 位二进制数据，即每个字占用两个单元，其中高 8 位先存，低 8 位后存。用法同 DB 伪指令。

5. DS 伪指令

格式：　　　　[标号:] DS　<表达式>

DS 伪指令是定义存储区伪指令，即从标号指定的单元开始保留表达式所表示内容的存储单元数，其中表达式可以是数据，也可以是在使用前定义过的任何符号。

【例 2-48】

```
        ORG    0300H
BUFFER: DS     04H
        MOV    A,#87H
        RET
```

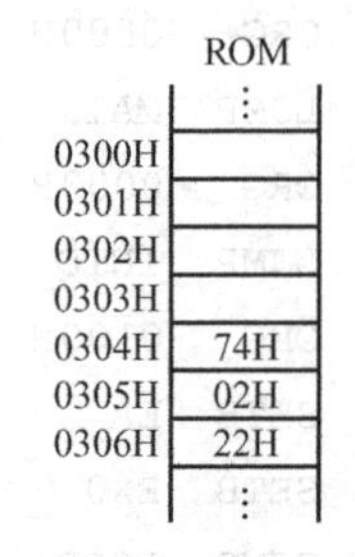

图 2-21　例 2-48 程序存放示意图

上述指令就是在程序存储器中从 0300H 保留开始 4 个内存单元，后面的指令汇编后从 0304H 处开始存放机器码，如图 2-21 所示。

6. EQU 伪指令

格式：　　　　<标识符>　EQU　<表达式>

EQU 伪指令用于对标识符进行赋值，即将表达式的值赋给标识符，后面源程序中出现的该标识符就代表表达式的值，注意只能赋值一次。表达式可以是一个具体的数据、一个标号或一个表达式。

【例 2-49】

```
DATA  EQU  2000H
```

上述指令就是将符号地址 DATA 赋以地址 2000H，后面源程序指令中的 DATA 就当作 2000H 使用。

7. DL 伪指令

格式：　　　　<标识符>　DL　<表达式>

DL 伪指令用法和功能与 EQU 相似，与 EQU 的区别是 DL 可以对同一标识符重新赋值，多次赋值的标识符代表的值是最新一次所赋的值。

8. BIT 伪指令

格式：　　　　<标识符>　BIT　bit

BIT 伪指令用于对标识符进行赋值，即将 bit 位地址赋给标识符，凡在后面源程序中出现该标识符，就代表该位地址。如果所使用的汇编程序不能识别 BIT 伪指令，则使用 EQU 伪指令。

【例 2-50】

```
Y  BIT  P1.1
```

上述指令就是将位地址 P1.1 赋给标识符 Y，后面源程序指令中的 Y 就当作 P1.1 使用。

2.3.3　程序设计的基本步骤

所谓程序，是指解决某个特定问题的指令序列或语句串。使用某一计算机的指令或语句，编写解决某一问题的程序的过程称为程序设计。

程序设计主要有以下步骤：分析课题与建立数学模型→确定算法→设计程序流程图→编写源程序→汇编与上机调试。

1. 分析课题与建立数学模型

分析课题就是明确课题的任务，以求对问题有正确的理解，弄清已知条件所给定的原始数据和应得到的结果，以及要了解对运算精度和速度的要求，然后将要解决的问题用一般数学表达式描述或制定解决问题的规则，即建立数学模型。建立的数学模型正确与否以及质量优劣是程序设计中关键的一步，决定了程序是否正确及好坏。

2. 确定算法

在建立了数学模型后，解决同一问题又可以通过不同的算法，编程时应对不同的算法加以比较，最后确定最为合适的算法。

3. 设计程序流程图

将解决问题的思路用框图的形式表示出来，就是设计程序流程图。程序流程图和对应的源程序是等效的，但给人们的感觉是不同的，程序流程图可以为编制程序和修改程序提供便利。

对于复杂的程序，一般先编制程序流程图。根据程序的复杂程度，一般在设计程序流程图时先粗后细，先考虑逻辑结构和算法，不考虑具体的指令，这样可以从根本上保证程序的合理性和可靠性。程序流程图的几种主要框图符号如图 2-22 所示。

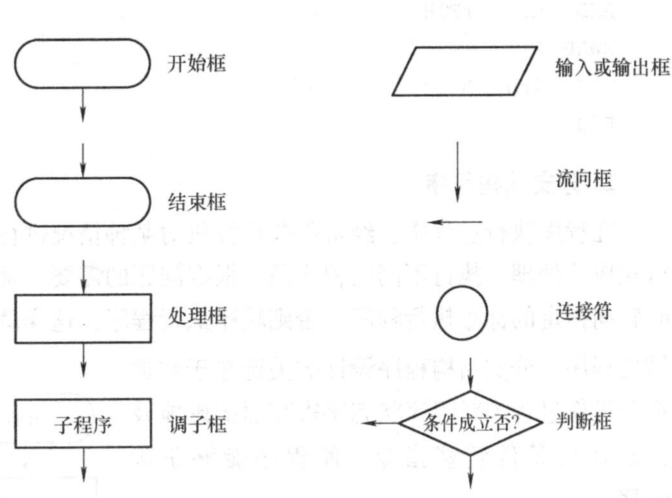

图 2-22　程序流程图的主要框图符号

4. 编写源程序

根据程序流程图，逐条编制源程序。为了保证程序的可读性、结构性和通用性，在编写源程序时应尽量采用符号地址和伪指令，并给予一定的注释。考虑到单片机程序存储器的空间及特殊的实时控制要求，在编制源程序时还要考虑选用合适的指令以减少内存及执行时间。

5. 汇编与上机调试

经过上述步骤已经完成了源程序的编写，程序正确与否，还需要进行上机调试。

源程序要能被单片机执行，需要将其汇编成机器码（汇编可以通过人工汇编或计算机汇编），然后通过人工输入或计算机传送方式将有关机器码送入到单片机中，在单片机中进行运行调试，直至程序完全符合课题要求。

2.3.4　程序设计举例

1. 顺序结构程序

顺序结构程序是最简单的、也是最基本的一种程序结构形式，故又称为简单程序。在这种结构中，程序从开始到结束一直是顺序执行的，中间没有任何分支，指令排列的顺序就是执行的顺序。

【例2-51】 设内部RAM的30H单元中存放一个字节无符号数，编制程序将其拆成两个各一位的十六进制数并分别存入40H和41H单元中，其中40H单元存放低四位数，41H单元存放高四位数。

【解】 题意分析：一个字节拆成两个数据，可以将该数与立即数0FH相与，屏蔽高四位，得到低四位；将该数与立即数F0H相与，屏蔽低四位，得到高四位，通过半字节交换指令可以得到要求的结果。

程序如下：

```
ORG   0100H
MOV   A,    30H
AND   A,    #0FH
MOV   40H, A
MOV   A,    30H
AND   A,    #F0H
SWAP  A
MOV   41H, A
END
```

2. 分支结构程序

在程序执行过程中，经常需要计算机对某种情况进行判断、比较，并根据不同的结果进行相应的处理，执行不同的程序段。根据问题的需要，常常使用条件转移指令，当条件满足时转向指定的标号执行程序，否则顺序执行程序，这样就形成了不同的程序分支，称为分支结构程序。分支结构程序设计的关键在于掌握指令操作过程中对程序状态字寄存器的影响及正确使用条件转移指令，使程序能够正确转移。

【例2-52】 设内存30H单元中存放一个符号整数（补码形式）X，根据下列表达式，计算Y的值，结果存放在31H中。

$$Y=\begin{cases}1 & (X>0)\\ 0 & (X=0)\\ -1 & (X<0)\end{cases}$$

【解】 题意分析：本题可以通过CJNE指令判断X与0是否相等，在不等的情况下与立即数80H相与，如果与的结果是00H，则X为正数，否则X为负数。其程序流程图如图2-23所示。

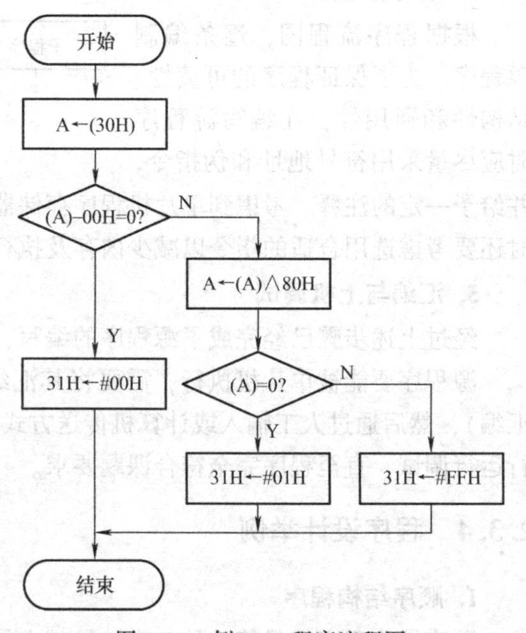

图2-23　例2-52程序流程图

3. 循环结构程序

循环结构程序是非常重要的程序结构形式，它常用于进行大量的有规律的重复性计算和判断，尽管每次处理所用的参数是不同的，但它们的处理过程是相同的。一个循环结构程序通常由初始化部分、循环体和结束处理部分组成。

在初始化部分，要建立循环初始值，为循环做准备。

循环体是循环结构程序的主体，完成循环结构程序所要实现的功能。如果在循环体还包含另一个循环结构程序，则称为多重循环结构程序，否则称为单重循环结构程序。

结束处理部分在循环结构程序结束后对程序的结果做适当处理，如分析、存储等。

在循环结构程序中，循环结构程序的控制是一个很重要的环节，常用的方法主要有两种：

1）计数控制：即判断循环次数是否达到预定的次数。

2）条件控制：即循环终止条件是否成立。

如果在循环体执行过程中，不可能产生终止条件，则永远执行该循环体，这称为死循环。

【例 2-53】 试编制延时程序。

```
START:MOV  R2,#DATA1          ;指令执行时间为1T
LOOP1:MOV  R3,#DATA2          ;指令执行时间为1T
LOOP2:DJNZ  R3,LOOP2          ;指令执行时间为2T
DJNZ  R2,LOOP1                ;指令执行时间为2T
END
```

这类程序主要用来定时或在延时一段时间后再执行某一操作。通过改变 DATA1、DATA2 的值改变延时时间，还可以增加循环套以延长更长的时间。

4. 子程序

子程序设计是程序设计的一种重要方法，它是将在同一程序中不同处多次使用的程序段从程序中独立出来，单独编写成一个程序，并存储在特定的存储区域，当需要调用该段程序时，就可通过子程序调用指令调入使用，该段程序称为子程序。在子程序中再调用其他子程序，称为子程序嵌套。

在子程序设计过程中，涉及现场保护和现场恢复。

下面是一个实用的子程序。

【例 2-54】 将累加器 A 中的 8 位二进制数转换成 3 位 BCD 码格式的十进制数。2 位 BCD 码占 2B 单元，百位数的 BCD 码放在 31H 单元中，十位数和个位数放在 30H 单元中。

程序如下：

```
  HUND   DATA   31H
TENONE   DATA   30H
BCD: MOV   B,#100            ;除以100
     DIV   AB                ;以确定百位数
     MOV   HUND,A
     MOV   A,#10             ;余数除以10
     XCH   A,B               ;以确定十位数
```

```
DIV  AB                    ;十位数在A中,余数为个位数
SWAP  A
ADD  A,B                   ;压缩BCD码在A中
MOV  TENONE,A
RET
```

子程序设计时，要注意保护现场，一般在子程序编写过程中，对累加器A、寄存器B以及子程序可能会影响的PSW状态的位等，都要保护，在返回指令RET或RETI前再恢复。如子程序中只用到累加器A和寄存器B，则具体的保护现场和恢复现场的指令安排如下：

```
PUSH  A
PUSH  B
PUSH  PSW
…
POP  PSW
POP  B
POP  A
RET
```

其中省略号的地方就是真正的子程序要完成的功能指令组合。

2.4　习题

1. 简述汇编指令格式。

2. 什么叫寻址方式？在MCS－51系列单片机指令系统中，主要有哪几种寻址方式？试分别举例说明。

3. 设（A）=4CH，（R0）=30H，内部RAM的（30H）=40H，（40H）=5AH，分别执行下列指令，说明被真正传送的数据是多少？

（1）MOV　A，#30H

（2）MOV　40H，@R0

（3）MOV　A，R0

（4）MOV　A，40H

（5）MOV　30H，A

4. 设（A）=86H，（R0）=30H，（R1）=40H，内部RAM的（30H）=B3H，（40H）=5CH，执行下面程序：

```
MOV  A,40H
MOV  @R0,A
MOV  A,R0
MOV  R1,A
MOV  @R1,A
MOV  A,#40H
```

后，（A）=______，（R0）=______，（R1）=______，（30H）=______，（40H）=______。

5. 设（A）=65H，（R0）=30H，（R1）=31H，（R2）=32H，内部 RAM 的（30H）=40H，（31H）=50H，（32H）=60H，（40H）=70H，（50H）=80H，执行下面程序：

```
XCHD    A,@R1
MOV     40H,A
SWAP    A
MOV     50H,A
XCH     A,R2
MOV     @R0,A
```

后，（A）=＿＿＿＿＿，（R0）=＿＿＿＿＿，（R1）=＿＿＿＿＿，（R2）=＿＿＿＿，（30H）=＿＿＿＿＿，（31H）=＿＿＿＿＿，（32H）=＿＿＿＿＿，（40H）=＿＿＿＿＿，（50H）=＿＿＿＿。

6. 执行下面程序后，试问：（A）=？

```
ORG     1000H
MOV     DPTR,#1020H
MOV     A,#03H
MOVC    A,@A+DPTR
RET
ORG     1020H
DB      56H,78H,65H,29H,10H
```

7. 试用数据传送指令来实现以下数据传送。

（1）将 R1 中的内容送到 R7 中。

（2）将内部 RAM 的 30H 单元中的内容与内部 RAM 的 40H 单元中的内容交换。

（3）将内部 RAM 的 30H 单元中的内容送到 R2 中。

（4）将外部 RAM 的 2030H 单元中的数据存放在内部 RAM 的 50H 单元中。

（5）将 ROM 的 2100H 单元中内容送到外部 RAM 的 3165H 单元中。

8. 设（A）=2BH，（R0）=40H，（40H）=9AH，（B）=23H，Cy=1。分别执行下列指令后，写出数据变化单元中的结果及变化的标志位的状态。

（1）ADD　A，@R0

（2）ADDC　A，R0

（3）SWAP　A

（4）XCH　A，@R0

（5）INC　A

（6）SUBB　A，#56H

（7）SUBB　A，R0

（8）RLC　A

（9）RR　A

（10）CPL　A

（11）ANL　A，@R0

（12）ORL　A，#8FH

(13) XRL　A, 40H

(14) ANL　40H, A

(15) ORL　40H, #0FFH

(16) ANL　A, #0FFH

(17) DEC　A

9. 试编写程序，要求将内部 RAM 的 30H ~ 4FH 中的内容复制到 40H ~ 5FH 中。

10. 试编写程序，将内部 RAM 的 30H ~ 4FH 中的内容全部赋值 0FFH。

11. 试编写程序，要求将内部 RAM 的 30H ~ 4FH 单元中查找关键字为 0AAH 的并将其替换成 0BBH。

12. 在内部 RAM 的 30H ~ 3FH 单元中存放着符号数，要求统计正数、零、负数的个数，结果分别存放在内部 RAM 的 40H、41H、42H 三个单元中。

13. 分析执行下面各段程序的结果。

(1)

```
        ORG  1000H
        MOV  A,#93H
        ADD  A,#78H
        RET
```

(A) = ________, OV = ________, P = ________, Cy = ________, AC = ________

(2)

```
        MOV  A,#0B8H
        MOV  R0,#8DH
        ADD  A,R0
        RET
```

(A) = ________, OV = ________, P = ________, Cy = ________, AC = ________

(3)

```
        MOV  A,#7DH
        ADD  A,#6BH
        MOV  R0,#34H
        MOV  34H,#0BCH
        ADDC A,@R0
        XRL  A,R0
        ORL  A,34H
        MOV  @R0,A
        SWAP A
        XCH  A,R0
        RET
```

(A) = ________, (R0) = ________, (34H) = ________

(4)

```
        CLR  C
        MOV  A,#55H
        MOV  R0,#23H
LOOP1:  ADDC A,R0
        JNC  LOOP1
```

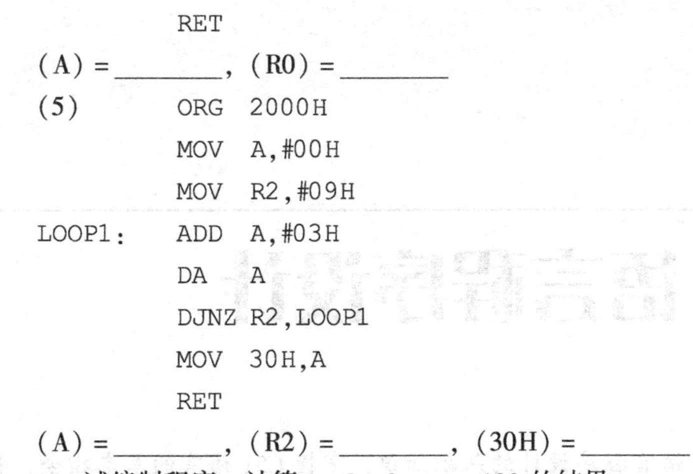

```
            RET
(A) =________, (R0) =________
(5)         ORG  2000H
            MOV  A,#00H
            MOV  R2,#09H
LOOP1:      ADD  A,#03H
            DA   A
            DJNZ R2,LOOP1
            MOV  30H,A
            RET
```

(A) =________，(R2) =________，(30H) =________

14. 试编制程序，计算 1 +2 +3 +⋯ +100 的结果。

15. 在内部 RAM 的 30H ~3FH 单元中存放着 16 个字节的无符号数，要求比较大小，并按从大到小的顺序存放在内部 RAM 的 30H ~3FH 单元中。

16. 编制程序实现下列逻辑功能：

$$Q = X\,\overline{YZ} + \bar{X}\,Y\,\bar{Z}$$

17. 设系统时钟为 12MHz，试编制一个延时 10ms 的子程序。

第3章

C51语言程序设计

本章摘要

通过本章学习，应了解C51语言程序设计的基础知识，掌握C51语言的基本指令、程序结构。

3.1 C51语言程序设计基础知识

3.1.1 C51数据类型

在C语言中，可以将数据分为常量与变量两种。常量可以不经说明直接引用，而变量则必须先定义数据类型后才能使用。常用的数据类型包括整型数据、字符型数据、实型数据、指针型数据和空类型数据等。

1. 常量与变量

在程序运行过程中，数值不能被改变的量称为常量。常量分为不同的类型，如6、50为整型常量，而3.14159、2.718为实型常量，'A'、'b'是字符型常量。

在C语言中还有一种符号常量，其定义形式是：

```
#define 符号常量的标志符   常量
```

其中，"#define"是一条预编译处理命令，称为宏定义命令，功能是把该标志符定义为其后的符号常量值。一经定义，在程序中所有出现该标志符的地方，就用定义的常量来代替，习惯上符号常量的标志符用大写字母来表示。

【例3-1】 将圆周率3.1415926定义给PI，给定半径r，求面积s和周长d。试编程。

【解】

```
#define PI 3.1415926
void main(void)
{
    float r,s,d;
    s=PI*r*r;
    d=2*PI*r;
}
```

在上例中，程序第一行定义了一个符号常量PI，其值为3.1415926，在后面的程序中，凡出现PI的地方，都用3.1415926来代替。

在程序运行中，数值可以改变的量称为变量。变量标志符常用小写字母来表示。变量必须先定义数据类型后才能使用，一般对变量的定义放在程序的开始部分。

注意：在C语言中，字母大小写代表不同的变量。

表3-1列出了C51编译器支持的数据类型。

表3-1 C51编译器支持的数据类型

类　型	符　号	关键字	所占位数	数的表示范围
整型	有	signed int	16	-32768~32767
		signed short	16	-32768~32767
		signed long	32	-2147483648~2147483647
	无	unsigned int	16	0~65535
		unsigned short int	16	0~65535
		unsigned long int	32	0~4294967295
实型	有	float	32	3.4E-38~3.4E38
	有	double	64	1.7E-308~1.7E308
字符型	有	char	8	-128~127
	无	unsigned char	8	0~255

2. 常用数据类型

1）整型数据包括整型常量和整型变量。

在C语言中，整型常量可以分为八进制整型常量、十进制整型常量和十六进制整型常量三种，其中十进制整型常量没有前缀，用0~9表示，如23，-57等；八进制整型常量必须以“0”作为前缀，用0~7来表示，如013（相当于十进制数11）、024（相当于十进制数20）；十六进制整型常量必须以“0x”作为前缀，用0~9和A~F来表示，如0x2A（相当于十进制数42）、0x32（相当于十进制数50）。

整型变量可分为基本整型变量和无符号整型变量两类，前者说明符为“signed”，在内存中占2B；后者说明符为“unsigned”，在内存中占1B。

变量的数据类型定义的形式是：

```
类型说明符 变量标志符1,变量标志符2……;
```

【例3-2】 将变量r、s定义为实型数据float。

【解】 float r，s;

【例3-3】 将变量m、n定义为无符号整型数据。

【解】 unsigned int m，n;

2）字符型数据包括字符常量和字符变量。

用单引号括起来的一个字符称为字符常量，如‘X’‘u’‘+’等，字符常量常用作显示说明。字符变量用来存储单个字符，说明符是“char”，定义形式如下：

```
char x,y;
```

字符串常量是由一对双引号括起来的字符序列，如“SHANGHAI”、“Volt =”等。

3）指针型数据是一个特殊的变量，存储的是某变量的地址，使用指针是C语言的精华所在，其使用的方法将在后文介绍。

4）位类型数据是C51编译器的一种扩充数据类型，利用它可以定义一个位变量，但不能定义位指针，也不能定义位数组。位类型数据只能取两个值：1或0。

5）空类型数据是针对函数而言，当函数被调用完后，通常会返回一个函数值。函数值也有一定类型，如：

```
int add()                //将函数定义为整型数据
  {
     int sum;
     sum=67+98;
     return sum;      //返回计算值
  }
```

函数add() 返回一个整型数据，就说该函数是整型函数。

有些函数不需要函数值，就使用前缀“void”，如延时函数：

```
void delay(void)          //用void说明该函数为空类型,即无返回值
  {
     unsigned int i;
     for(i=0;i<25000;++i)
     ;
  }
```

在程序中常常需要对变量进行赋值，C语言中的赋值格式如下：

类型说明符 变量=值

【例3-4】 将变量m、n分别定义为整型数据和字符型数据，并分别赋值为35和0x4b。

【解】

```
int m=35;
unsigned char n=0x4b;
```

3. 数组

数组是具有同一类型数据项的有序集合。仅带有一个下标的数组称为一维数组。数组必须遵循“先定义、后使用”的原则。一维数组定义的一般形式如下：

类型说明符 数组名[元素个数]；

其中，类型说明符是指该数组中每一个数组元素的数据类型。数组名是一个标识符，它是所有数组元素共同的名字。元素个数说明了该一维数组的大小，它只能是整型常量。

例：int a[10];

C51语言规定，数组元素的下标从0开始。

数组的初始化是在对数组说明时对所有元素变量赋初值。

例：int a[4]={56,78,0xfe,0};

也可以对部分元素进行赋值。

例：`int a[4] = {1,2};`

上述赋值语句默认值为0，即 a[0] =1，a[1] =2，a[2] =0，a[3] =0。

数组初始化时，也可以默认元素个数，即不指明数组的长度。

例：`int a[] = {1,2,3,4,5,6};`

说明上面的数组长度为6。

数组使用时要注意只能逐个使用数组元素，不能一次使用整个数组。使用一维数组时，往往与循环语句相结合。通过循环结构实现对整个数组元素的赋值和访问，这样可以使程序设计简单明了。

3.1.2　C51 语言运算符

1. 赋值运算符和复合的赋值运算符

C51 语言中的“ = ”是赋值运算符，赋值运算符左边必须是变量。该运算符具有自右至左的结合性。在使用该运算符时，要注意同一变量在赋值运算符两边具有不同的含义。

复合的赋值运算符由算术运算符与赋值运算符结合起来构成，如“ *= ”“ /= ”“ %= ”“ += ”“ -= ”等。使用时要注意两个运算符之间不能有空格存在。

赋值运算符和复合的赋值运算符及其含义见表 3-2。

表 3-2　赋值运算符和复合的赋值运算符及其含义

运　算　符	含　义	举例（设 z = 25，m = 2）
=	将右边表达式的值赋给左边的变量或数组元素	z = m;　//z = 2
+=	左边的变量或数组元素加上右边表达式的值后赋给左边的变量或数组元素	z += m;　//z = z + m = 27
-=	左边的变量或数组元素减去右边表达式的值后赋给左边的变量或数组元素	z -= m;　//z = z - m = 23
*=	左边的变量或数组元素乘上右边表达式的值后赋给左边的变量或数组元素	z *= m;　//z = z * m = 50
/=	左边的变量或数组元素除以右边表达式的值后赋给左边的变量或数组元素	z/= m;　//z = z/m = 12
%=	左边的变量或数组元素模右边表达式的值后赋给左边的变量或数组元素	z%= m;　//z = z% m = 1
<<=	左边的变量或数组元素左移 m 位后赋给左边的变量或数组元素	z <<= m;　//运算前 z = 00011001B，运算后 z = 01100100B = 0x64 = 100
>>=	左边的变量或数组元素右移 m 位后赋给左边的变量或数组元素	z >>= m;　//运算前 z = 00011001B，运算后 z = 00000110B = 0x6 = 6
&=	左边的变量或数组元素与右边表达式的值按位与操作后赋给左边的变量或数组元素	z& = m;　//运算前 z = 00011001B，m = 00000010B，运算后 z = 0
^=	左边的变量或数组元素与右边表达式的值按位异或操作后赋给左边的变量或数组元素	z^= m;　//运算前 z = 00011001B，m = 00000010B，运算后 z = 00011011B

2. 算术运算符

算术运算符包括：单目运算符“++”、“--”、“-”（负号）“+”（正号）；双目运算符“+”“-”“*”“/”“%”，见表3-3。

表3-3　基本算术运算符及其含义

运算符	含　义	举例（设m=15，n=6）
+	加法运算	z=m+n；//z=21
-	减法运算	z=m-n；//z=9
*	乘法运算	z=m*n；//z=90
/	除法运算（保留商的整数，小数部分丢弃）	z=m/n；//z=2
%	模运算（取余数运算）	z=m%n；//z=3
++	自增1	z=m++；//z=15，m=16，先用m的值，再让m加1 z=++m；//z=16，m=16，先让m加1，再用m的值
--	自减1	z=m--；//z=15，m=14，先用m的值，再让m减1 z=--m；//z=14，m=14，先让m减1，再用m的值

在表3-3中已说明m++和++m、m--和--m之间的区别。

3. 逻辑运算符

逻辑运算符规定了针对逻辑值的运算，逻辑运算的结果只有“真”或“假”两种，其中“1”表示“真”，“0”表示“假”。

如：条件“30>100”为假，“4<10”为真。

C51语言提供了三种逻辑运算：逻辑与运算、逻辑或运算、逻辑非运算。

1）逻辑与运算（运算符为“&&”）的运算法则是有0为0，全1为1。

2）逻辑或运算（运算符为“‖”）的运算法则是有1为1，全0为0。

3）逻辑非运算（运算符为“!”）的运算法则是0为1，1为0。

其中逻辑与运算和逻辑或运算为双目运算符，而逻辑非运算为单目运算符。

表3-4列出了逻辑运算符及其含义。

表3-4　逻辑运算符及其含义

运算符	含　义	举例（设m=5，n=0）
&&	逻辑与运算	z=m&&n；//z=0
‖	逻辑或运算	z=m‖n；//z=1
!	逻辑非运算	z=!m；　//z=0

4. 关系运算符

在程序中经常需要比较两个变量的大小关系，用以比较两个变量的运算符称为关系运算符。C51语言提供了6种关系运算符，关系运算符运算的结果只有“0”和“1”两种，即条件满足为“1”，否则为“0”。关系运算符及其含义见表3-5。

表3-5 关系运算符及其含义

运 算 符	含 义	举例（设 m = 20，n = 20）
>	大于	z = m > n； //z = 0
<	小于	z = m < n； //z = 0
>=	大于等于	z = m >= n； //z = 1
<=	小于等于	z = m <= n； //z = 1
==	等于	z = m == n； //z = 1
! =	不等于	z = m! = n； //z = 0

5. 位运算符

利用位操作运算可对一个数按二进制格式进行位操作。位操作运算有位与运算、位或运算、位异或运算、位取反运算、位左移运算、位右移运算等。位运算符及其含义见表3-6。

表3-6 位运算符及其含义

运 算 符	含 义	举例：设 x = 25（00011001B），y = 77（01001101B）
&	位与运算	z = x&y； //z = 9（00001001B），有0为0，全1为1
|	位或运算	z = x | y； //z = 93（01011101B），有1为1，全0为0
^	位异或运算	z = x&y； //z = 84（01010100B），相同为0，不同为1
~	位取反运算	z = ~x； //z = 230（11100110B）
>>	位右移操作	z = x >>2； //z = 6（00000110B），右移2位，前面添0
<<	位左移操作	z = x <<2； //z = 100（01100100B），左移2位，后面添0

6. 逗号运算符

逗号运算符用于将几个表达式串在一起，格式为

```
表达式1,表达式2,……,表达式n
```

运算顺序为从左到右，整个逗号表达式的值是最右边表达式的值。如 x =（y =7，z =6，y +5），结果为 y =7，z =6，x = y +5 =12。

又如 x =(y =7，z =6，k =5)，结果为 y =7，z =6，k =5，x =5。

7. 条件运算符

条件运算符可以将3个表达式连接成一个条件表达式，条件运算符为“?”“:”，其格式为

```
逻辑表达式? 表达式1:表达式2
```

其含义是首先计算逻辑表达式的值，若为1，则取表达式1的值作为整个表达式的值；若为0，则取表达式2的值作为整个表达式的值。

如 a =7，b =3，则“max =(a >b)? a:b”的计算结果为 max =7。

8. 强制转换运算符

强制转换运算符是通过强制数据类型转换运算符“( )”进行的，其作用是将一个表达式转化为所需要的数据类型。转换的原则是，参加运算的各种变量都转换为它们之中最长的数据类型，数据类型长度对比如下所示：

```
char < short < long < float < double
```

强制转换运算符的使用格式为

(类型名)变量名或运算式

如：

```
(int)a;          //将 a 强制转换成整型数据
(int)(3.56);  //将 3.56 强制转换成整型数据,结果为 3
```

3.1.3　运算顺序

C51 语言的运算功能十分完善，运算种类多于 8051 汇编语言。因此当多种不同的运算组成一个运算表达式时，即一个运算式中出现多种运算符时，运算的优先顺序和结合规则显得十分重要。

表 3-7 给出了 C51 语言中各种运算优先级和结合规则，表中从上到下运算优先级由高到低，同一表行中的运算具有相同的运算优先级，并按照指定的结合规则决定运算顺序。从图 3-1 中也可以看出各类运算的优先级高低。

表 3-7　运算顺序

优 先 级	运 算 符	结 合 规 则
1	( )　[ ]	从左到右
2	!　~　++　--　-　*　&	从右到左
3	*　/　%	从左到右
4	+　-	从左到右
5	<<　>>	从左到右
6	<　<=　>　>=	从左到右
7	==　!=	从左到右
8	&	从左到右
9	^	从左到右
10	|	从左到右
11	&&	从左到右
12	||	从左到右
13	?:	从右到左
14	=　+=　-=　*=　/=　%=　&=　^=　|=　>>=　<<=	从右到左
15	,	从左到右

高　逻辑运算符：!
　　算术运算符：+，-，*，/，%
　　关系运算符：<，>，>=，<=
　　关系运算符：==，!=
　　逻辑运算符：&&，‖
　　赋值运算符：=，+=，-=，*=，/=，%=
低　逗号运算符：，

图 3-1　运算符优先级示意图

下面分析几个例子。

【例 3-5】　x *= y + 1

【解】　它有两种运算，从表 3-7 可知，“ + ”优先于“ *= ”，所以，该表达式等价于 x = x * (y + 1)。

【例 3-6】　a ‖ b&&c

【解】　由于“&&”优先于“ ‖ ”，所以该表达式等价于：a ‖ (b&&c)。

【例 3-7】　x& ~ y

【解】　由于“ ~ ”优先于“&”，所以该表达式等价于：x&(~ y)。

【例 3-8】　a = - b << 2

【解】　由于“ - ”优先于“ << ”，所以该表达式等价于：a = ((- b) << 2)。

3.2　C51 语言程序结构

一个完整的 C 语言程序是由若干条语句按一定的方式组合而成的，按语句执行方式的不同，C 语言程序可分为顺序结构、选择结构和循环结构三种结构类型。

3.2.1　顺序结构

顺序结构是指程序按语句的先后顺序依次执行，直至程序结束。顺序结构是最简单的程序结构。

【例 3-9】　根据图 3-2 的工作原理图，要求通过 P1 口依次将 LED 点亮。（对端口 LED，一般采用上拉电阻方式，防止输出电流过大使 CPU 发热甚至烧坏）

【解】

```
//依次将 LED 点亮
#include < reg51. h >
/ *****************************
函数功能:延时子函数
*****************************/
void delay (void)
        {
          int i;
          for (i =0;i <=20000; ++ i)
          ;
        }
/ *****************************
```

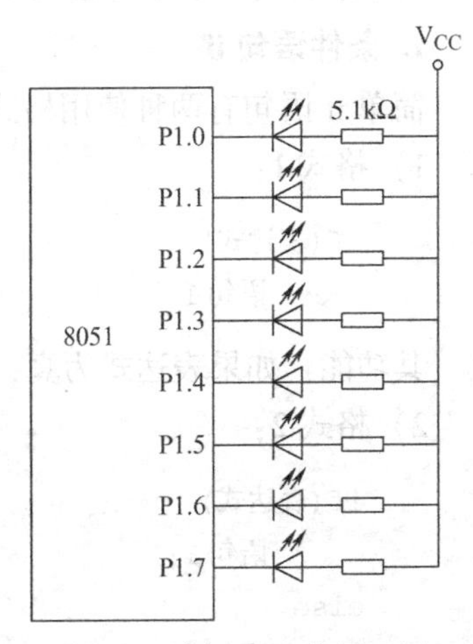

图 3-2　例 3-9 工作原理图

```
函数功能:主函数
*****************************/
void main(void)
    {
        while(1)
        {
        P1 =0xfe;
          delay();
        P1 =0xfd;
          delay();
        P1 =0xfb;
          delay();
        P1 =0xf7;
          delay();
        P1 =0xef;
          delay();
        P1 =0xdf;
          delay();
        P1 =0xbf;
          delay();
        P1 =0x7f;
          delay();
        }
    }
```

3.2.2　选择结构（分支结构）

在一个实际应用的计算机程序中，不可能完全是顺序结构的程序，在许多场合需要根据不同的情况执行不同的语句，这种程序结构称为选择结构（分支结构）。选择结构就是根据条件选择相应的执行顺序。

C51 语言提供了条件语句 if 和开关语句 switch，以用于实现选择结构程序设计。

1. 条件语句 if

简单 if 语句有两种使用格式：

1）格式 1：

```
if(表达式)
    语句1;
```

其功能：如果表达式为真，则执行语句 1，否则执行语句 1 后面的语句。

2）格式 2：

```
if(表达式)
    语句1;
else
    语句2;
```

其功能：如果表达式为真，则执行语句1，否则执行语句2。

【例 3-10】　根据图3-3所示的工作原理图，要求实现：如果S合上，则LED全亮，否则全暗。

【解】

```
//如果 S 合上,则 LED 全亮,否则全暗
#include < reg51. h >
sbit p20 = P2^0;
/ *****************************
函数功能:主函数
 *****************************/
void main(void)
    {
        if(p20 ==1)
          P1 =0x00;
        else
          P1 =0xff;
    }
```

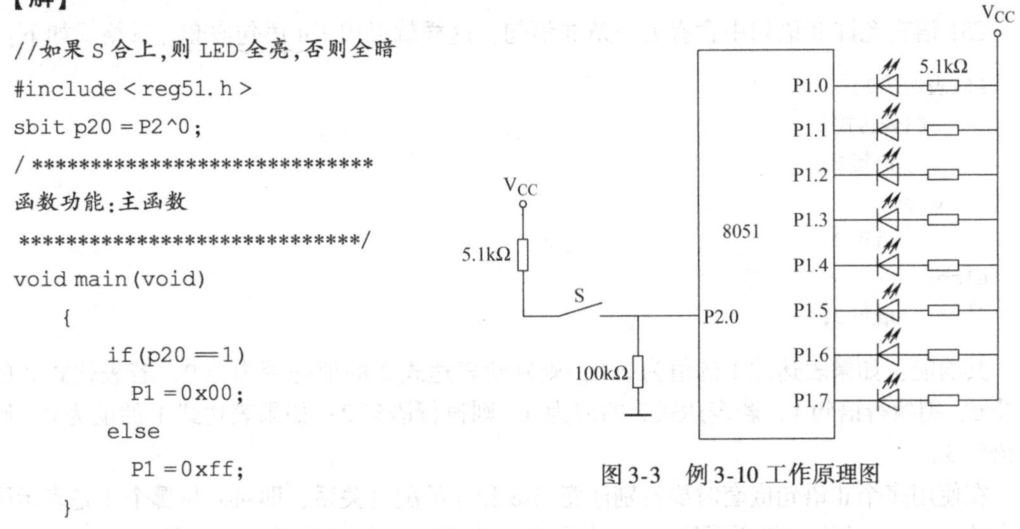

图3-3　例3-10工作原理图

if、else都是关键字，if后面的表达式不限于关系表达式或逻辑表达式，而可以是任意表达式，它表示条件，其结果不是“0”，就是“1”。表达式两边必须用圆括号括起来。

if语句中按一定条件执行的语句，不仅允许是单一语句，也可以是多个语句。如果是多个语句，则必须使用“｛”和“｝”将多个语句括起来，这样的语句称为复合语句。对于复合语句，格式1应为下列格式：

```
if(表达式)
    {
        语句1;
        语句2;
        ……
        语句n;
    }
```

而格式2应为：

```
if(表达式)
    {
        语句11;
        语句12;
        ……
        语句1n;
    }
else
    {
        语句21;
```

```
        语句22;
        ……
        语句2m;
    }
```

C51 语言允许 if 语句中含有另一条 if 语句，这样就形成了if 语句嵌套。其格式如下：

```
if(表达式1)
    if(表达式2)
        语句1;
    else
        语句2;
else
        语句3;
```

其功能：如果表达式1的值为非0，则判断表达式2的值是否为非0，若表达式2的值为非0，则执行语句1，若表达式2的值为0，则执行语句2；如果表达式1的值为0，则执行语句3。

在使用多个 if 语句嵌套时要特别注意 else 和 if 的配对关系，即 else 与哪个 if 是表示同一层次的 if ~ else 结构，其原则是：else 总是和它上面离它最近且没有与其他 else 配对的 if 是配对关系。

else if 结构是条件分支嵌套常用的一种形式，它用于多分支处理中，其格式如下：

```
if(表达式1)
    语句1;
else if(表达式2)
    语句2;
    ……
else if(表达式n)
    语句n;
else
    语句n+1;
```

根据前述的 else 与 if 配对原则，可以清楚地看出，else if 结构实质上是 if ~ else 分支的多层嵌套，在这种结构中，仅执行表达式为非零的那个 if 下的语句，如果所有的表达式均为0，则执行最后一个 else 下的语句。最后一个 else 及其下面的语句也可以不存在。

2. 开关语句 switch

开关分支是选择结构的另一种形式，它是根据条件的结果值进行判断，然后执行多分支程序段中的一支。C51 语言用 switch ~ case 语句和 break 语句来实现开关分支。其格式如下：

```
switch(表达式)
    case 判断值1:
        语句组1;
        break;
    case 判断值2:
```

```
        语句组 2;
        break;
    ……
    case 判断值 n:
        语句组 n;
        break;
    default:
        语句组 n+1;
        break;
```

其功能：首先计算 switch 后面圆括号内表达式的值，然后将其结果值依次与各个 case 的判断值相比较，当它们一致时，就执行该 case 下的语句组。若结果值与所有的判断值都不同，则执行 default 下的语句组。当执行某一语句组时遇到 break 语句，则退出 switch ~ case 结构。

说明 1：break 语句可以视是否需要退出 switch ~ case 结构决定是否加上，即 break 语句不是必需的；若没有 break 语句，程序将继续比较下一个 case 判断值，而不是退出该 switch ~ case 结构。

说明 2：default 语句下面的 break 不是必需的，因为没有这一语句，执行完 default 下的语句组后也会脱出该结构，只是为了保持形式上的一致性，习惯上仍保留它。

说明 3：default 部分不是必需的，如果没有这一部分，当表达式的结果值与所有的判断值都不一致时，程序不执行该结构中的任何语句。

3.2.3　循环结构

循环结构是在给定条件成立的情况下，反复执行某个程序段，被反复执行的语句称为循环体。C51 语言提供了三种循环流程控制：while 循环、for 循环和 do…while 循环。

1. while 循环

while 循环语句的一般格式如下：

```
while(表达式)
    {
       循环体语句;
    }
```

其功能：当表达式的值为非 0 时，则执行循环体语句，直至表达式的值为 0。

说明 1：如果循环体语句只有一条语句，可以省略“{”和“}”。

说明 2：循环体语句内应该含有修改表达式值的语句，否则可能会形成死循环。

【例 3-11】 根据图 3-4 的工作原理图，要求实现：如果只合上开关 S_0，则 P1 口高 4 位 LED 点亮；如果只合上开关 S_1，则 P1 口低 4 位 LED 点亮；如果开关 S_0、S_1 同时合上，则 P1 口 8 位 LED 全部点亮；如果开关 S_0、S_1 都没有合上，则 P1 口 8 位 LED 全部暗。

【解】

```
//用 if 和 while 语句控制 P0 口 LED 的流水方向
#include <reg51.h>
```

```
sbit S0 = P2^0;
sbit S1 = P2^1;
/ ****************************
函数功能:主函数
****************************/
void main(void)
    {
        while(1)
          {
               if(S0 ==1&S1 ==1)
                    P1 =0x00;
               if(S0 ==1&S1 ==0)
                    P1 =0x0f;
               if(S0 ==0&S1 ==1)
                    P1 =0xf0;
               if(S0 ==0&S1 ==0)
                    P1 =0xff;
          }
    }
```

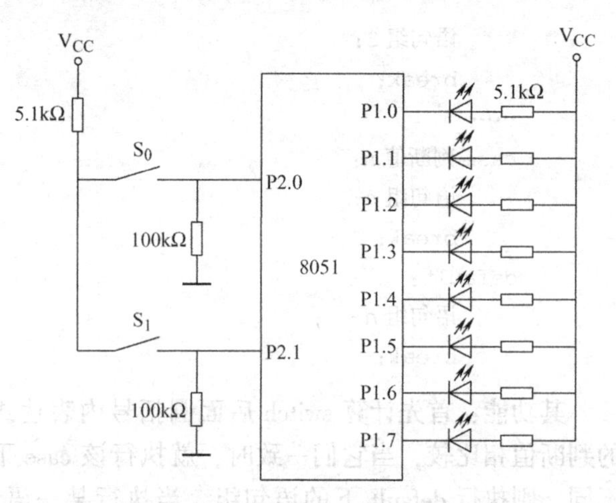

图 3-4　例 3-11 工作原理图

【例 3-12】 利用例 3-9 的工作原理图（图 3-2），要求逐个点亮 P1 口的 LED，延时采用 while 循环。

【解】

```
//用 while 循环语句作为延时程序的控制语句以控制 LED 左向点亮的时间
#include < reg51.h >
/ ****************************
函数功能:延时一段时间
****************************/
void delay(void)
    {
      unsigned int i;
      i =0;
      while(i <=10000)
        {
          i ++;
        }
    }
/ ****************************
函数功能:主函数
****************************/
void main(void)
    {
       int a =0x01;
```

```
        while(1)
          {
            if(a!=0)
              {
                a=~a;
                P1=a;
                delay();
                a=~a;
                a=a<<1;
              }
            else
                a=0x01;
          }
}
```

2. for循环

for循环是功能比while循环更强的一种循环结构，其格式如下：

```
for(表达式1;表达式2;表达式3)
  {
    循环体语句;
  }
```

其功能：首先进行表达式1的运算，然后计算表达式2的值，若表达式2的值为非0，则执行循环体语句，最后进行表达式3的运算，至此完成了一次循环，然后再从计算表达式2的值开始下一次循环，如此反复，直至表达式2的值为0时，循环结束。

说明：一般在使用for循环语句时，表达式1用于进入循环之前给某些变量赋初值，表达式2作为循环的条件，表达式3用于循环一次后对某些变量的值进行修正。

注意：如果表达式2默认，则为无限循环方式。如：

```
for(i=0;;i++)
```

程序中经常使用下列形式表示无限循环：

```
for(;;)
```

上面语句中三个表达式都省略了，但分隔符“;”不能省略。

【例3-13】 利用例3-9的工作原理图（图3-2），要求使P1.0连接的LED一亮一暗闪烁，延时采用for循环语句。

【解】

```
//用for循环语句作为延时程序的控制语句使P1.0连接的LED闪烁
#include<reg51.h>
sbit LED0=P1^0;
/******************************
函数功能:延时一段时间
```

```
******************************/
void delay(void)
    {
        unsigned int i;
        for(i=0;i<=20000;i++);
    }
/******************************
函数功能:主函数
******************************/
void main(void)
    {
      while(1)
         {
           LED0=0;
           delay();
           LED0=1;
           delay();
         }
    }
```

3. do…while 循环

C51 语言中另外一种循环结构是 do…while 循环，其格式如下：

```
do
 {
      循环体语句;
 }while(表达式);
```

其功能：首先执行循环体语句，再计算 while 后面表达式的值，若表达式的值为非 0，则再一次执行循环体语句，然后再计算表达式的值，如此反复，直至表达式的值为 0。若表达式始终为非 0，则为无限循环，即死循环。

do…while 循环语句与 while 循环语句、for 循环语句的不同之处在于，在 do…while 循环语句中至少执行一次循环体语句，而在 while 循环语句、for 循环语句中可能一次也不执行就结束循环流程。

说明 1：在 do…while 循环语句中，while（表达式）后面的“;”不能遗忘。

说明 2：不要把 do…while 循环与 while 循环使用空语句作为循环体的形式相混淆，为了明显区分它们，do…while 循环的循环体即使是单一语句，也使用大括号包围起来，且将“while（表达式）;”直接写在大括号后面。这样的书写格式可以与 while 循环清楚地区分开来。

【例 3-14】 图 3-5 为使扬声器发出一个音频信号的工作原理图。

【解】

```
//用 do…while 循环语句作为延时程序的控制语句发出一个音频信号
#include <reg51.h>
```

```
sbit L0 = P1^1;
/ ******************************
函数功能:延时一段时间
******************************/
void delay(void)
    {
        unsigned int i = 0;
        do
          {
              i ++;
          }while(i <=100);
        }
/ ******************************
函数功能:主函数
******************************/
void main(void)
    {
        while(1)
          {
              L0 = 0;
              delay();
              L0 = 1;
              delay();
          }
    }
```

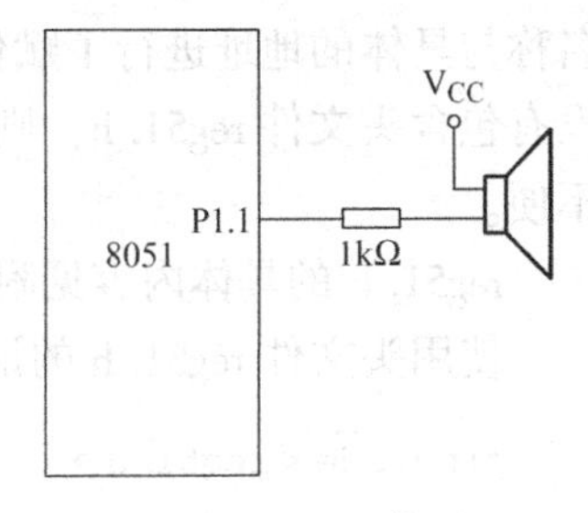

图3-5　例3-14工作原理图

3.3　C51语言程序设计要点

C语言具有很好的结构性且已模块化，更容易阅读和维护，而且用C语言编写的模块化程序有很好的可移植性，功能代码能够很方便地从一个工程移植到另一个工程，从而减少了开发时间。

使用C语言，程序员不必十分熟悉处理器的运算过程，对新的处理器上手较快，也不必知道处理器的具体内部结构，用C语言编写的程序比汇编程序有更好的可移植性。

目前大多数的处理器支持C语言编译器，但这并不说明汇编语言就没有了用武之地，对于要求特别严格的时钟系统，使用汇编语言是唯一的方法。

通常将应用于51系列单片机的C语言称为C51语言。

3.3.1　C51语言定义

1. 头文件

（1）reg51.h　C51单片机程序必须包含头文件reg51.h，该文件对特殊功能寄存器及特殊功能寄存器中的各位名称进行了定义，即将特殊功能寄存器名称及特殊功能寄存器中的位名称与具体的地址进行了赋值，在C51程序中可以直接运用这些名称对其进行操作。如果没有包含头文件reg51.h，则无法对特殊功能寄存器及其功能位直接使用，给编程带来很多不便。

reg51.h的具体内容见附录D。

使用头文件reg51.h的语句是：

```
#include <reg51.h>
```

或者是：

```
#include"reg51.h"
```

对于头文件reg51.h所没有包含的位定义，编程员在程序中定义后才能使用，如：

```
sbit L0 = P1^0;     //将变量 L0 定义为 P1 口的第 0 位,^是标识 SFR 的位符号
```

（2）absacc.h　如果有程序中需要访问存储区，则必须包含头文件absacc.h，否则程序无法编译和连接，更谈不上运行。

使用头文件absacc.h的语句格式同reg51.h。

（3）math.h　如果程序中要求使用数学函数，如sin（x）、cos（x）等，则必须包含头文件math.h，否则无法使用函数，使用格式同reg51.h。

2. 存储区

C51单片机允许使用者指定程序变量的存储区，这使编程员可能控制存储区的使用。编译者可识别的存储区见表3-8。

表3-8　C51存储类型

存储区	说明
DATA	RAM的低128B（00H~7FH）
BDATA	DATA区可进行位操作的16个存储单元（20H~2FH）
IDATA	RAM区的高128B（51系列单片机没有该区域）
PDATA	外部数据存储器某页的256B（页地址默认）
XDATA	外部数据存储区，64KB
CODE	外部程序存储区，64KB

（1）DATA区　对DATA区的寻址是最快的，所以应该把使用频率高的变量放在DATA区。由于空间有限，必须注意使用。DATA区除了包含程序变量外，还包含了堆栈和寄存器组。DATA区的声明如下：

```
unsigned char data system_status =0;
unsigned int data unit[2];
char data inp_string[16];
```

标准变量和用户定义变量都可以存储在DATA区中，只要不超过DATA区的范围即可，因为C51使用默认的寄存器组来传递参数。另外，要定义足够大的堆栈空间，否则，当内部堆栈溢出的时候，程序会莫名其妙地复位。

（2）BDATA区　C51语言允许在DATA区的位寻址区定义变量，这个变量可进行位寻

址，并且可以利用这个变量来定义位。这对状态寄存器来说是非常有用的，因为它需要单独使用变量的每一位，不一定要用变量名来引用位变量。BDATA 区的声明如下：

```
unsigned char bdata status_byte;
unsigned int bdata status_word;
```

(3) IDATA 区 IDATA 区也可存放使用比较频繁的变量，使用寄存器作为指针进行寻址。在寄存器中设置 8 位地址，进行间接寻址。与外部存储器寻址比较，它的指令执行周期和代码长度都比较短。

IDATA 区的声明如下：

```
unsigned char idata system_status=0;
unsigned int idata unit_id[2];
char idata inp_string[16];
float idata outp_value;
```

(4) PDATA 区和 XDATA 区　对 PDATA 和 XDATA 的操作相似，其中对 PDATA 的操作要快于对 XDATA 的操作，因为对 XDATA 的操作需要装入 16 位地址，而对 PDATA 的操作只需要装入 8 位地址。

对这两个区域的声明同其他区域一样，其中 PDATA 区域只有 256B，而 XDATA 区域有 65536B，声明如下：

```
unsigned char xdata system_status=0;
unsigned int xdata unit_id[2];
char xdata inp_string[16];
float xdata outp_value;
```

3. I/O 器件的地址

在外部地址中，除了包含存储器地址外，还包含了 I/O 器件的寻址。对外部器件的寻址可以通过 C51 提供的宏或绝对地址或指针来访问。建议使用宏或绝对地址来对外部器件进行寻址，因为这样编写的程序具有可读性。

(1) 使用宏定义外部 RAM 存储器或 I/O 器件地址　使用宏定义必须包含头文件 absacc.h，头文件 absacc.h 的具体内容见附录 E。

在程序中，使用头文件 absacc.h 的语句是：

```
#include <absacc.h>
```

或者是：

```
#include"absacc.h"
```

在包含了 avsacc.h 头文件的程序中，可使用其中定义的宏来访问绝对地址，包括：CBYTE、XBYTE、PWORD、DBYTE、CWORD、XWORD、PBYTE、DWORD。

例如：

```
orval=CBYTE[0x0002];            //指向程序存储器的 0002H 地址
rval=XWORD [0x0002];            //从地址 0002H 和 0003H 读一个字
XBYTE[0x3000]=out_value;        //写 1B 到 3000H 端口
```

(2) 使用绝对地址命令"_at_"来访问外部 RAM 存储器或 I/O 器件地址　如果要将某变量如 system 指定为外部 2000H 单元，则其格式如下：

```
unsigned char xdata system_at_0x2000;   //将变量 system 指向片外数据存储器 2000H 单元
```

除 BDATA 区外，其他数据区域也可采用"_at_"命令来进行寻址。如：

```
unsigned char data system_at_0x32;      //将变量 system 指向内部数据存储器 32H 单元
```

(3) 使用指针来访问外部 RAM 存储器或 I/O 器件地址　可以采用指针来访问外部 RAM 存储器或 I/O 器件的地址，其格式如下：

```
b = * ((char xdata  * )0x8003);               //从地址 8003H 读 1B
```

(4) CODE 区　代码段的数据一般是程序代码、数据表、跳转向量和状态表。对 CODE 区的访问和对 XDATA 区的访问是一样的。具体如下：

```
unsigned int code unit_id[2];
unsigned char table = {0x00, 0x01, 0x04, 0x09, 0x10, 0x19, 0x24};
```

3.3.2 C51 语言程序设计举例

【例 3-15】 要求每隔一段时间从地址 8000H ~ 8007H 的 I/O 口读取数据，将这些数据保存在内存 40H ~ 47H 单元中，并不断更新数据，间隔时间任定。用 C51 语言实现上述功能。

【解】

```
#include < reg51. h >
#include < absacc. h >
int i,j,n;
/ ***********************
功能函数:延时函数
 ***********************/
void delay (void)
    {
        for (n = 0;n <= 30000; ++ n)
        ;
    }
/ ***********************
功能函数:主函数
 ***********************/
void main (void)
    {
        while (1)
            {
                i =0x8000;
                j=0x40;
              for (;i <=0x8007; ++ i)
```

```
                {
                    PBYTE[j] = XBYTE[i];
                    ++j;
                    delay();
                }
            }
    }
```

3.4 习题

1. 请列举 C51 语言程序设计中常用的几种数据类型。
2. C51 语言程序设计中有几种关系运算符？请列举。
3. 下列 C51 语言程序能否通过编译和连接？如果你认为不能通过，请说明原因。

```
#include <reg51.h>
Void main(Void)
    {

    }
```

4. 下列 C51 语言程序能否通过编译和连接？如果你认为不能通过，请说明原因。

```
#include(reg51.h)
void main(void)
    {
        i = 0;
        if(i <= 100)
          ++i;
    }
```

5. 阅读下列 C51 语言程序，说明本程序的功能是什么？

```
#include <reg51.h>
#include <absacc.h>
unsigned char a = 1,b = 2,c = 15,d = 16,k,i = 0;
void main(void)
        {  while(i < 3)
            {
                if(a < b)
                    {
                        k = a;
                        a = b;
                        b = k;
                    }
                if(b < c)
```

```
                {
                  k=b;
                  b=c;
                  c=k;
                }
              if(c<d)
                {
                  k=c;
                  c=d;
                  d=k;
                }
              ++i;
          }
      DBYTE[0x43]=a;
      DBYTE[0x42]=b;
      DBYTE[0x41]=c;
      DBYTE[0x40]=d;
      while(1);
  }
```

6. 根据例3-9工作原理图（图3-2），要求实现8个LED由低到高逐个点亮，点亮的间隔时间逐步缩短。试用C51语言设计程序。

7. 如图3-6所示，由开关 S_0 和 S_1 的不同状态，实现表3-9要求的功能。请编写实现上述功能的C51语言程序。

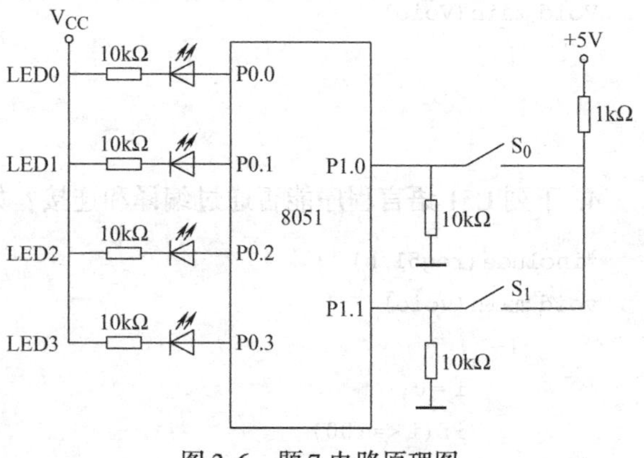

图3-6 题7电路原理图

表3-9 题7功能要求

S_1	S_0	发亮的LED
断开	断开	LED0亮
断开	合上	LED1亮
合上	断开	LED2亮
合上	合上	LED3亮

8. 要求用C51语言编写程序，实现将内部存储器30H～3FH单元中的内容复制到内部存储器40H～4FH单元中。

9. 要求计算 $s=1+2+3+\cdots+99+100$，并将结果以十进制的形式存放到内存41H、40H单元中，其中千位和百位存放在41H中，十位和个位存放在40H中。用C51语言编写程序实现上述功能。

10. 在内部RAM的30H～3FH单元中存放着16B的无符号数，要求比较大小，并按从大到小的顺序存放在内部RAM的30H～3FH单元中。试用C51语言编号程序。

第4章

MCS-51系列单片机的中断系统与定时/计数器

本章摘要

本章主要介绍中断的有关基本概念、MCS－51系列单片机的中断系统和定时/计数器电路。在中断知识方面，重点掌握MCS－51系列单片机中断源优先级的设置、中断源的开放或关闭设置、各中断源中断服务程序入口地址、中断服务程序的设计；在定时/计数器电路方面，重点掌握合理选择定时/计数器的工作方式、定时器初始值的计算、定时/计数器初始化程序的设计。

4.1　MCS－51系列单片机的中断系统

4.1.1　概述

1. 中断的概念

中断是计算机的CPU暂停正在执行的程序，转而执行提出中断请求的外部设备（外设）或事件的服务程序（即中断服务程序），待中断服务程序处理完毕后，再返回原来程序的过程。其执行过程如图4-1所示。

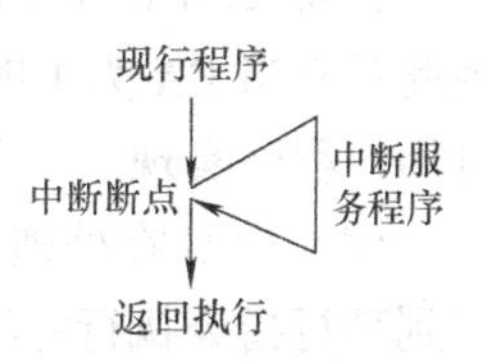

图4-1　中断执行过程

2. 中断的必要性

计算机引入中断技术，解决了CPU与外设的速度匹配问题，提高了CPU的工作效率，此外还有以下优点：

（1）具有分时处理功能　在正常状态下，CPU执行主程序，如果有几个外设同时发出中断请求，CPU则会根据中断优先级高低和发出中断请求的先后顺序响应各外设中断请求。由于CPU的速度比外设高出许多，因此当CPU执行各相应的中断服务程序时，各外设都会认为CPU只为它单独服务。

（2）具有实时处理功能　计算机用于工业实时控制时，由于现场的参数或信息随时会出现变化，要求CPU能极快地响应并做出处理，只要将这些参数或信息设定为中断请求信号向CPU提出中断请求，就可以使CPU及时对参数或信息的变化做出相应的处理，达到实时控制的目的。

（3）具有故障处理功能　在计算机运行过程中，常会出现意料不到的故障，计算机引入中断技术后，可以将故障设定为中断信号，当故障发生时，故障源作为中断源向 CPU 发出中断请求，从而使 CPU 马上执行相应的故障服务程序，保证计算机不会因故障而停机。

3. 8051 单片机的中断源

1）$\overline{\text{INT0}}$：外部中断 0，中断请求信号由 P3.2 输入。

2）T0：定时/计数器 0 溢出中断。

3）$\overline{\text{INT1}}$：外部中断 1，中断请求信号由 P3.3 输入。

4）T1：定时/计数器 1 溢出中断。

5）RI 或 TI：串行口中断，包括串行口接收中断和串行口发送中断。

在上述中断源中，$\overline{\text{INT0}}$和$\overline{\text{INT1}}$是外部中断源，而外部中断源可以是：电源掉电信号、存储器损坏信号、键盘信号、打印机信号、A－D 转换信号、实时时钟信号、定时器定时信号、实时控制中的各种参数和信号等。

4. 中断响应条件

（1）有中断请求信号　CPU 要响应中断，必须要有中断源发出中断请求信号，也就是说上述 5 个中断源至少要有 1 个中断源发出中断请求，CPU 才有可能响应中断请求。

（2）中断请求没有被屏蔽　在 8051 单片机中断系统中，CPU 通过中断允许控制寄存器 IE 控制中断源的中断申请，五个中断源分别对应 EX0、ET0、EX1、ET1 和 ES，假设 EX0 为 0，则$\overline{\text{INT0}}$被屏蔽，此时如果$\overline{\text{INT0}}$发出中断请求，则 CPU 无法响应它，因此要想 CPU 能响应$\overline{\text{INT0}}$发出的中断请求，EX0 必须通过程序设置为 1。同样，要想其他中断源发出中断请求后 CPU 能够响应，必须通过程序对对应的中断控制允许位设置为 1。

（3）中断是开放的　在 8051 单片机中断系统中，CPU 是否开放中断取决于中断允许控制寄存器 IE 中的 EA 位，如果 EA 为 0，则中断是关闭的；如果 EA 为 1，则中断是开放的。因此只有当 EA 为 1 时，CPU 才有可能响应上述 5 个中断源发出的中断请求。EA 的设置通过用户程序实现。

（4）CPU 在处理完现行指令后响应中断　在上述三个条件具备的情况下，CPU 必须要等到现行指令执行完毕后才响应，同时必须满足 CPU 没有处理同级或更高级中断、正在执行的指令不是 RETI 也不是访问 IE 和 IP 的指令等条件。

5. 中断优先级

8051 单片机中断系统设有 2 级中断优先级，分别为高级中断优先级和低级中断优先级，通过中断优先级控制寄存器 IP 进行设置，五个中断源分别对应 PX0、PT0、PX1、PT1 和 PS，如果 PX0、PT0、PX1、PT1 和 PS 中的某位设置为 1，则对应的中断源设置为高级中断优先级，否则为低级中断优先级。

CPU 不能中断正在处理的同级中断和更高级中断，必须等同级中断或更高级中断处理完毕后才响应该中断请求。如果 CPU 正在处理的是低级的中断请求，那么高级的中断请求可以使 CPU 暂停处理低级中断请求的中断服务程序，转而处理高级中断请求的中断服务程序，待处理完高级中断请求的中断服务程序后，再返回原低级中断请求的中断服务程序，这种情况称为中断嵌套。

6. 中断响应过程

如果中断响应条件都具备，CPU 就响应中断。中断响应包含以下过程：

（1）关中断　CPU 响应中断后，发出中断响应信号，同时关闭中断，以防止 CPU 在完成本次中断断点保存和现场保护之前再次响应中断而造成混乱。

（2）保存断点　CPU 响应中断时，把现行的 PC 中的值压入堆栈进行保存，以便在中断处理完毕后能正确返回原程序。关中断和保护断点两项工作一般由硬件完成。

（3）保护现场　为了确保计算机在处理中断服务程序时对原有的数据和状态不造成破坏，因此要把断点的累加器、各寄存器、程序状态字等内容压入堆栈进行保护，这个过程称为保护现场。保护现场一般由软件完成，具体对哪些内容进行保护，视中断服务程序要影响的内容而定。

（4）转入相应的中断服务程序　不同的计算机实现中断的方式也不尽相同，因此给出中断服务程序入口地址的方式也不相同。

（5）恢复现场　通过弹出指令将保护的数据弹出，以恢复断点原来的现场状况。

（6）开中断　一般在中断返回前要重新打开中断，以便 CPU 准备响应新的中断。

（7）中断返回　通过中断返回指令回到断点处，执行原程序。

4.1.2　中断控制及中断服务程序入口地址

MCS－51 系列单片机的中断系统结构如图 4-2 所示。

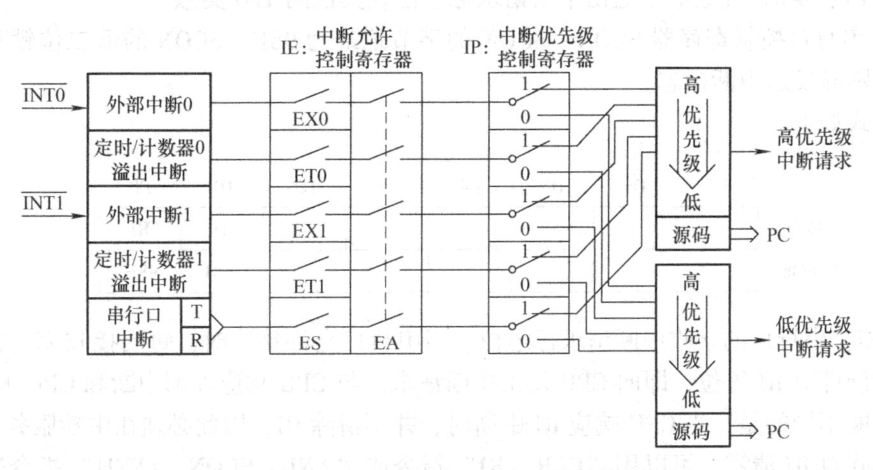

图 4-2　MCS－51 系列单片机中断系统结构示意图

1. 中断控制

在 MCS－51 系列单片机中，涉及中断控制的有以下 4 个特殊功能寄存器。

1）TCON：定时/计数器控制寄存器。

2）SCON：串行口控制寄存器。

3）IE：中断允许控制寄存器。

4）IP：中断优先级控制寄存器。

（1）定时/计数器控制寄存器 TCON　TCON 的字节地址为 88H，TCON 能锁存外部中断请求标志。其格式如下：

	D7	D6	D5	D4	D3	D2	D1	D0
TCON	TF1		TF0		IE1	IT1	IE0	IT0
位地址	8FH		8DH		8BH	8AH	89H	88H

1）IT0：外部中断0的中断触发方式控制位。若IT0＝0，则选择电平触发方式，低电平有效；若IT0＝1，则选择边沿触发方式，负跳变（1→0）有效。可以通过位操作指令对IT0置位或清零。

2）IT1：外部中断1的中断触发方式控制位。其他同IT0类似。

3）IE0：外部中断0的中断请求标志位。当IT0＝0（即电平触发方式）时，若外部中断0为低电平则对IE0置位，即IE0＝1，否则IE0＝0；当IT0＝1（即边沿触发方式）时，当第一个机器周期检测到外部中断0为高电平，第二个机器周期检测到外部中断0为低电平时，则对IE0置位，即IE0＝1，否则IE0＝0。IE0被置位（即IE0＝1）表示外部中断0向CPU发出中断请求，当CPU响应中断，转向中断服务程序时，由硬件对IE0清零。

4）IE1：外部中断1的中断请求标志位。其他同IE0类似。

5）TF0：定时/计数器0溢出中断请求标志位。当启动T0计数后，定时/计数器0从初始值开始加1计数，当最高位产生溢出时，由硬件对TF0置位，即TF0＝1，表示定时/计数器0向CPU发出中断请求，当CPU响应TF0中断时，由硬件自动对TF0清零。也可以用程序查询TF0的状态或由软件对其清零。

6）TF1：定时/计数器1溢出中断请求标志位。其他同TF0类似。

（2）串行口控制寄存器SCON　SCON的字节地址为98H，SCON的低二位锁存串行口的接收中断和发送中断标志。

其格式如下：

	D7	D6	D5	D4	D3	D2	D1	D0
SCON							TI	RI
位地址							99H	98H

1）RI：串行口的接收中断请求标志位。当串行口允许接收时，每当接收完一帧串行数据后，由硬件对RI置位，即向CPU发出中断请求。与CPU响应外部中断和CPU响应定时/计数器中断不同的是，当CPU响应RI中断时，并不清除RI，因此必须在中断服务程序中用软件的方式对RI清零，可以用“CLR　RI”指令或“ANL　SCON，#FEH”指令来实现对RI清零。

2）TI：串行口的发送中断请求标志位。CPU将一个数据写入发送缓冲器SBUF时，就启动发送，每发送完一帧串行数据后，硬件就对TI置位，即串行口向CPU发出中断请求。同样当CPU响应中断时，并不清除TI，必须在中断服务程序中用软件的方式对TI清零，即在中断服务程序中加“CLR　TI”或“ANL　SCON，#FDH”等对TI清零的指令。

串行口的中断请求是由RI和TI相或以后产生的。SCON的其他各位将在串行口章节中讨论。

（3）中断允许控制寄存器IE　MCS－51系列单片机对中断源的开放或关闭，是由中断允许控制寄存器IE所控制的，IE的字节地址为A8H。

其格式如下：

	D7	D6	D5	D4	D3	D2	D1	D0
IE	EA	—	—	ES	ET1	EX1	ET0	EX0
位地址	AFH			ACH	ABH	AAH	A9H	A8H

1）EX0：外部中断0中断允许位。若EX0=1，则允许外部中断0中断；若EX0=0，则禁止外部中断0中断。

2）ET0：定时/计数器0中断允许位。若ET0=1，则允许定时/计数器0中断；若ET0=0，则禁止定时/计数器0中断。

3）EX1：外部中断1中断允许位。若EX1=1，则允许外部中断1中断；若EX1=0，则禁止外部中断1中断。

4）ET1：定时/计数器1中断允许位。若ET1=1，则允许定时/计数器1中断；若ET1=0，则禁止定时/计数器1中断。

5）ES：串行口中断允许位。若ES=1，则允许串行口中断；若ES=0，则禁止串行口中断。

6）EA：中断允许控制位。若EA=1，则CPU开放中断；若EA=0，则CPU禁止所有中断请求。

在MCS-51系列单片机中，复位以后，IE=00H，所以复位后中断是禁止的。可以通过“SETB　bit”和“CLR　bit”指令对上述各位进行设置，也可以通过其他指令来设置。

（4）中断优先级控制寄存器IP　MCS-51系列单片机有两级中断优先级，对于每个中断源都可以将其设定为高优先级中断或低优先级中断，可实现二级中断嵌套。一个正在被执行的低优先级中断服务程序能被高优先级中断源中断，但不能被另一个低优先级中断源中断。若CPU正在执行高优先级中断服务程序，则不能被任何中断源中断，一直执行到结束，遇到中断返回指令RETI，返回主程序后再执行一条指令才能响应新的中断源的中断请求。在MCS-51系列单片机的中断系统中，有两个不可寻址的优先级状态触发器，一个指出CPU是否正在执行高优先级中断服务程序，另一个指出CPU是否正在执行低优先级中断服务程序，前面一个触发器的1状态屏蔽所有的中断请求，后一个触发器的1状态屏蔽同一优先级的其他中断请求。

MCS-51系列单片机有一个中断优先级控制寄存器IP，用来设定中断源的优先级。IP的字节地址是B8H。

其格式如下：

	D7	D6	D5	D4	D3	D2	D1	D0
IP	—	—	—	PS	PT1	PX1	PT0	PX0
位地址				BCH	BBH	BAH	B9H	B8H

1）PX0：外部中断0优先级控制位。若PX0=1，则外部中断0被设定为高优先级中断；否则，外部中断0被设定为低优先级中断。

2）PT0：定时/计数器0中断优先级控制位。若PT0=1，则定时器/计数器0中断被设定为高优先级中断；否则定时器/计数器 0 中断被设定为低优先级中断。

3）PX1：外部中断 1 优先级控制位。若 PX1 =1，则外部中断 1 被设定为高优先级中断；否则外部中断 1 被设定为低优先级中断。

4）PT1：定时/计数器 1 中断优先级控制位。若 PT1 =1，则定时/计数器 1 中断被设定为高优先级中断；否则定时/计数器 1 中断被设定为低优先级中断。

5）PS：串行口中断优先级控制位。若 PS =1，则串行口中断设定为高优先级中断；否则串行口中断被设定为低优先级中断。

MCS-51 系列单片机复位后 IP =00H，因此复位后所有的中断都是低优先级中断。用户可以通过“SETB　bit”指令或其他指令对中断源设置其优先级。

如果 CPU 同时接收到几个同一优先级的中断请求，一个内部的查询序列已经确定了为哪个中断请求优先服务，在同一优先级里，由查询序列确定了优先级结构，其优先级别排列如下：

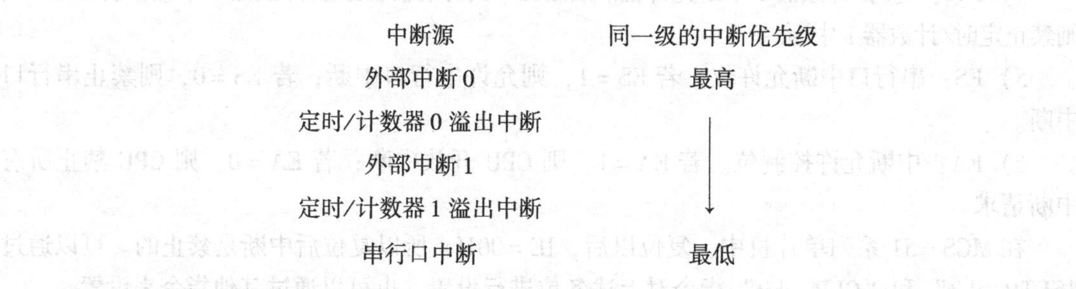

中断源	同一级的中断优先级
外部中断 0	最高
定时/计数器 0 溢出中断	↓
外部中断 1	
定时/计数器 1 溢出中断	
串行口中断	最低

2. 中断服务程序入口地址

当中断源发出中断请求时，TCON 或 SCON 的相应中断请求标志位就置“1”，CPU 检测到中断请求标志应为“1”，如果此时满足中断响应的所有条件，则 CPU 响应中断：先置位相应的优先级状态触发器（该触发器指出 CPU 开始处理的中断优先级别），然后执行一个硬件子程序调用，硬件子程序调用把 PC 的内容压入堆栈保护起来（但不保护累加器 A、程序状态字寄存器 PSW 及其他寄存器的内容），并对中断请求标志位清“0”（TI 和 RI 需要软件清“0”），然后转移到相应的中断服务程序入口处，执行相应的中断服务程序。各中断源中断服务程序的入口地址由系统硬件规定的，用户不能更改，具体如下：

中断源	中断服务程序入口地址
外部中断 0（$\overline{\text{INT0}}$）	0003H
定时/计数器 0 溢出中断（TF0）	000BH
外部中断 1（$\overline{\text{INT1}}$）	0013H
定时/计数器 1 溢出中断（TF1）	001BH
串行口中断（SI[⊖]）	0023H

处理程序从该地址开始，一直执行到 RETI 指令为止，当执行完 RETI 指令后，CPU 对

⊖ 当 TI 或 RI 两个信号中任一个有效时，SI 有效。SI 有效时，转入 0023H 地址，再在该中断服务程序中安排指令，识别 TI 还是 RI 有效，进行相应处理。

响应中断的优先级状态触发器清“0”，然后从堆栈中弹出原来压入堆栈保护起来的PC值，CPU从断点处重新执行原程序。

从上述入口地址看出，各中断服务程序的入口地址相隔仅8个单元，如果整个中断服务程序（含现场保护、现场恢复及中断返回等指令）的长度少于或等于8B，那么可以将这个中断服务程序存放在从入口地址开始的8个单元中；但如果中断服务程序的长度大于8B，那么通常这样处理：在入口地址处安排一条转移指令（LJMP不受限制可在64KB范围内转移，因此建议使用LJMP指令），而转移指令要跳转的地址才开始真正存放中断服务程序，在中断服务程序最后一条指令是RETI。如：

```
    ORG  001BH            ;001BH为TF1中断响应的中断服务程序入口地址
    LJMP  T1              ;TI为真正存放TF1中断服务程序的入口地址

    ORG  1000H
T1: ……
    RETI
```

中断服务程序主要包括现场保护、中断处理、现场恢复、中断返回等内容，现场保护指令（对应的现场恢复指令）视中断处理指令中对现场参数或状态影响多少来决定对哪些参数进行保护，如果在中断处理指令中变化的参数对原程序没有影响，则可以不需要现场保护指令。有多少条现场保护指令（PUSH），在现场恢复时就有对应数量的现场恢复指令（POP），PUSH指令与POP指令必须成对成嵌套安排，如对累加器A、数据指针DPTR、程序状态字寄存器PSW进行保护和恢复，可以安排为

```
PUSH   A
PUSH   DPH
PUSH   DPL
PUSH   PSW
 ⋮                  ;中断处理指令
POP    PSW
POP    DPL
POP    DPH
POP    A
RETI
```

如果是串行口发出的中断请求，必须对RI或TI进行清零，则在RETI指令前加上：

```
CLR  RI
```

或

```
CLR  TI
```

4.1.3　中断系统应用

1. 用汇编语言设计中断初始化程序和中断服务子程序

【例4-1】　图4-3所示为电加热锅炉控制工作原理图和单片机控制系统，当压力报警信号发出时，要求排气电磁阀通电，打开排气阀以减小蒸汽压力；当低水位限位信号发出时，

要求进水阀打开；当高水位限位信号发出时，要求进水阀关闭；当温度达到100℃时，关电加热丝；当温度低于95℃时，开电加热丝。用汇编语言编写实现上述功能的中断初始化程序和中断服务程序。

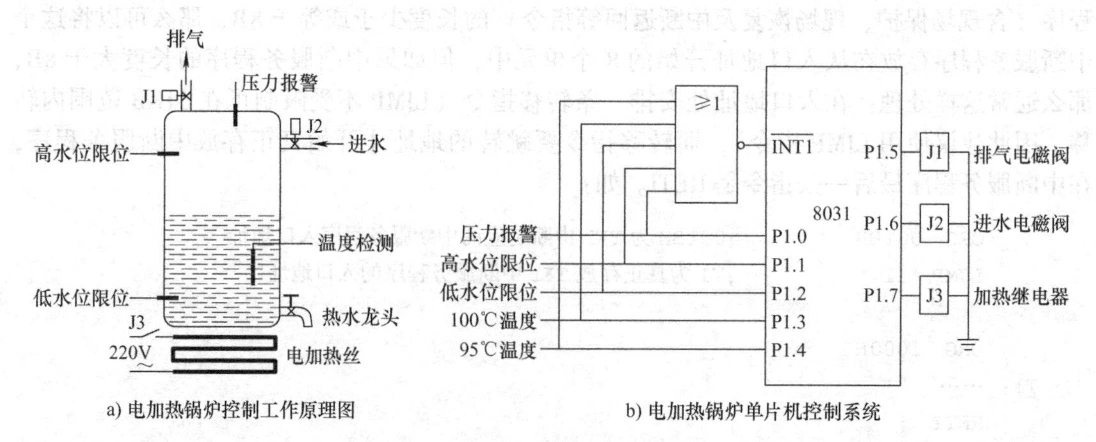

图4-3　电加热锅炉控制系统

【解】 题意分析：从图4-3中可以看出，该系统中有5个外部中断源，而单片机只有两个外部中断请求，一般情况下外部中断0作为电源断电的中断请求信号，设为高优先级中断，因此本系统中的5个中断源通过或非门共用外部中断1作为中断请求信号，其优先级设为低级优先级中断，5个中断源中哪个发生中断还需要通过查询程序进行判断，查询顺序的先后决定了这5个中断源的优先级高低，在同级情况下，先查询的优先级相对高，后查询的优先级相对低。程序如下：

```
        ORG    0000H
        LJMP   MAIN

        ORG    0013H
        LJMP   INTQ1

        ORG    0100H
MAIN：  SETB   EX0
        SETB   EX1
        SETB   EA
HALT：  SJMP   HALT

        ORG    1000H
INTQ1： JB     P1.0,PRESS
LOOP1： JB     P1.1,HIGH1
        JB     P1.2,LOW1
LOOP2： JB     P1.3,HEATOFF
        JB     P1.4,HEATON
        LJMP   LOOP3
PRESS： SETB   P1.5
```

```
          JB      P1.0,PRESS
          CLR     P1.5
          SJMP    LOOP1
   HIGH1: CLR     P1.6
          SJMP    LOOP2
    LOW1: SETB    P1.6
          SJMP    LOOP2
 HEATOFF: CLR     P1.7
          SJMP    LOOP3
  HEATON: SETB    P1.7
   LOOP3: RETI
        END
```

【例4-2】 图4-4所示为报警装置工作原理图，其控制状态为

(1) 正常状态：8个LED循环点亮。

(2) 报警状态：当开关S_0合上即发出中断请求时，8个LED中的低4位LED闪烁，同时P1.1发出音频信号驱动扬声器发出蜂鸣声。当开关S_0断开时，恢复正常状态。

要求：用汇编语言编写实现上述功能的中断初始化程序和中断服务程序。

【解】 程序如下：

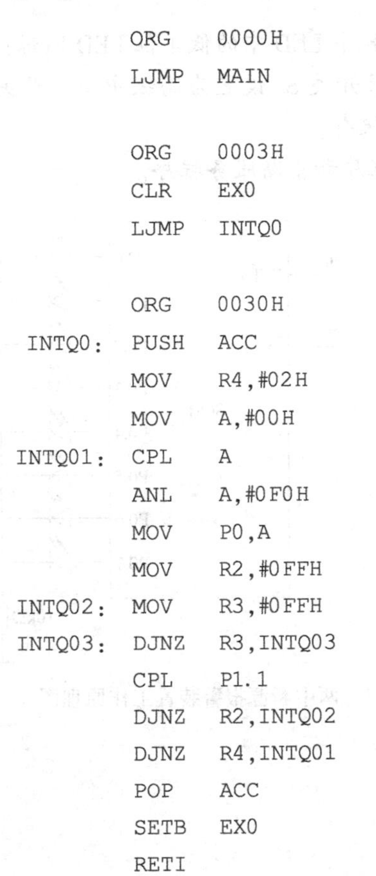

```
          ORG     0000H
          LJMP    MAIN

          ORG     0003H
          CLR     EX0
          LJMP    INTQ0

          ORG     0030H
   INTQ0: PUSH    ACC
          MOV     R4,#02H
          MOV     A,#00H
  INTQ01: CPL     A
          ANL     A,#0F0H
          MOV     P0,A
          MOV     R2,#0FFH
  INTQ02: MOV     R3,#0FFH
  INTQ03: DJNZ    R3,INTQ03
          CPL     P1.1
          DJNZ    R2,INTQ02
          DJNZ    R4,INTQ01
          POP     ACC
          SETB    EX0
          RETI
```

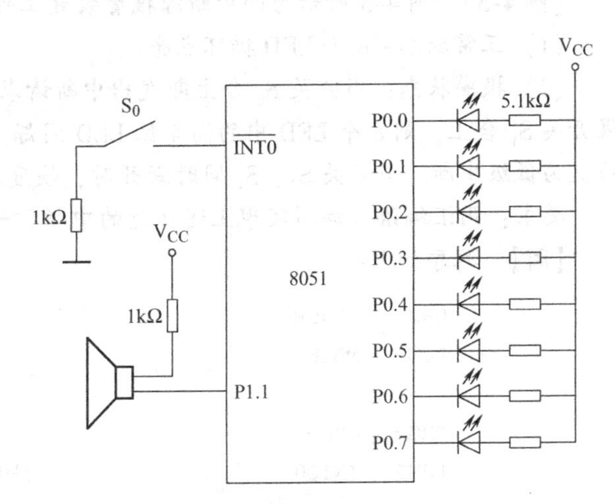

图4-4　报警装置工作原理图

```
          ORG    0100H
  MAIN:   MOV    TCON,#00H
          MOV    IE,#81H          ;设置 EX0 = 1,EX1 = 0,EA = 1
          CLR    P1.1
          MOV    A,#01H
 LOOP0:   MOV    P0,A
          LCALL  DELAY
          RL     A
          SJMP   LOOP0

          ORG    0150H
 DELAY:   MOV    R0,#0FFH
DELAY1:   MOV    R1,#0FFH
DELAY2:   DJNZ   R1,DELAY2
          DJNZ   R0,DELAY1
          RET
          END
```

【例 4-3】 图 4-5 所示为两中断源报警装置工作原理图，其控制状态为

(1) 正常状态：8 个 LED 循环点亮。

(2) 报警状态：当开关 S_0 合上即发出中断请求时，8 个 LED 中的低 4 位 LED 闪烁；如果开关 S_1 合上，则 8 个 LED 中的高 4 位 LED 闪烁。要求开关 S_0 设置为高级中断，开关 S_1 设置为低级中断。当开关 S_0、S_1 同时断开时，恢复正常状态。

要求：用汇编语言编写实现上述功能的中断初始化程序和中断服务程序。

【解】 程序如下：

```
          ORG    0000H
          LJMP   MAIN

          ORG    0003H
          LJMP   INTQ0

          ORG    0013H
          LJMP   INTQ1

          ORG    0030H
 INTQ0:   PUSH   A
          MOV    A,#00H
          MOV    R2,#02H
INTQ01:   CPL    A
          AND    A,#0FH
          MOV    P0,A
          LCALL  DELAY
```

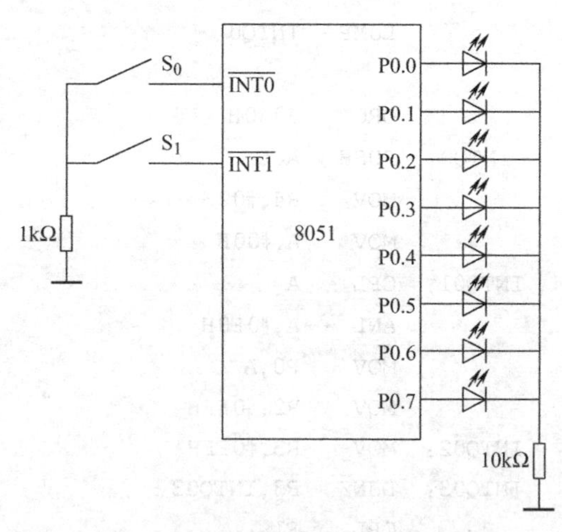

图 4-5　两中断源报警装置工作原理图

```
        DJNZ   R2,INTQ01
        POP    A
        RETI

        ORG    0060H
INTQ1:  PUSH   A
        MOV    A,#00H
        MOV    R3,#02H
INTQ11: CPL    A
        AND    A,#0F0H
        MOV    P0,A
        LCALL  DELAY
        DJNZ   R3,INTQ11
        POP    A
        RETI

        ORG    0100H
MAIN:   MOV    IE,#85H;            设置 EX0 =1,EX1 =1,EA =1
        SETB   PX0
        MOV    A,#01H
LOOP0:  MOV    P0,A
        LCALL  DELAY
        RL     A
        SJMP   LOOP0

        ORG    0150H
DELAY:  MOV    R0,#0FFH
DELAY1: MOV    R1,#0FFH
DELAY2: DJNZ   R1,DELAY2
        DJNZ   R0,DELAY1
        RET
        END
```

2. 用 C51 语言设计中断初始化程序和中断服务子程序

使用 C51 语言可以编写出更高效的中断服务程序，编译器在规定的中断源矢量地址中装入无条件转移指令，使 CPU 响应中断后自动地从矢量地址转到中断服务程序的实际地址，而无需用户去安排。

中断服务程序定义为函数，函数的完整定义格式如下：

```
返回值 函数名([参数]) interrupt n [using m]
```

说明 1："interrupt n" 不能省略，其中 "interrupt" 为关键词，表示将函数声明为中断服务函数；"n" 为中断源编号，为 0 ~4 的整数，分别代表中断源 $\overline{INT0}$、T0、$\overline{INT1}$、T1 和 SI；

说明 2："using m" 视具体情况可以使用，也可以省略，用来定义中断函数使用的当前工作寄存器区，m为0~3的整数，分别代表工作寄存器0~3区。中断服务函数退出时，原寄存器区恢复。选不同的当前工作寄存器区，即当前工作寄存器区切换，可以方便地实现寄存器的现场保护。

在C51语言程序中，被调用的函数必须放在调用的命令前面，下面的中断函数必须安排在主函数前面。

例如：

```
void int0(void) interrupt 0 using 2
    {
        语句块;
    }
```

【例4-4】 要求用C51语言编写实现例4-1功能的中断初始化程序和中断服务程序。

【解】

```
#include <reg51.h>
sbit P1_0 = P1^0;
sbit P1_1 = P1^1;
sbit P1_2 = P1^2;
sbit P1_3 = P1^3;
sbit P1_4 = P1^4;
sbit P1_5 = P1^5;
sbit P1_6 = P1^6;
sbit P1_7 = P1^7;
/*****************************
函数功能:外部中断1服务函数
*****************************/
void int1(void) interrupt 2 using 2
        {
          if(P1_0 ==1)
              P1_5 =1;
          else
              P1_5 =0;
          if(P1_1 ==1)
              P1_6 =0;
          if(P1_2 ==1)
              P1_6 =1;
          if(P1_3 ==1)
              P1_7 =0;
          if(P1_4 ==1)
              P1_7 =1;
        }
/*****************************
函数功能:主函数
```

```
*****************************/
void main(void)
  {
      EA=1;
      EX1=1;
      IT1=0;
      while(1);
}
```

【例4-5】 要求用C51语言编写实现例4-2功能的中断初始化程序和中断服务程序。

【解】

```
#include <reg51.h>
sbit p11 = P1^1;
sbit p32 = P3^2;

/*****************************
函数功能:外部中断0服务函数
*****************************/
void alarm(void) interrupt 0 using 1
        {
          unsigned int i,m,n,p;
          p=0x0f;
          while(p32==0)
              {
                  for(m=0;m<=500;m++)
                      {
                        for(n=0;n<=40;n++);
                        if(p11==0)
                            p11=1;
                        else
                            p11=0;
                      }
                  p^=0xof;
                  for(i=0;i<=20000;i++)
                          ;
                  P0=p;
              }
            p11=0;
        }
/*****************************
函数功能:主函数
*****************************/
void main(void)
  {
```

```
        unsigned int i,temp;
        EA =1;
        EX0 =1;
        IT0 =0;
        P11 =0;
        while(1)
            {
              temp =0x01;
              while(temp)
                {
                  P0 =temp;
                  for(i =0;i <=20000;i ++)
                        ;
                  temp =temp <<1;
                }
            }
    }
```

【例 4-6】 要求用 C51 语言编写实现例 4-3 功能的中断初始化程序和中断服务程序。

【解】

```
#include <reg51.h>
sbit p32 =P3^2;
sbit p33 =P3^3;
/ *****************************
函数功能:外部中断 0 服务函数
 *****************************/
void alarm0(void) interrupt 0 using 1
  {
      unsigned char,p;
      unsigned int i;;
      p =0x0f;
      while(p32 ==0)
        {
            p^ =0x0f;
            P0 =p;
            for(i =0;i <=20000;i ++);
        }
  }
/ *****************************
函数功能:外部中断 1 服务函数
 *****************************/
void alarm1(void) interrupt 2 using 2
  {
      unsigned char,p;
```

```
        unsigned int i;
        p = 0xf0;
        while(p33 == 0)
        {
                p^ = 0xf0;
                P0 = p;
                for(i = 0;i <= 20000;i ++);
            }
    }
/ ******************************
函数功能:主函数
******************************/
void main(void)
    {
        unsigned int i,temp;
        EA = 1;
        EX0 = 1;
        EX1 = 1;
        PX0 = 1;
        IT0 = 0;
        IT1 = 0;
        while(1)
            {
                temp = 0x01;
                while(temp)
                    {
                        P0 = temp;
                        for(i = 0;i <= 20000;i ++);
                            temp = temp << 1;
                    }
            }
      }
```

4.2　定时/计数器

在前面的例题中，如果要延时一段时间，我们采用的方法是用软件定时法，其中在汇编语言程序中一般采用调用延时子程序方法，而在 C51 语言程序中，我们采用调用函数的方法。使用软件定时的优点是方便简单，但其最大的缺点是定时时间不精确，因此只能用于对定时没有精度要求的场合。对于定时精确的场合，我们一般采用单片机内部定时器来实现精确定时。定时/计数器是单片机系统的重要组成部分，可以用来实现定时控制、延时控制、计数、信号测量等。在单片机系统中，定时/计数器还可以用作串行通信中的波特率发生器。

4.2.1 定时/计数器的结构

8031单片机和8051单片机有两个16位定时/计数器：定时/计数器0（T0）和定时/计数器1（T1）；8052单片机还增加了一个16位定时/计数器2（T2）。它们都具有定时和计数双重功能。其内部结构框图如图4-6所示。

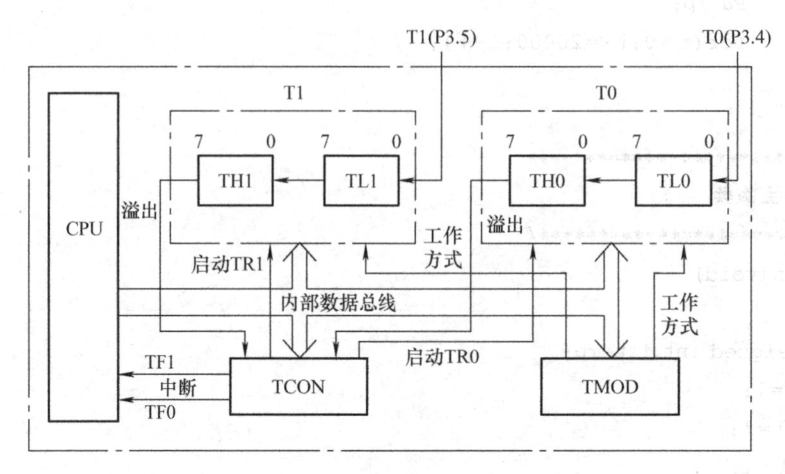

图4-6 定时/计数器内部结构框图

4.2.2 定时/计数器的方式选择寄存器和控制寄存器

在定时/计数器结构中，有两个寄存器：定时/计数器方式选择寄存器TMOD和定时/计数器控制寄存器TCON。

将控制字写入TMOD和TCON后，在下一条指令的第一个机器周期初（S1P1期间）就发生作用。

（1）定时/计数器方式选择寄存器TMOD 定时/计数器方式选择寄存器TMOD用于决定定时/计数器的工作方式，TMOD的地址为89H。

其格式如下：

	D7	D6	D5	D4	D3	D2	D1	D0	
TMOD	CATE	$C/\overline{T}$	M1	M0	CATE	$C/\overline{T}$	M1	M0	(80H)
	← 定时/计数器1方式字段 →				← 定时/计数器0方式字段 →				

1）GATE：选通门控制位。当GATE=0时，由控制位TRx启动定时/计数器x工作；当GATE=1时，由控制位TRx和$\overline{INTx}$共同启动定时/计数器x工作，其中TR0和$\overline{INT0}$启动T0工作，TR1和$\overline{INT1}$启动T1工作。

2）$C/\overline{T}$：定时/计数器选择位。当$C/\overline{T}=0$时，工作在定时器状态，此时采用内部时钟频率的12分频信号作为计数脉冲，也就是对机器周期进行计数，如果时钟频率为12MHz，则定时器的计数频率为1MHz；当$C/\overline{T}=1$时，工作在计数器状态，此时计数脉冲为来自外部T0（P3.4）和T1（P3.5）引脚的脉冲信号，当外部引脚T0或T1的信号发生负跳变时，计数器加1计数，最高的计数频率为时钟频率的1/24。

3）M1、M0：工作方式选择位。

① 当 M1M0 =00 时，为方式 0，13 位定时/计数器。

② 当 M1M0 =01 时，为方式 1，16 位定时/计数器。

③ 当 M1M0 =10 时，为方式 2，8 位自动重装定时/计数器。

④ 当 M1M0 =11 时，为方式 3，仅限于定时/计数器 0，定时/计数器分为两个 8 位的定时/计数器，其中 TL0 作为一个 8 位的定时/计数器，而 TH0 作为一个 8 位的定时器；当定时/计数器 0 工作在方式 3 时，定时/计数器 1 作为串行口波特率发生器。

（2）定时/计数器控制寄存器 TCON　定时/计数器控制寄存器 TCON 中的 6 位作为中断请求标志（见本章第一节内容），还有两位分别为定时/计数器 0 和定时/计数器 1 的启运控制位，以控制定时器运行。TCON 的字节地址为 88H。

其格式如下：

	D7	D6	D5	D4	D3	D2	D1	D0
TCON	TF1	TR1	TF0	TR0				
位地址	8FH	8EHC	8DH	8CH	8BH	9AH	89H	88H
	←T1 字段→		←T0 字段→		← 外部中断控制字段 →			

1）TF0 和 TF1 在本章第一节中介绍过。

2）TR0：定时/计数器 0 运行控制位。当 TR0 =0 时，无论 GATE 的状态如何，都将停止定时/计数器 0 工作；当 TR0 =1 时，如果 GATE =0，则允许定时/计数器 0 开始工作，如果 GATE =1，则 $\overline{INT0}$ =1 时，定时/计数器 0 开始工作，$\overline{INT0}$ =0 时，定时/计数器 0 禁止工作，具体见表 4-1。

3）TR1：定时/计数器 1 运行控制位，功能同 TR0 类似。

表 4-1　控制信号对定时/计数器工作状态的影响

TR0	GATE	$\overline{INT0}$	定时/计数器工作状态
0	×	×	禁止工作
1	0	×	开始工作
1	1	0	禁止工作
1	1	1	开始工作

用户可以通过软件对 TRx 进行置位或清零，达到控制定时/计数器开始工作或禁止工作的目的。

4.2.3　定时/计数器的工作方式

用户可以通过对 TMOD 写入方式字来选择定时/计数器的工作方式，通过将计数初值写入 THx 和 TLx 中确定定时时间或计数长度，通过对 TRx 置位或清零来实现启动或停止计数，CPU 即可读取 THx、TLx 和 TCON 的内容来查询定时/计数器的状态。

1. 方式 0

当 M1M0 为 00 时，定时/计数器工作在方式 0，这时为 13 位的定时/计数器，其工作结构如图4-7所示（以T0为例）。13位的定时/计数器由TL0的低5位与TH0的8位所组成。

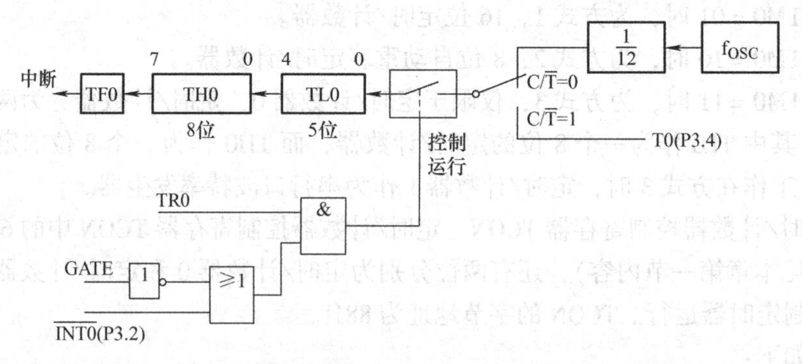

图4-7　定时/计数器0工作在方式0（13位定时/计数器）

当C/$\overline{T}$=0时，对时钟脉冲12分频后的脉冲信号进行计数，称为定时器方式；当C/$\overline{T}$=1时，对外部引脚T0（P3.4）的计数信号进行计数，称为计数器方式。

脉冲信号送到TL0，每输入一个脉冲信号TL0就加1，当TL0的低5位溢出时就向TH0进位，当TH0溢出时就向TF0进位，TF0为1，向CPU发出中断请求，如果中断允许，那么就进入中断响应。

当GATE=0时，则或门输出恒为1，因此定时/计数器0是否运行将取决于TR0，当TR0=0时，禁止运行，当TR0=1时，启动运行；当GATE=1时，或门的输出取决于$\overline{INT0}$，如果$\overline{INT0}$=0，则或门输出为0，禁止运行，如果$\overline{INT0}$=1且TR0=1，则启动运行。从图中也不难看出，当TR0=0时，都将禁止运行。

2. 方式1

当M1M0为01时，定时/计数器工作在方式1，这时为16位的定时/计数器，其工作结构如图4-8所示（仍以T0为例）。16位的定时/计数器由TL0的8位和TH0的8位构成，除此之外，方式1与方式0完全相同。这里不再介绍。

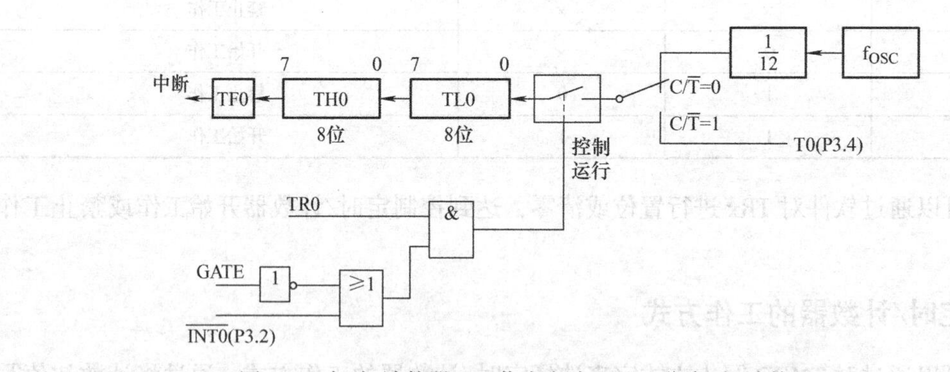

图4-8　定时/计数器0工作在方式1（16位定时/计数器）

3. 方式2

当M1M0为10时，定时/计数器工作在方式2，这时为8位自动重装的定时/计数器，其工作结构如图4-9所示（以T1为例）。

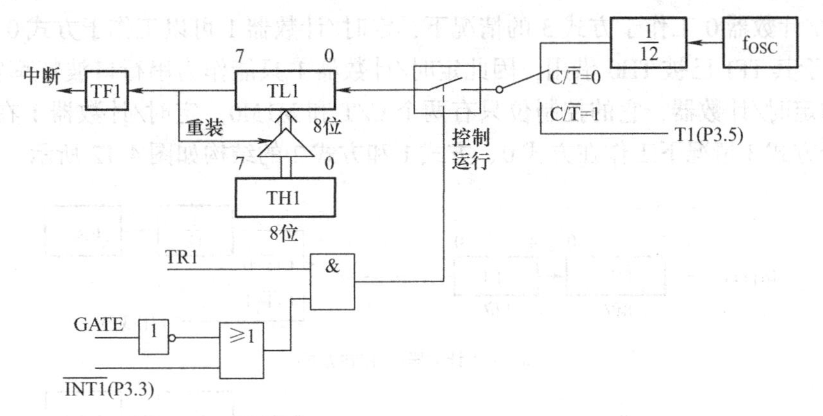

图 4-9 定时/计数器 1 工作在方式 2（8 位自动重装）

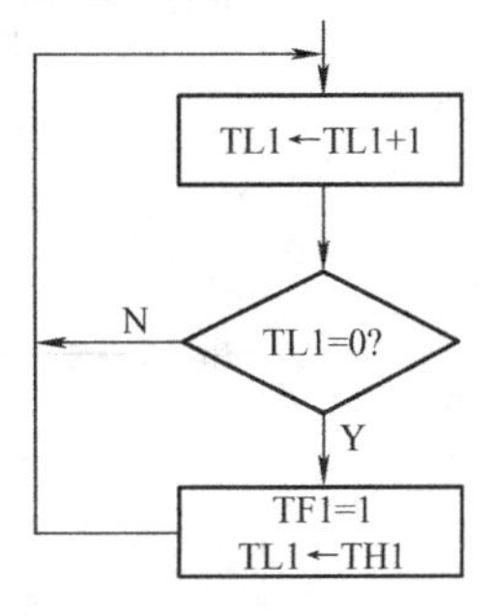

图 4-10 自动重装工作过程

工作在方式 2 时，TL1 作为 8 位定时/计数器，而 TH1 作为重装常数寄存器，由软件对初值进行预置。在工作时，当 TL1 溢出时，在向 TF1 进位的同时，自动将 TH1 中的常数送到 TL1 中，使 TL1 从初值开始重新定时/计数。由于省去了用户用软件重装常数的程序，因此可以产生相当精确的定时时间。其他控制位的功能与方式 0 相同。其工作过程如图 4-10 所示。

方式 0、方式 1 和方式 2 对于定时/计数器 1 而言，其工作结构和工作原理与定时/计数器 0 是完全相同的。

4. 方式 3

当 M1M0 为 11 时，定时/计数器 0 工作在方式 3，为两个 8 位的定时/计数器，而定时/计数器 1 没有方式 3。在定时/计数器 0 工作于方式 3 的情况下，定时/计数器 0 被分为两个独立的 8 位定时/计数器 TL0 和 TH0，其中 TL0 使用本身的控制位 GATE、C/$\overline{T}$、TF0、TR0 和$\overline{INT0}$，并占用 T0 的中断源，而 TH0 固定作为一个 8 位定时器（不能作为计数器），借用定时/计数器 1 的部分控制位 TR1 和 TF1，并占用 T1 的中断源。其工作结构如图 4-11 所示。

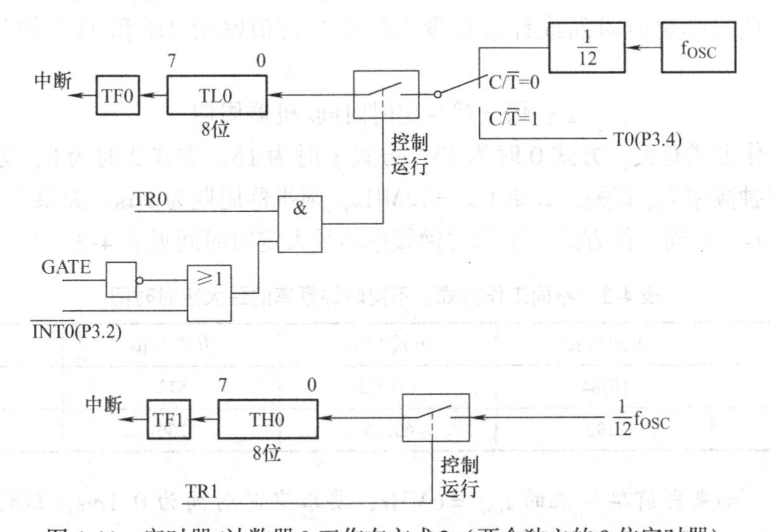

图 4-11 定时器/计数器 0 工作在方式 3（两个独立的 8 位定时器）

在定时/计数器0工作于方式3的情况下，定时/计数器1可以工作于方式0、方式1和方式2，由于其TF1已被TH0借用，因此定时/计数器1只能作为串行口波特率发生器或不需要中断的定时/计数器，它的控制位只有两个C/$\overline{T}$和M1M0。定时/计数器1在定时/计数器0工作于方式3情况下工作在方式0、方式1和方式2的结构如图4-12所示。

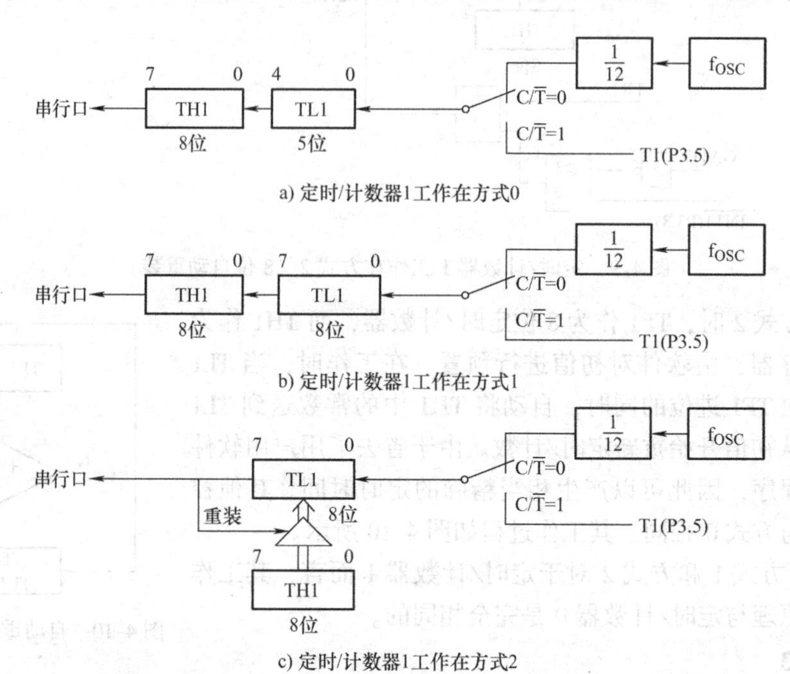

图4-12 定时/计数器0工作在方式3情况下定时/计数器1的不同工作方式

4.2.4 定时/计数器的初始化程序设计

1. 定时/计数器初值计算

由于MCS-51系列单片机的定时/计数器为加1计数器，当TF溢出时为定时时间到或计数正好，因此实际定时时间或计数长度不能作为初值赋给TH和TL，初值的计算公式应为

$$T初值=2^N-定时时间/机器周期 \tag{4-1}$$

式中，N与工作方式有关，方式0时为13，方式1时为16，方式2时为8，方式3时为8；机器周期与时钟频率f_{OSC}有关，如果$f_{OSC}=12MHz$，则机器周期为1μs，如果$f_{OSC}=6MHz$，则机器周期为2μs；不同工作方式、不同时钟频率的最大定时时间见表4-2。

表4-2 不同工作方式、不同时钟频率的最大定时时间

f_{OSC}/MHz	方式0/μs	方式1/μs	方式2/μs	方式3/μs
6	16384	131072	512	512
12	8192	65536	256	256

【例4-7】 如果当前单片机的$f_{OSC}=6MHz$，要求定时时间为0.1ms，试计算在方式0、方式1、方式2、方式3情况下的定时初值。

【解】 题意分析：由于 $f_{OSC}=6MHz$，所以机器周期为 2μs，定时时间为 0.1ms 即 100μs，并以 T0 为定时器。

(1) 方式0

T0 初值 $=2^{13}$ − 定时时间/机器周期

= 8192 − 100/2

= 8142

= 11111110 01110B

其中：低5位送 TL0，不足部分前面添0，即 TL0 = 00001110B = 0EH；而高8位送 TH0，即 TH0 = 11111110B = 0FEH，如果不足8位，则前面添0。

用 C51 语言设计程序时，在方式0时，可以用下列公式计算 TH0 和 TL0 中的初值：

TH0 = (8192 − 定时时间/机器周期)/32

TL0 = (8192 − 定时时间/机器周期)%32

因此：TH0 = (8192 − 100/2)/32 = 8142/32 = 254

TL0 = (8192 − 100/2)%32 = 14

(2) 方式1

T0 初值 $=2^{16}$ − 定时时间/机器周期

= 65536 − 100/2

= 65486

= 11111111 11001110B

= FFCEH

其中：低8位送 TL0，即 TL0 = 11001110B = 0CEH（这里的 0CEH 就是上面公式中低字节的 CEH）；而高8位送 TH0，即 TH0 = 11111111B = 0FFH，（这里的 0FFH 就是上面公式中高字节的 FFH）。

用 C51 语言设计程序时，在方式1时，可以用下列公式计算 TH0 和 TL0 中的初值：

TH0 = (65536 − 定时时间/机器周期)/256

TL0 = (65536 − 定时时间/机器周期)%256

因此：TH0 = (65536 − 100/2)/256 = 65486/256 = 255

TL0 = (65536 − 100/2)%256 = 206

(3) 方式2

T0 初值 $=2^{8}$ − 定时时间/机器周期

= 256 − 100/2

= 206

= 11001110B

= 0CEH

由于此方式下，需要自动重装常数，因此要求将初值分别送到 TL0 和 TH0 中，TL0 = 0CEH，TH0 = 0CEH。

用 C51 语言设计程序时，在方式2或方式3时，可以用下列公式计算 TH0 或 TL0 中的初值：

TH0(或 TL0) = 256 − 定时时间/机器周期

因此：TH0 = TL0 = 256 - 100/2 = 206

（4）方式3　T0工作在方式3时，初值的计算方法与方式2相同，但是方式2要将初值都送到TL0和TH0中，而在方式3下TL0和TH0被拆分成两个独立的定时/计数器，因此定时初值被分别计算，一个初值送到TL0，另一个初值送到TH0。

从例4-7中对方式0和方式1的计算中看出，将方式0计算的初值送到TL0和TH0时比较麻烦，必须根据二进制数划分出低5位，剩余的高位部分作为高8位，因此编程时要小心。在方式1时，可以将4位16进制数的高字节送到TH0中，而将低字节送到TL0中。同时在定时精度方面，方式1比方式0精度更高，因此建议使用方式1。

在选择工作方式时，要注意定时时间或计数个数是否超出范围，如果超出范围则应选择另外一种工作方式，如果定时时间超过方式1的定时范围，则应再使用一个寄存器来计数，每一次定时时间到则寄存器加1，直至寄存器的值到设定的值，说明要求的定时时间到，执行相应的指令。

2. 初始化程序设计步骤

（1）选择工作方式　应该根据定时时间、是否要求重复，合理选择工作方式，如果要求重复则选择方式2，其余建议用方式1；如果用于产生串行口波特率，则选择T1并工作在方式2。

（2）计算初值　根据选择的方式和式(4-1）计算初值。

（3）编制应用程序

1）定时/计数器初始化程序包含定义TMOD、将初值送TH和TL、设置中断以及启动定时/计数器运行等。

2）根据要求编制定时/计数器中断服务程序，注意是否需要重装定时初值。如果需要反复使用原定初值，且没有设定在方式2，则要在中断服务程序中对初值重新送入。

3）如果定时/计数器工作在计数方式，则T0和T1的计数信号分别来自引脚T0（P3.4）或T1（P3.5）。当然如果定时时间较长，已经超出方式1的定时时间范围，可以设定工作在计数方式，但从引脚T0（P3.4）或T1（P3.5）输入的外部信号不是一般的计数信号；而是精准的等宽脉冲信号；当然也可以将两个定时器合用组成定时较长的定时器。

3. 应用程序举例

【例4-8】　利用T0方式0定时方式，在P1.0引脚上输出周期为10ms的方波。设单片机的时钟频率 f_{OSC} = 12MHz。分别用汇编语言和C51语言设计程序以实现上述功能。

【解】　在P1.0引脚上输出周期为10ms的方波，只要使P1.0每隔5ms取反一次即可，因此定时时间为5ms。机器周期为1μs。

定时/计数器方式选择寄存器TMOD：没有用T1，因此TMOD高4位设为0000；启动T0运行不受 $\overline{INT0}$ 限制，因此GATE = 0；T0工作在定时方式，因此 $C/\overline{T}$ = 0；T0工作在方式0，因此M1M0 = 00；所以：TMOD = 00000000B = 00H。

T0的定时初值 = 2^{13} - 5ms/1μs = 8192 - 5000 = 3192 = $\underline{1100011}\ \underline{11000}$B

所以：TL0 = 00011000B = 18H，TH0 = 01100011B = 63H

则汇编语言程序如下：

```
        ORG 0000H                ;单片机复位后起始地址
```

```
        LJMP MAIN                   ;转主程序

        ORG 000BH                   ;T0 中断服务程序入口地址
        LJMP TF0Q0                  ;转 T0 真正的服务程序地址

        ORG 0100H
MAIN:   MOV TMOD,#00H               ;置 T0 方式字
        MOV TL0,#18H                 ;置初值
        MOV TH0,#63H
        SETB EA                     ;CPU 开中断
        SETB ET0                    ;T0 中断允许
        SETB TR0                    ;启动 T0 运行
        SJMP $                      ;转到本指令

        ORG 0200H                   ;真正的 T0 中断服务程序起始地址
TF0Q0:  MOV TL0,#18H                ;重装初值
        MOV TH0,#63H
        CPL P1.0                    ;从 P1.0 引脚上输出方波
        RETI                        ;中断返回
        END
```

用 C51 语言编写的程序如下：

```
#include <reg51.h>
sbit p10 = P1^0;
/ **********************************
函数功能:定时/计数器 0 服务函数
**********************************/
void timer0(void) interrupt 1 using 2
    {
        TH0 = (8192 -5000)/32;
        TL0 = (8192 -5000)% 32;
        p10 = ~p10;
    }
/ *****************************
函数功能:主函数
*****************************/
void main(void)
    {
        TMOD =0x00;
        TH0 = (8192 -5000)/32;
        TL0 = (8192 -5000)% 32;
        EA =1;
        ET0 =1;
```

```
        TR0 =1;
        while(1);
    }
```

在上述定时程序中，由于溢出后还要执行中断响应、长转移及重装初值等指令，使定时时间略有增加，不考虑T0中断时还有更高级中断和其他同级中断正在处理以及执行长指令等因素，这些指令将占用8个机器周期（中断响应2个机器周期、长转移指令2个机器周期、两条重装初值指令为4个机器周期），因此在重装初值时，可以缩短8个机器周期（或减少8μs），在上面程序中TL0为20H（注意定时时间缩短，初值应增大，是加1计数器）。

【例4-9】 例4-8用定时/计数器1，工作在方式1，采用定时器溢出中断方式，试分别用汇编语言和C51语言编写主程序和中断服务程序以实现上述功能。设 $f_{osc}=6MHz$。

【解】 TMOD = 00010000B = 10H

T1初值 $=2^{16}-5ms/2\mu s=65536-2500=63036=1111011000111100B=0F63CH$

即TL1 = 3CH，TH1 = 0F6H

汇编语言程序如下：

```
        ORG 0000H              ;单片机复位后起始地址
        LJMP MAIN              ;转主程序

        ORG 001BH              ;T1 中断服务程序入口地址
        LJMP TF1Q              ;转 TF1 真正的服务程序地址

        ORG 0100H
MAIN:   MOV TMOD,#10H          ;置 T1 方式字
        MOV TL1,#3CH           ;置初值
        MOV TH1,#0F6H
        SETB EA                ;CPU 开中断
        SETB ET1               ;T1 中断允许
        SETB TR1               ;启动 T1 运行
HALT:   SJMP HALT              ;等待中断

        ORG 0200H              ;真正的 T1 中断服务程序起始地址
TF1Q:   MOV TL0,#3CH           ;重装初值
        MOV TH0,#0F6H
        CPL P1.0               ;从 P1.0 引脚上输出方波
        RETI                   ;中断返回
        END
```

C51语言程序如下：

```
#include <reg51.h>
sbit p10 = P1^0;
/ ***********************************
函数功能:定时/计数器 1 服务函数
```

```
****************************************/
void timer1(void) interrupt 3 using 2
    {
        TH1 = (65536 - 5000/2)/256;
        TL1 = (65536 - 5000/2)% 256;
        p10 = ~p10;
    }
/ *****************************
函数功能:主函数
*****************************/
void main(void)
    {
        TMOD =0x10;
        TH1 = (65536 - 5000/2)/256;
        TL1 = (65536 - 5000/2)% 256;
        EA =1;
        ET1 =1;
        TR1 =1;
        while(1);
    }
```

【例4-10】 将引脚T1（P3.5）作为外部计数脉冲的输入端，测量10s的输入脉冲数，结果存放在内存40H和41H中，其中41H存放高8位，40H存放低8位。分别用汇编语言和C51语言设计程序以实现上述功能。系统时钟频率为12MHz。

【解】 题意分析：由于计数脉冲来自T1（P3.5），所以应将定时/计数器1作为计数器，并且工作方式设置为方式1，计数初值为0000H；同时本题中还要定时10s，因此用定时/计数器0作为定时器，工作方式设定为方式1，由于在方式1、时钟频率为12MHz的情况下，最大的定时时间为65536μs，因此设定定时时间为50ms，定时/计数器0中断200次即定时时间到，停止计数，按要求保存数据。

TMOD =01010001B =51H

定时/计数器1初值：TL1 =TH1 =00H

定时/计数器0初值：65536 -50000 =15536 =3CB0H，TH0 =3CH，TL0 =0B0H

汇编语言程序如下：

```
        ORG 0000H
        LJMP MAIN

        ORG 000BH
        LJMP TF0Q0

        ORG 0100H
MAIN:   MOV TMOD,#51H
        MOV TL1,#00H
```

```
        MOV TH1,#00H
        MOV TH0,#3CH
        MOV TL0,#0B0H
        MOV R0,#00H
        SETB EA
        SETB ET0
        SETB TR0
        SETB TR1
 LOOP:  SJMP LOOP

        ORG 0200H
TF0Q0:  MOV TH0,#3CH
        MOV TL0,#0B0H
        INC R0
        CJNE R0,#0C8H,TF0Q01
        CLR TR1
        CLR TR0
        MOV 40H,TL1
        MOV 41H,TH1
TF0Q01: RETI
        END
```

C51 语言程序如下：

```
#include <reg51.h>
#include <absacc.h>
/*********************
DATA 区声明
*********************/
unsigned char data system_status =0;
unsigned int data unit[2];
char data inp_string[16];
int i;
/**********************************
函数功能:定时/计数器 0 服务函数
**********************************/
void timer0(void) interrupt 1 using 1
   {
        TH0 =0x3C;
        TL0 =0xB0;
        ++i;
        if(i ==200)
          {
            TR1 =0;
```

```
    TR0 =0;
    DBYTE[0x40] =TL1;      将 TL1 中的数据保存在内存 40H 单元中
    DBYTE[0X41] =TH1;      将 TH1 中的数据保存在内存 41H 单元中
   }
  }
/ ***********************
函数功能:主函数
***********************/
void main(void)
  {
    i =0;
    TMOD =0x51;
    TH1 =0x00;
    TL1 =0x00;
    TH0 = (65536 -50000)/256;
    TL0 = (65536 -50000)% 256;
    EA =1;
    ET0 =1;
    TR1 =1;
    TR0 =1;
    while(1);
  }
```

4.3 习题

1. 什么叫中断？为什么要采用中断方式？

2. 中断响应的条件有哪些？简述中断的响应步骤。

3. 什么叫中断嵌套？

4. 在 MCS－51 系列单片机系统中，有哪些中断源？响应这些中断的服务程序入口地址分别是多少？在汇编语言程序设计中，如果中断服务程序的字节数大于 8B，应如何合理安排中断服务程序？

5. 如果当前单片机系统只允许开放$\overline{INT0}$和 T0 中断源，且要求$\overline{INT0}$为高级中断源，应如何设置 IP 和 IE 的值？

6. 将$\overline{INT0}$和 TF1 中断源设置为高级优先级中断源，其余为低级优先级中断源，当 8051 单片机的 5 个中断源都允许中断且 CPU 开放中断时，如果这 5 个中断源同时发出中断请求，请排列 CPU 响应它们的先后顺序。

7. 在 C51 语言程序中，对于 51 系列单片机的 5 个中断源，中断函数定义格式有何不同？

8. 定时/计数器 0 和定时/计数器 1 各有几种工作方式？简述各工作方式的含义。

9. 已知单片机系统时钟频率 f_{OSC} = 12MHz，若要求定时时间分别为 0.1ms、1ms、10ms，定时器0分别工作在方式0、方式1、方式2下，分别用汇编语言和C51语言计算定时初值TH0、TL0。

10. 要求在P1.7引脚输出周期为20ms的方波。设单片机系统时钟频率 $f_{OSC}=12MHz$。分别用汇编语言和C51语言编写定时/计数器的初始化程序和中断服务程序。

11. 要求将定时/计数器T0和T1的外部信号输入端P3.4和P3.5作为新增的两个外部中断请求信号，如何设置计数初值?

12. 要求在P1.0引脚上输出图4-13所示的波形。试用汇编语言和C51语言编写定时/计数器初始化程序和中断服务程序。

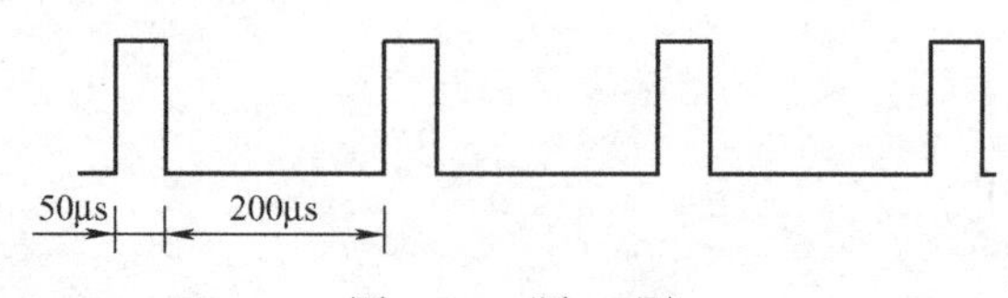

图4-13 题12图

13. 要求当T1计满100个外部输入脉冲后，使P0口输出0FFH的数据，并停止计数。试用C51语言编写初始化程序和中断服务程序。

14. 图4-14为一个道路交通指示灯系统和8051系统工作原理图，其中R、Y、G分别代表红灯、黄灯和绿灯。工作过程：南北向红灯（东西向绿灯）亮30s→南北向红灯和黄灯（东西向绿灯和黄灯）亮5s→南北向绿灯（东西向红灯）亮20s→南北向绿灯和黄灯（东西向红灯和黄灯）亮5s→南北向红灯（东西向绿灯）亮30s……如此循环。试用C51语言或汇编语言编制该程序。

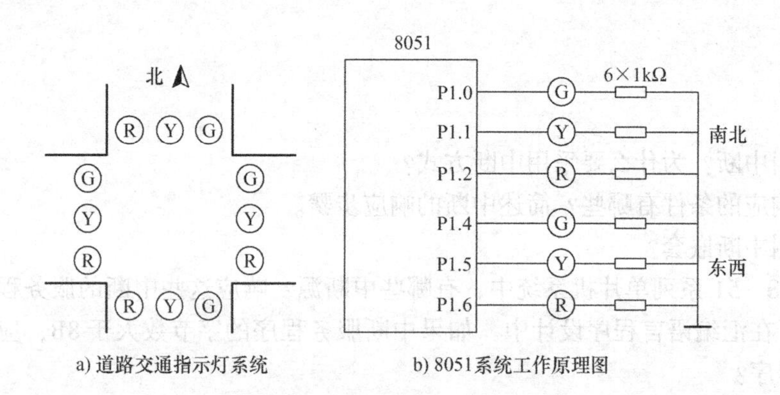

a) 道路交通指示灯系统　b) 8051系统工作原理图

图4-14 题14图

第5章

存储器扩展技术

本章摘要

本章主要介绍半导体存储器的分类、程序存储器和数据存储器的扩展技术，要求重点掌握扩展存储器地址分配的分析，为分析端口地址和外围接口电路地址打下基础。

5.1 半导体存储器的分类

存储器按它的存储介质的不同，可分为半导体存储器、磁心存储器、电耦合存储器，目前计算机内部均采用半导体存储器。目前常见的半导体存储器有随机存取存储器、只读存储器以及串行存储器。

5.1.1 随机存取存储器

随机存取存储器（Random Access Memory）简称 RAM，在单片机系统中用于存放可随时修改的数据，因此在单片机领域中也常称之为数据存储器。对 RAM 既可以进行写操作，又可以进行读操作。但 RAM 是易失性存储器，掉电后所存储的信息立即消失，因此单片机系统需要配有掉电保护电路，以便及时提供备用电源，来保护存储信息。

按半导体工艺不同，RAM 分为 MOS 型和双极型两种。MOS 型集成度高、功耗低，价格低廉，但速度较慢；双极型的特点则正好相反。MOS 型 RAM 的输入输出信号可以与 TTL 兼容，所以在扩展中信号连接很方便，单片机系统大多数使用 MOS 型 RAM。

按工作方式不同，RAM 又可分为静态 RAM（Static Random Access Memory，SRAM）和动态 RAM（Dynamic Random Access Memory，DRAM）两种，对于 RAM 而言，只要不断电，所存的信息就不会丢失，但断电后信息立即丢失，而且无法再恢复。静态 RAM 只要加上电源，所存信息就能可靠保存。而动态 RAM 是利用 MOS 存储单元分布电容上的电荷来存储一个数据，由于电容电荷会泄漏，为了保持信息不丢失，动态 RAM 就需要不断周期性地对其刷新。这种结构的存储单元所需要的 MOS 管较少，因此动态 RAM 的集成度高，功耗小，价格低。使用动态 RAM 时需要另外增加一个刷新电路，如果在小系统中采用动态 RAM，反而使成本提高，同时使系统复杂化，故动态 RAM 一般用于大容量系统中。

5.1.2 只读存储器

只读存储器（Read Only Memory）简称 ROM，在单片机系统中用于存放程序、常数和表格常数等，因此在单片机领域中也称为程序存储器。

只读存储器中的信息一旦写入之后就不能随意更改，特别是不能在程序运行过程中随意写入新的内容，而只能读取存储单元内容，故称为“只读存储器”。只读存储器是由 MOS 管阵列构成的，以 MOS 管的接通或断开来存储二进制信息。按照程序要求确定 ROM 存储阵列中各 MOS 管状态的过程叫作 ROM 编程。根据编程方式的不同，只读存储器共分为以下五种：

(1) 掩膜型 ROM　掩膜型 ROM 简称为 ROM，其编程由半导体存储器制造厂家完成，即在生产过程中进行编程。因为编程是以掩膜工艺实现的，所以称之为掩膜型 ROM。掩膜型 ROM 制造完成后，用户不能更改其内容。这种 ROM 芯片存储结构简单，集成度高，但由于掩膜工艺成本高，因此只适合于大批量生产。

(2) 可编程只读存储器　可编程只读存储器即 PROM，这种芯片出厂时并没有任何程序信息，其程序是在开发时由用户写入。但这种 ROM 芯片只能写一次，其程序一旦写入就不能再进行修改。

(3) 可擦编程只读存储器　可擦编程只读存储器即 EPROM，这种芯片的内容也由用户写入，但允许进行多次擦除和重新写入。

EPROM 芯片外壳上方的中央有一个透明圆形窗口，紫外线通过窗口照射一定时间就可以擦除原有信息。由于太阳光线中有紫外线成分，因此只要揭去圆形窗口上的标签，让芯片暴露在太阳光下就可以擦除其中信息。所以程序写好后要用不透明的标签贴封窗口，以避免因阳光照射而破坏程序。

(4) 电擦除可编程只读存储器　电擦除可编程只读存储器即 EEPROM（也可写成 E^2PROM），它是一种用电信号编程也用电信号擦除的 ROM，可以通过读写操作对存储单元逐个读出和写入，读写操作与 RAM 几乎没有什么差别，所不同的只是写入速度慢一些，但能够在断电后保存信息，保存信息可长达 20 年之久。

(5) 闪速存储器　闪速存储器（Flash Memory）又称 PEROM，是在 EPROM 和 E^2PROM 的基础上发展起来的一种只读存储器，读写速度均很快，存取时间可达 70ns，存储容量可达 2～16KB，近期甚至有 16～64MB 的芯片出现。这种芯片的可改写次数可以从 1 万次到 100 万次。闪速存储器具有掉电后信息保留的特点，可以在线写入，自动覆盖以前内容，且可以按页连续字节写入。

5.1.3 串行存储器

(1) 串行存储器概念　串行存储器是一种采用 CMOS 工艺制成的电擦除可编程只读存储器。近年来，基于 I^2C 总线的各种串行 E^2PROM 的应用日渐增多，如二线制的 24C××系列产品，主要有 24C02、24C04、24C08、24C16、24C32，容量分别对应于 256B/512B/1KB/2KB/4KB×8 位；三线制的 93C××系列产品，主要有 93C06、93C46、93C56、93C66，容量分别对应于 64B/128B/256B/512B×8 位。它们具有一般并行 E^2PROM 的特点，但以串行的方式访问，价格低廉。

(2) 24C02 串行 E^2PROM　24C02 的引脚如图 5-1 所示。

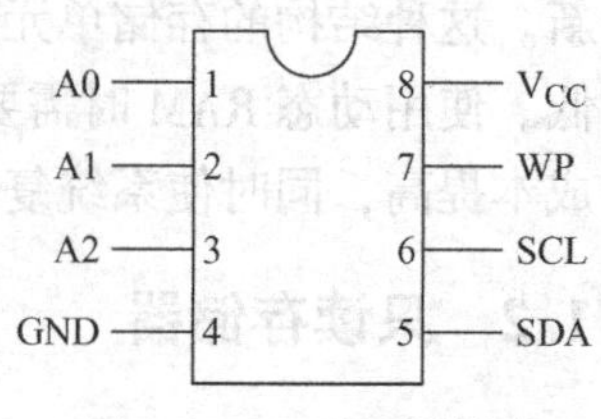

图 5-1　24C02 引脚图

其中：

1）SCL：串行时钟输入端，用于对输入数据和输出数据的同步，写入串行 E^2PROM 的数据用其上升沿同步，输出数据用其下降沿同步。

2）SDA：串行数据输入/输出端，为串行数据双向输入/输出线，漏极开路驱动，可以与任何数量的其他漏极开路或集电极开路的器件“线或”连接。

3）WP：写保护端，用于硬件数据保护，当其接地时，可以对整个存储器进行正常的读/写操作；当其接电源 V_{CC}时，芯片就具有数据写保护功能，被保护部分的读操作不受影响，实际上这时被保护部分就可以作为串行只读存储器使用。

4）A0、A1、A2：片选或页面选择地址输入端。

5）V_{CC}：接 +5V 电源电压。

6）GND：接地端。

24C02 与 8051 单片机的连接电路如图 5-2 所示。

（3）93C46 串行 E^2PROM　93C46 的引脚如图 5-3 所示。

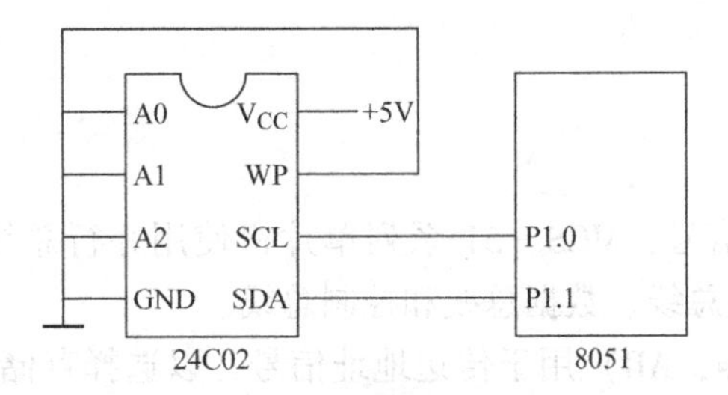

图 5-2　24C02 与 8051 单片机的连接电路

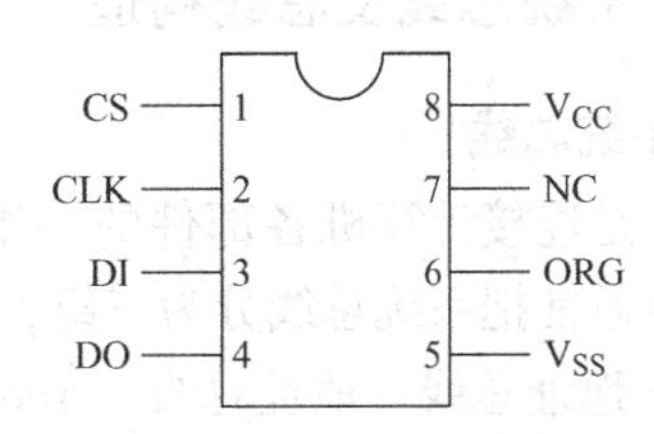

图 5-3　93C46 引脚图

其中：

1）CS：片选信号端，高电平有效。

2）CLK：串行时钟输入端，作为 CPU 与串行 E^2PROM 之间通信的同步信号。操作码、地址和输入数据位都是在时钟脉冲的上升沿有效，输出数据位也是在时钟脉冲的上升沿有效。

3）DI：数据输入端；

4）DO：数据输出端；

5）NC：不用连接。

6）ORG：组织结构选择输入端，ORG 接 V_{CC}时内部存储结构是 16 位为一个单元，ORG 接 V_{SS}时内部存储结构是 8 位为一个单元，ORG 悬空不接时内部存储结构是 16 位为一个单元。

93C46 与 8051 单片机的连接电路如图 5-4 所示。

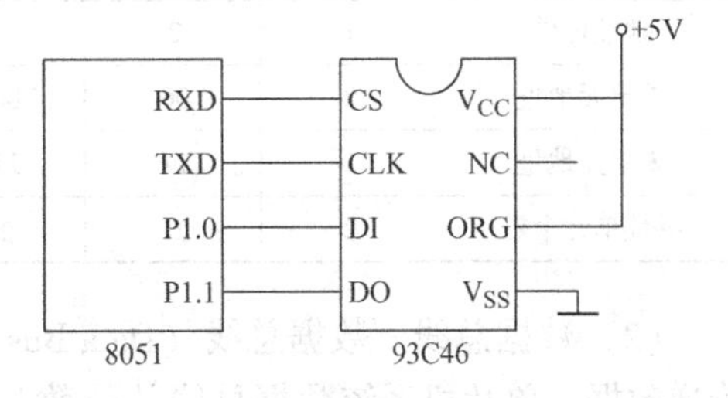

图 5-4　93C46 与 8051 单片机的连接电路

5.2　程序存储器扩展

单片机最小应用系统只能适用于一般简单的应用，而较为复杂的应用，最小应用系统就无能为力了。为了适用于较为复杂的应用，必须对单片机进行一些扩展，如扩展程序存储器、数据存储器和 I/O 口等，本节介绍程序存储器的扩展。

5.2.1 单片机扩展系统结构

MCS－51系列单片机扩展系统结构示意图如图5-5所示，其扩展包括ROM、RAM和I/O接口电路等，通过总线把各扩展部件连接起来，进行数据、地址和信号的传送。

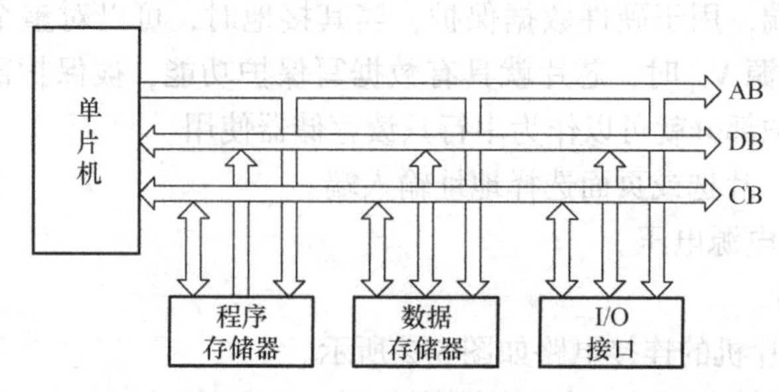

图5-5 MCS－51系列单片机扩展系统结构示意图

5.2.2 系统总线及总线构造

1. 系统总线

总线是连接计算机各部件的一组公共信号，MCS－51系列单片机使用并行总线结构，按其功能通常把系统总线分为三组，即地址总线、数据总线和控制总线。

（1）地址总线 地址总线（Address Bus，AB）用于传送地址信号，以选择存储单元和I/O端口。地址总线是单向的，只能由单片机向外送出地址信号。

地址总线的数目决定着可直接访问的存储单元的数目，例如n位地址，可以产生2^n个连续地址编码，因此可访问2^n个存储单元，即通常所说的寻址范围为2^n地址单元，地址位数与寻址单元个数对照见表5-1。MCS－51系列单片机地址总线有16条地址线，因此存储器最多可扩展64KB，即2^{16}个单元。

表5-1 地址位数与寻址单元个数对照

地址位数	1	2	3	4	…	12	16
首单元地址	0	00	000	0000	…	00…00	00…00
末单元地址	1	11	111	1111	…	11…11	11…11
寻址单元个数	2	2^2	2^3	2^4	…	2^{12}	2^{16}

（2）数据总线 数据总线（Data Bus，DB）用于在单片机与存储器、I/O端口之间相互传递数据。单片机系统数据总线的位数与单片机处理数据的字长一致。MCS－51系列单片机是8位单片机，即字长为8位，所以数据总线为8位总线。数据总线可以进行两个方向的数据传送，是双向总线。

（3）控制总线 控制总线（Control Bus，CB）是一组控制信号线，其中有从单片机发出的单向线，也有其他部件回送给单片机的单向线，任意一根是单向的，作为一组总线就包括两个方向，因此也称为准双向总线。

2. 总线构造

（1）P0口作为低8位地址线/数据线 MCS－51系列单片机的P0口分时提供低8位地

址信号和数据信号，在扩展系统中，要将 P0 口传送的信号进行分离，以便构成 16 位地址信号。因此在系统结构中，需要增加一个 8 位锁存器，先由锁存器将地址总线中的低 8 位地址信号锁存，锁存器的输出作地址线 A7 ~ A0，其后 P0 口作为数据线使用。

根据 CPU 时序得知，P0 口输出有效低 8 位地址信号时，ALE 信号正好处于正脉冲顶部到下降沿时刻。通常选用高电平或下降沿为有效选通信号的锁存器作为地址锁存器，如 74LS273、74LS373，否则需经过反相后再作为选通信号。

（2）以 P2 口作为高位地址线　P2 口在整个机器周期内提供的都是高 8 位地址信号，与低 8 位地址信号一并构成 16 位地址信号，使单片机扩展系统寻址范围达到 64KB。

但实际应用系统中，高位地址线并不固定使用全部 8 位，而是根据实际情况从 P2 口连接所需的几位口线。剩下的或悬空或经译码器后作为片选信号线，也可直接用作片选信号线。

（3）控制信号　MCS - 51 系列单片机提供了一些控制信号线，来构成扩展系统的控制总线。其中主要是：

1）ALE：地址锁存的选通信号。

2）$\overline{\text{PSEN}}$：外部 ROM 的读选通信号。

3）$\overline{\text{EA}}$：内部、外部 ROM 的选择信号。

4）$\overline{\text{RD}}$：外部数据存储器和 I/O 端口的读选通信号。

5）$\overline{\text{WR}}$：外部数据存储器和 I/O 端口的写选通信号。

5.2.3 译码器与片选方法

在扩展存储器时，根据应用系统的需要，可能需要一片或多片存储器芯片。存储器芯片的地址线数是与其容量相对应的，在地址线连接时，通常 P2 口高 8 位地址线会多出几位，这些剩余的高位地址线通常用来作为存储器芯片的片选信号线。产生片选信号有两种方法：线选法和译码法。线选法是将剩余的高位地址线中的一位地址线直接（或经过反相器）加到存储器芯片的片选端，它有连接简便的优点，但存在地址重叠区、占据地址资源多的缺点。译码法是将余下的高位地址线经译码器后作为存储器芯片的片选信号线，译码法有部分译码法和全译码法。部分译码法是将余下的高位地址线部分进行译码产生片选信号线，这种方法也会产生地址空间重叠现象；而全译码法是将余下的高位地址线全部进行译码产生存储器的片选信号，这种方法可以消除地址空间重叠现象。

在译码法中常用的译码器芯片有 74LS139（双 2 - 4 译码器）和 74LS138（3 - 8 译码器）等。

（1）74LS139 译码器　74LS139 片中共有两个 2 - 4 译码器，其引脚图如图 5-6 所示。

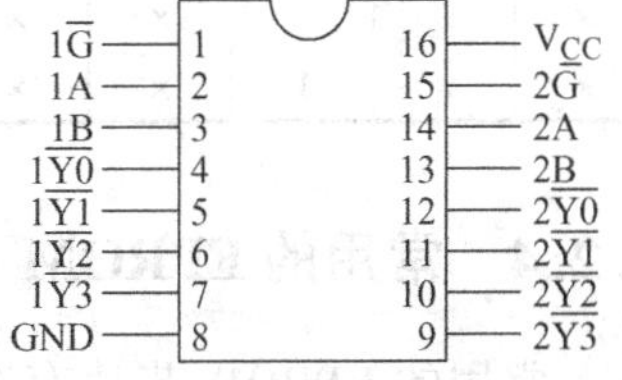

图 5-6　74LS139 译码器引脚图

其中：$\overline{\text{G}}$ 为使能端，低电平有效；A、B 为选择端，即译码输入端，控制译码输出的有效性；1 $\overline{\text{Y0}}$ ~ 1 $\overline{\text{Y3}}$、2 $\overline{\text{Y0}}$ ~ 2 $\overline{\text{Y3}}$ 为译码输出端，低电平有效。

使能端有效时，74LS139 对两个选择端译码后可能有 4 种不同的输出状态，其真值表见表 5-2。

表 5-2　74LS139 真值表

输入端			输出端			
使能端	选择端		$\overline{Y0}$	$\overline{Y1}$	$\overline{Y2}$	$\overline{Y3}$
$\overline{G}$	B	A				
1	×	×	1	1	1	1
0	0	0	0	1	1	1
0	0	1	1	0	1	1
0	1	0	1	1	0	1
0	1	1	1	1	1	0

（2）74LS138 译码器　74LS138 是 3－8 译码器，即对 3 个输入信号进行译码，得到 8 个输出状态。74LS138 的引脚排列如图 5-7 所示。

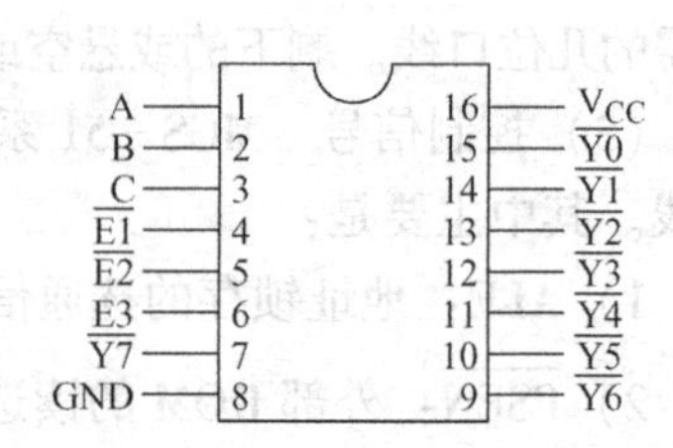

图 5-7　74LS138 译码器引脚图

其中：$\overline{E1}$、$\overline{E2}$、E3 为使能端，用于引入控制信号，$\overline{E1}$、$\overline{E2}$低电平有效，E3 高电平有效；A、B、C 为选择端，即译码器信号输入端；$\overline{Y7}$～$\overline{Y0}$为译码输出端，低电平有效。

74LS138 的真值表见表 5-3。

表 5-3　74LS138 真值表

输入端						输出端							
使能端			选择端			$\overline{Y0}$	$\overline{Y1}$	$\overline{Y2}$	$\overline{Y3}$	$\overline{Y4}$	$\overline{Y5}$	$\overline{Y6}$	$\overline{Y7}$
E3	$\overline{E2}$	$\overline{E1}$	C	B	A								
1	0	0	0	0	0	0	1	1	1	1	1	1	1
1	0	0	0	0	1	1	0	1	1	1	1	1	1
1	0	0	0	1	0	1	1	0	1	1	1	1	1
1	0	0	0	1	1	1	1	1	0	1	1	1	1
1	0	0	1	0	0	1	1	1	1	0	1	1	1
1	0	0	1	0	1	1	1	1	1	1	0	1	1
1	0	0	1	1	0	1	1	1	1	1	1	0	1
1	0	0	1	1	1	1	1	1	1	1	1	1	0
0	×	×	×	×	1	1	1	1	1	1	1	1	1
×	1	×	×	×	1	1	1	1	1	1	1	1	1
×	×	1	×	×	1	1	1	1	1	1	1	1	1

5.2.4　常用的 EPROM

常用的 EPROM 芯片有 27 系列的 2716（2K×8bit）、2732（4K×8bit）、2764（8K×8bit）、27128（16K×8bit）、27256（32K×8bit），27 为系列号，后面的数字表示芯片的容量，其中 2K、4K、8K 等代表有多少个存储单元，也说明了地址线有多少根，而 8bit 代表一个单元存放 8 位二进制数，也说明数据线有 8 根，如果是 4bit 则说明一个存储单元存放 4 位二进制数，数据线只有 4 根。下面介绍 2732 和 2764 芯片。

2732 和 2764 的引脚图如图 5-8 所示。

各引脚的功能如下：

A0～A12：地址线（2732 地址线为 12 位，即 A0～A11）；O0～O7：数据线；$\overline{OE}$：数据允许输出端，低电平有效；$\overline{CE}$：片选信号输入端，低电平有效；V_{CC}：电源端（+5V）；GND：接地端；PGM：编程脉冲输入端；V_{PP}：编程电源输入端。

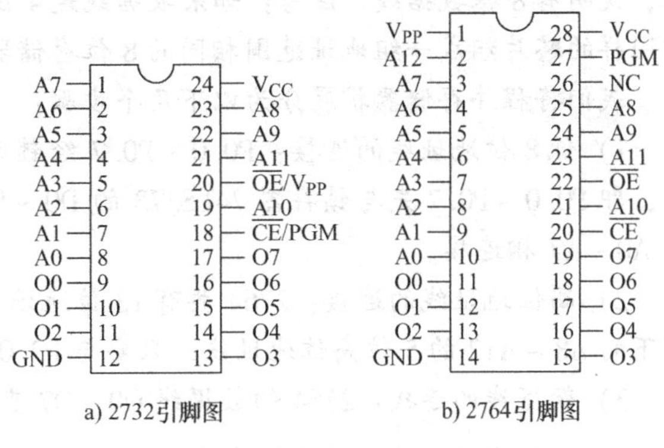

a) 2732引脚图　　b) 2764引脚图

图 5-8　2732 和 2764 引脚图

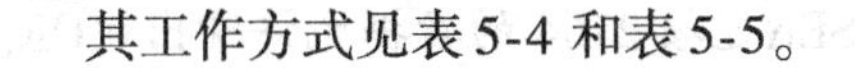
其工作方式见表 5-4 和表 5-5。

表 5-4　2732 工作方式

工作方式 \ 引脚	$\overline{CE}$/PGM	$\overline{OE}$	V_{PP}	O0～O7
读出	0	0	+5V	程序读出
未选中	1	×	+5V	高阻
编程	正脉冲	1	+25V	程序写入
程序检验	0	0	+25V	程序读出
编程禁止	0	1	+25V	高阻

表 5-5　2764 工作方式

工作方式 \ 引脚	$\overline{CE}$	$\overline{OE}$	$\overline{PGM}$	V_{PP}	O0～O7
读出	0	0	1	+5V	程序读出
未选中	1	×	×	+5V	高阻
编程	0	1	0	+25V	程序写入
程序检验	0	0	1	+25V	程序读出
编程禁止	1	×	×	+25V	高阻

5.2.5 EPROM 型程序存储器扩展

程序存储器扩展常见的有单片程序存储器扩展和多片程序存储器扩展。

1. 单片程序存储器扩展

【例 5-1】 用一片 2764EPROM 扩展 8KB 程序存储器。

【解】 在系统扩展中，扩展的存储器芯片就像是“挂”在系统总线上一样，只要对相关的线进行连接，即可完成扩展。

首先我们要分析，2764 代表容量是 8K×8bit，前面的 8K 代表有多少个单元，这里 8K 就是 8192 个单元，地址线 13 根也能说明这点，$2^{13}=8192$，后面的 8bit 代表一次可以输出 8

位，说明有8根数据线。注意：如果数据线是4位、2位或1位，必须分别用2片、4片或8片同样的芯片组成一组地址范围相同的8位存储器。

我们将程序存储器扩展分为以下几个步骤：

1）低8位地址线的连接：P0.0～P0.7经锁存器后与存储器芯片2764的A0～A7相连接，即P0.0～P0.7先与锁存器74LS373的D0～D7相连接，其输出Q0～Q7再直接与2764的A0～A7相连接。

2）高位地址线的连接：2764共有13位地址线A0～A12，完成低8位地址线的连接后，剩下的A8～A12的5位高位地址线，只要与P2.0～P2.4直接对应相连接。

3）数据线的连接：2764的数据线O0～O7直接连接到P0.0～P0.7。

4）控制线的连接：扩展程序存储器要处理的控制线是$\overline{EA}$、ALE、$\overline{PSEN}$。对8031单片机，$\overline{EA}$要接地，ALE接锁存器74LS373的使能端G，$\overline{PSEN}$连接2764的数据允许输出端$\overline{OE}$。

5）2764片选信号输入端$\overline{CE}$的连接：

① $\overline{CE}$直接接地；

② $\overline{CE}$直接与剩下的任一位高位地址线（如P2.7）连接；

③ 将P2.7经反相器再与$\overline{CE}$连接；

④ 将剩下的高位地址线P2.7、P2.6、P2.5经74LS138译码，必须选用$\overline{Y0}$与$\overline{CE}$连接。

扩展系统电路如图5-9所示。

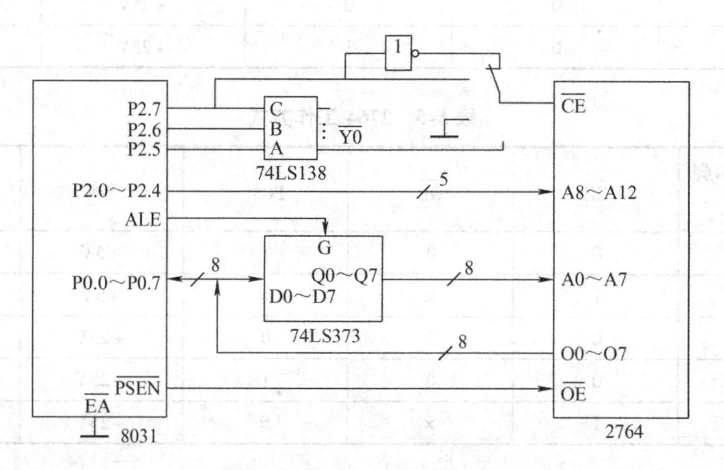

图5-9　扩展一片2764的电路连接

要想确定扩展的程序存储器在存储空间中占据的地址范围，实际上就是根据地址连接情况来确定最低地址到最高地址的连续区域。根据上述片选信号输入端的不同连接方式，扩展的存储器芯片2764在存储空间中占据的地址范围分别为：

（1）$\overline{CE}$端直接接地　在这种情况下，与2764连接的13根地址对应关系如下：

P2.4	P2.3～P2.0	P0.7～P0.4	P0.3～P0.0
A12	A11～A8	A7～A4	A3～A0

P2.7、P2.6、P2.5无论为何值时，都将选中该2764，因此CPU发出的任何16位地址信号都可访问2764的单元，则有8组区域对应2764的8KB，见表5-6。

表 5-6 $\overline{CE}$端直接接地时 2764 的地址范围

P2.7	P2.6	P2.5	最低单元地址	最高单元地址
0	0	0	0000H	1FFFH
0	0	1	2000H	3FFFH
0	1	0	4000H	5FFFH
0	1	1	6000H	7FFFH
1	0	0	8000H	9FFFH
1	0	1	0A000H	0BFFFH
1	1	0	0C000H	0DFFFH
1	1	1	0E000H	0FFFFH

因此，存储器芯片 2764 中的一个单元，如 0000H 单元，就占据 8 个单元地址空间 0000H、2000H、6000H、8000H、0A000H、0C000H、0E000H，这就犹如 8 个单元地址空间重叠在一起，却仅表示一个单元，这种现象称为地址空间重叠现象，造成地址空间的资源浪费。

（2）P2.7 直接连接$\overline{CE}$端　用这种方法片选，只有 P2.7 输出的信号是“0”时，才能选中 2764 芯片，因此在确定地址范围的过程中，P2.7 必须为“0”，而 P2.6、P2.5 没有连接，其状态与寻址无关，可视为任意状态，见表 5-7。

表 5-7　P2.7 直接连接$\overline{CE}$端时的地址范围

	P2.7	P2.6	P2.5	P2.4	P2.3 ~ P2.0	P0.7 ~ P0.4	P0.3 ~ P0.0
最低单元地址	**0**	×	×	0	0 ~ 0	0 ~ 0	0 ~ 0
最高单元地址	**0**	×	×	1	1 ~ 1	1 ~ 1	1 ~ 1

因此地址范围是 0000H ~ 1FFFH 或 2000H ~ 3FFFH 或 4000H ~ 5FFFH 或 6000H ~ 7FFFH，同样会出现地址空间重叠现象。

（3）P2.7 经反相器后连接$\overline{CE}$端　这时 P2.7 只有输出“1”才能选中该 2764 芯片，P2.6 和 P2.5 同样可视为任意状态，见表 5-8。

表 5-8　P2.7 经反相器后连接$\overline{CE}$端时的地址范围

	P2.7	P2.6	P2.5	P2.4	P2.3 ~ P2.0	P0.7 ~ P0.4	P0.3 ~ P0.0
最低单元地址	**1**	×	×	0	0 ~ 0	0 ~ 0	0 ~ 0
最高单元地址	**1**	×	×	1	1 ~ 1	1 ~ 1	1 ~ 1

因此地址范围是 8000H ~ 9FFFH 或 0A000H ~ 0BFFFH 或 0C000H ~ 0DFFFH 或 0E000H ~ 0FFFH，同样会出现地址空间重叠现象。

（4）用$\overline{Y0}$连接$\overline{CE}$端　P2.7、P2.6、P2.5 这三位剩下的高位地址线连接 74LS138 的 C、B、A 输入端，当 P2.7、P2.6、P2.5 为 000（即 C、B、A 为 000）时，$\overline{Y0}$输出“0”，选通 2764 芯片，见表 5-9。

表 5-9　用$\overline{Y0}$连接$\overline{CE}$端时的地址范围

	P2.7	P2.6	P2.5	P2.4	P2.3 ~ P2.0	P0.7 ~ P0.4	P0.3 ~ P0.0
最低单元地址	0	0	0	0	0 ~ 0	0 ~ 0	0 ~ 0
最高单元地址	0	0	0	1	1 ~ 1	1 ~ 1	1 ~ 1

该 2764 的地址范围是 0000H ~ 1FFFH，是唯一的一组地址空间，不存在地址空间重叠现象，不会造成地址空间资源的浪费。

必须用$\overline{Y0}$片选该唯一的 2764 芯片，这是因为系统复位后、系统执行中断服务子程序时入口地址分别为 0000H、0003H、000BH、0013H、001BH、0023H，所以扩展唯一的程序存储器芯片时，必须要有上述单元结构存在，否则，系统将不能运行。

【例 5-2】 用一片 2732 扩展 4KB 程序存储器，采用全译码法。

【解】 在扩展一片 2764 芯片时，高位地址线剩下 3 位，即 P2.7、P2.6、P2.5，正好作为 74LS138 的三个输入信号。而选择一片 2732 扩展 4KB 程序存储器时，由于 2732 只有 12 位地址线 A0 ~ A11，因此剩下四位高位地址线 P2.7 ~ P2.4。处理这四位地址线，若选用 74LS139 2－4 译码器，可将 P2.4 和 P2.5 相或后作为译码器的使能信号，P2.7 和 P2.6 连接 B、A，那么 P2.4、P2.5 为“00”时，选通 74LS139 工作，而 P2.7、P2.6 为“00”时，$\overline{Y0}$输出“0”，选通 2732 芯片工作。电路连接如图 5-10 所示。容易确定其地址范围是 0000H ~ 0FFFH。

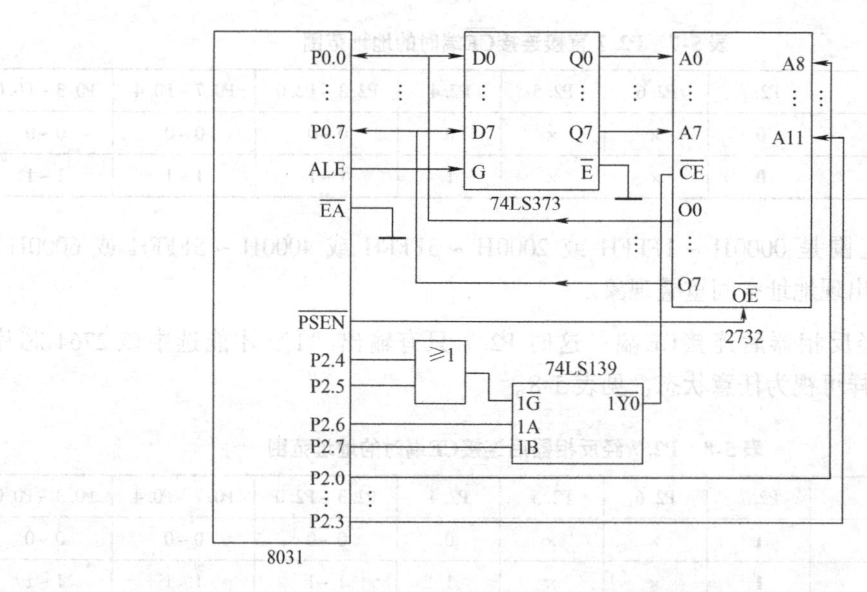

图 5-10　扩展一片 2732 的电路连接

2. 多片程序存储器扩展

【例 5-3】 用 2764 扩展 16KB 程序存储器。

【解】 由于 2764 是 8K × 8bit 的 EPROM，要扩展 16KB 程序存储器必须采用 2 片 2764 才行。在扩展多片程序存储器芯片时，地址线、数据线和控制线的连接同例 5-1 中扩展单片程序存储器时一样，只是对于不同的芯片必须采用不同的片选信号，其中一片存储器必须用

$\overline{Y0}$片选，确保地址范围是以0000H开头的连续地址（0000H～1FFFH），其他存储器的片选可以用$\overline{Y1}$～$\overline{Y7}$中任意一个信号，只是在存储程序时做好安排即可。这里分别用$\overline{Y0}$和$\overline{Y1}$片选1#2764、2#2764，使1#2764、2#2764的地址范围分别是0000H～1FFFH和2000H～3FFFH，为连续的16KB。电路连接如图5-11所示。

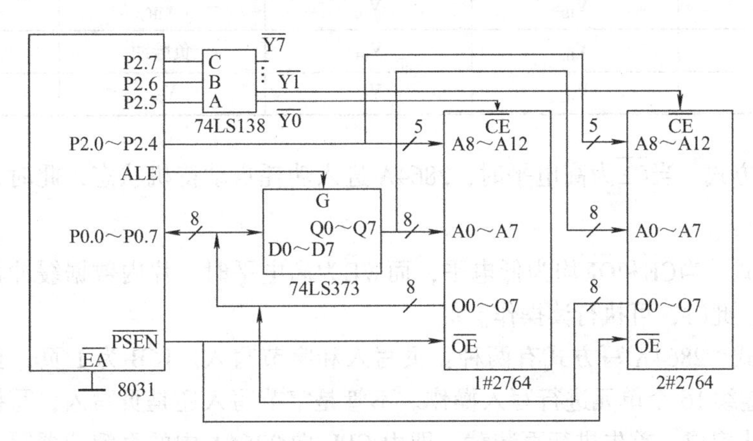

图5-11 用两片2764扩展16KB程序存储器的电路连接

5.2.6 E^2PROM型程序存储器扩展

常用的E^2PROM芯片有2816(A)、2817(A)、2864(A)。表5-10列出其主要特性。

表5-10 E^2PROM的主要特性

主要特性 \ 型号	2816	2816A	2817	2817A	2864A
取数时间/ns	250	200/250	250	200/250	250
读操作电压/V	5	5	5	5	5
写/擦操作电压/V	21	5	21	5	5
字节擦除时间/ms	10	9～15	10	10	10
写入时间/ms	10	9～15	10	10	10
封装	DIP24	DIP24	DIP28	DIP28	DIP28

下面以Intel 2864A为例来介绍E^2PROM的扩展。2864A的引脚排列如图5-12所示。

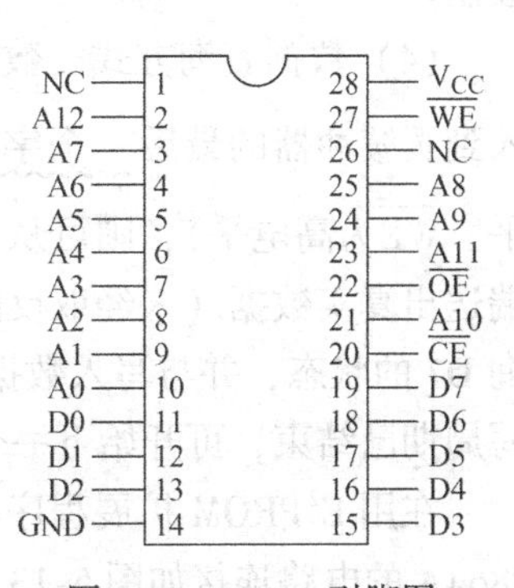

图5-12 2864A引脚图

其中，D0～D7：双向三态数据线；$\overline{CE}$：片选信号输入端，低电平有效；$\overline{OE}$：读选通信号输入端，低电平有效；$\overline{WE}$：写选通信号输入端，低电平有效；V_{CC}：+5V电源输入端；GND：接地端。

2864A的工作方式主要有读、写和维持三种。表5-11给出了2864A各工作方式下的控制电平和有关状态。可以看出，E^2PROM的读、维持操作与EPROM相同，但写操作不一样。

表 5-11　2864A 的工作方式

引脚 工作方式	$\overline{CE}$	$\overline{OE}$	$\overline{WE}$	D0 ~ D7
待机	V_{IH}	×	×	高阻
读	V_{IL}	V_{IL}	V_{IH}	D_{OUT}
写	V_{IL}	V_{IH}	负脉冲	D_{IN}
数据查询	V_{IL}	V_{IL}	V_{IH}	D_{OUT}

（1）待机方式　当$\overline{CE}$为高电平时，2864A 进入功耗自动待机状态，此时，数据线呈高阻态。

（2）读方式　当$\overline{CE}$和$\overline{OE}$均为低电平，而$\overline{WE}$为高电平时，片内数据缓冲器开门，数据被送到数据线，此时，可执行读操作。

（3）写方式　2864A 写方式有两种：页写入和字节写入。16B 为 1 页，页写入就是对 E^2PROM 中的连续 16 个单元进行写入操作。不管是字节写入还是页写入，写操作都由页装载和页存储两步完成。首先进行页装载，即由 CPU 向 2864A 中的页缓冲器写入数据，与一般的静态 RAM 写操作是一样的。然后进行页存储，即在最后一个字节（第 16 个字节）写入页缓冲器后的 20ns 之后，便自动开始把页缓冲器中的内容搬到 E^2PROM 存储阵列中对应的地址单元中存放。2864A 芯片内部有一个 16B 的静态 RAM 用作页缓冲器。E^2PROM 阵列由 512 页组成，地址线低 4 位 A0 ~ A3 选择页缓冲器中的 16B，地址线高 9 位 A4 ~ A12 选择 512 页中的 1 页。写方式时，$\overline{CE}$为低电平，$\overline{OE}$为高电平，在$\overline{WE}$下降沿将地址码 A0 ~ A12 锁存到内部存储器中，在$\overline{WE}$上升沿将数据总线上的数据锁存到数据锁存器中。片内还有 1B 的装载限时定时器，只要时间未到，数据可以随机地写入页缓冲器。在连续向页缓冲器写入数据的过程中，不必担心装载限时定时器会溢出，因为每当$\overline{WE}$下降沿时，装载限时定时器自动复位并重新启动计时。当一页装载完毕，不再有$\overline{WE}$信号时，装载限时定时器终将溢出，于是页存储操作随即自动开始，首先把选中页的内容擦除，擦除时间为 5ms，然后写入的数据从页缓冲器传送到 E^2RPOM 阵列中。

字节写入的过程与页写入的过程类同，只不过仅写入 1B，装载限时定时器也将很快溢出。

（4）数据查询方式　数据查询是由软件来检测一个写周期是否完成。在写周期中，写入到页缓冲器的最后一个字节的最高位被自动取反，这时若发出读命令（$\overline{CE}$和$\overline{OE}$为低电平，$\overline{WE}$为高电平），则可从 D7 端读得取反后的数据。而在写周期完成时，2864A 将从 D7 端送出真实数据（未经取反的原始数据）。所以要检查写周期是否完成，CPU 可以不断地查询 D7 的状态，并与写入数据的最后一个字节的最高位相比较，当两者相同时，说明这一个写周期已结束，可开始下一个写周期。

在用 E^2PROM 扩展程序存储器时，其方法同扩展 EPROM 一样。8031 单片机扩展单片 2864A 的电路连接如图 5-13 所示。

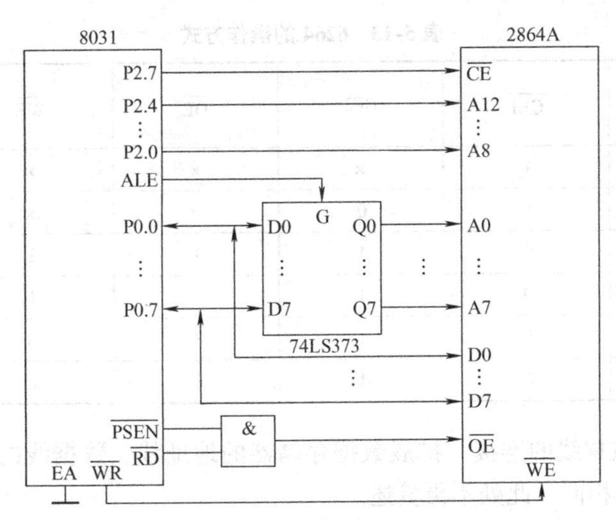

图 5-13　8031 单片机扩展单片 2864A 的电路连接

5.3　数据存储器扩展

MCS－51 系列单片机内部有 128B 的 RAM，可以用于当前寄存器、堆栈、数据缓冲器及设置软件标志等。它是系统的宝贵资源，应当合理使用，充分发挥其作用。对于一些简单的应用场合，内部 RAM 用于存放数据、变量已经足够了，无需另外扩展外部 RAM。但是对于一些应用系统（如需要处理大量数据的系统），仅有内部 RAM 是远远不够的，还需扩展外部 RAM。其地址空间为 64KB，其中一部分还可能要留给扩展 I/O 时使用，因此扩展容量并不大，一般都用静态 RAM。

5.3.1　常用静态 RAM

目前常用的静态 RAM 芯片有 Intel 公司的 6116、6264、62128 和 62256。下面列出三种常用 SRAM 的主要技术特性，见表 5-12。

表 5-12　三种 SRAM 的主要技术特性

主要特性 \ 型号	6116	6264	62256
容量/KB	2	8	32
引脚数	24	28	28
工作电压/V	5	5	5
典型工作电流/mA	35	40	8
典型维持电流/mA	5	2	0.5
存取时间/ns	100～200（由产品型号而定）		

5.3.2　数据存储器的扩展方法

数据存储器的扩展方法与程序存储器的扩展方法大致相同，下面以扩展 6264 为例介绍数据存储器的扩展。6264 的操作方式见表 5-13。

表 5-13　6264 的操作方式

工作方式 \ 引脚	$\overline{CE1}$	CE2	$\overline{OE}$	$\overline{WE}$	D0 ~ D7
未选中（掉电）	1	×	×	×	高阻
未选中（掉电）	×	0	×	×	高阻
输出禁止	0	1	1	1	高阻
读	0	1	0	1	数据输出
写	0	1	1	0	数据输入
写	0	1	0	0	数据输入

（1）地址线和数据线的连接　扩展数据存储器的地址线、数据线的连接方法与扩展程序存储器的连接方法相同，此处不再赘述。

（2）控制线的连接　扩展数据存储器的控制线的连接方法与扩展程序存储器的连接方法有所不同，访问数据存储器的控制信号有 ALE、$\overline{RD}$、$\overline{WR}$，具体如下：

1）ALE 控制信号也是与地址锁存器的使能端 G 直接连接。

2）$\overline{RD}$（P3.7）为读控制信号，扩展时直接连接外部 RAM 芯片的$\overline{RD}$端。

3）$\overline{WR}$（P3.6）为写控制信号，扩展时直接连接外部 RAM 芯片的$\overline{WE}$端。

5.3.3　访问外部 RAM 单元的指令

汇编语言中，访问外部 RAM 单元只能用下列四条指令：

```
MOVX   A,@Ri
MOVX   @Ri,A              ;访问外部 RAM 页内单元
MOVX   A,@DPTR
MOVX   @DPTR,A            ;访问外部 RAM 任意单元
```

当 CPU 执行上述指令时，自动产生有效的读写控制信号从$\overline{WR}$、$\overline{RD}$引脚输出。

在 C51 语言中，访问外部 RAM 单元的命令为

```
#include <absacc.h>
XBYTE[0x7fff] =0x33                ;//将 33H 写入到外部 RAM 的 7FFFH 单元中
DBYTE[0x30] =XBYTE[0xfff0]         ;//将外部 RAM 的 FFF0H 单元中的内容读到内部 RAM 的 30H 单元
```

5.3.4　数据存储器扩展实例

【例 5-4】　用两片 6264 芯片扩展 16KB 的外部数据存储器。

【解】　电路连接如图 5-14 所示。图中 1#6264 的地址范围是 0000H ~ 1FFFH，2#6264 的地址范围是 2000H ~ 3FFFH。在扩展数据存储器时，译码器的任一输出均可作为存储器片选信号，这不同于程序存储器扩展时必须要用Y0来片选一片存储器芯片。

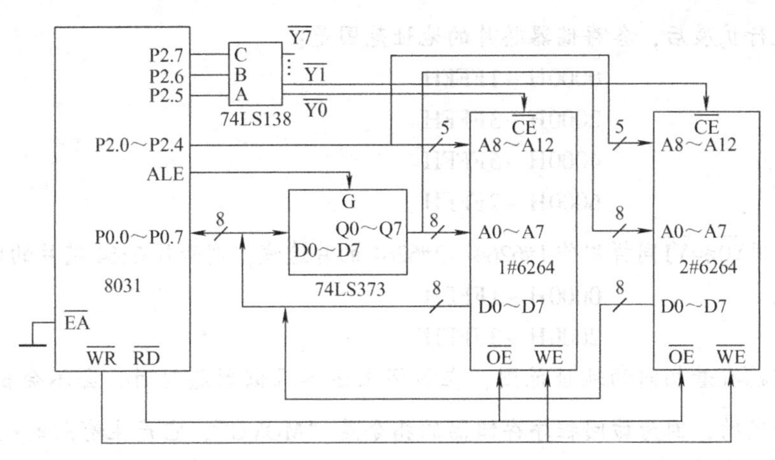

图5-14　用两片6264芯片扩展16KB的外部数据存储器电路连接

5.4　存储器的综合扩展

前面我们分别介绍了程序存储器和数据存储器的扩展，在实际应用中，往往不单纯是程序存储器扩展或数据存储器的扩展，尤其是8031单片机，有时既要扩展程序存储器又要扩展数据存储器。下面介绍程序存储器和数据存储器同时需要扩展的存储器综合扩展。

【例5-5】　对8031单片机扩展16KB的程序存储器和16KB的数据存储器，分别采用2764和6264芯片。

【解】　电路连接如图5-15所示。

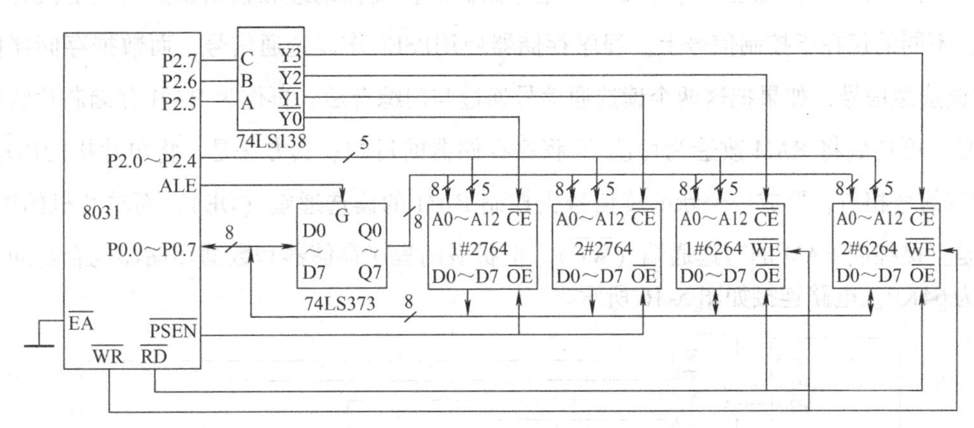

图5-15　综合扩展电路连接

在该电路中，P0口提供低8位地址经74LS373锁存器与4片芯片的A0～A7相连接，P2口的低5位P2.0～P2.4直接与各芯片的A8～A12相连接，P0口提供8位数据线P0.0～P0.7直接与各芯片的D0～D7相连接，$\overline{\text{PSEN}}$连接2764的$\overline{\text{OE}}$端，$\overline{\text{RD}}$和$\overline{\text{WR}}$分别连接6264的$\overline{\text{OE}}$端和$\overline{\text{WE}}$端，这就完成三总线的连接。我们选用译码法片选存储器芯片，P2.5、P2.6、P2.7从74LS138的A、B、C三端输入，$\overline{\text{Y0}}$、$\overline{\text{Y1}}$分别片选1#2764、2#2764，$\overline{\text{Y2}}$、$\overline{\text{Y3}}$分别片选1#6264、2#6264。

对系统进行扩展后，各存储器芯片的地址范围是：

1# 2764　　　　　0000H ~ 1FFFH

2# 2764　　　　　2000H ~ 3FFFH

1#6264　　　　　4000H ~ 5FFFH

2#6264　　　　　6000H ~ 7FFFH

如果我们用$\overline{\text{Y0}}$和$\overline{\text{Y1}}$同样用作1#6264、2#6264的片选线，则两片6264芯片的地址范围是：

1#6264　　　　　0000H ~ 1FFFH

2#6264　　　　　2000H ~ 3FFFH

这样它们就有着相同的地址范围，在访问上述各存储器芯片时，会不会出现错误访问呢？答案是否定的，因为访问程序存储器的指令是“MOVC”，它产生有效的$\overline{\text{PSEN}}$控制信号只能访问程序存储器，如指令“MOVC　A，@ A + DPTR”只能访问外部ROM；而访问外部RAM的指令是“MOVX”，它产生有效的$\overline{\text{RD}}$、$\overline{\text{WR}}$控制信号，只对RAM芯片6264有效，如指令“MOVX　A，@ DPTR”，当DPTR = 1000H时，只会访问1#6264的1000H单元。

在单片机中，程序存储器和数据存储器是截然分开的，分别占据不同的存储空间。在执行“MOVX”指令时，产生的$\overline{\text{RD}}$或$\overline{\text{WR}}$信号，只能对RAM进行读或写操作；而在执行“MOVC”指令时，产生的$\overline{\text{PSEN}}$信号，只能访问EPROM中的程序或数据，因此在程序存储器中只能运行程序不能修改程序，而存于数据存储器中的程序虽可修改，但不能运行。

在实际设计和开发单片机应用系统时，往往需要对程序进行在线修改。如果在程序存储器空间放置RAM，使程序存储器空间和数据存储器空间混合，则可以实现一面调试程序，一面进行读/写修改。而程序存储器与数据存储器的扩展在地址和数据线的连接上没有什么区别，不同的仅在于控制信号上。程序存储器使用$\overline{\text{PSEN}}$作读选通信号，而数据存储器使用$\overline{\text{RD}}$作读选通信号，如果把这两个读选通信号通过与门综合后，再作为RAM存储芯片的读选通信号，可达到将RAM改造为可读/写程序存储器的目的。其方法是：将单片机的$\overline{\text{RD}}$信号和$\overline{\text{PSEN}}$信号相与，形成一个新的读信号去控制RAM的读选通端（$\overline{\text{OE}}$），而单片机的$\overline{\text{WR}}$信号仍是直接控制RAM的写选通端（$\overline{\text{WE}}$）。但扩展的程序存储器和数据存储器混合空间最大只能为64KB。电路连接如图5-16所示。

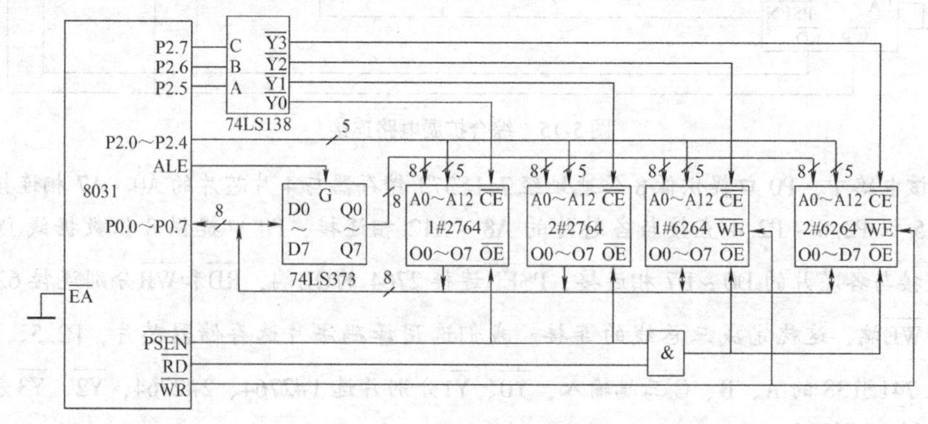

图5-16　混合扩展电路连接

5.5 习题

1. 只读存储器有哪几种类型？其各自的特点是什么？

2. 随机存取存储器有哪几种类型？其各有什么不同？

3. 扩展存储器时常用哪些片选方法？

4. 什么是地址空间重叠现象？

5. 扩展存储器时，为什么低 8 位地址要锁存，而高 8 位地址不要锁存？

6. 扩展存储器时，锁存器如果选择 74LS377，应怎样处理？

7. 对 8031 扩展程序存储器时，$\overline{EA}$如何连接，为什么？

8. 试用两片 2732 扩展 8KB 程序存储器，根据下列要求，画出电路图，并确定各自的地址范围：

1）用 P2.7、P2.6 片选。

2）用 74LS139 译码后片选。

3）用 74LS138 译码后片选。

9. 某系统需要 MOVC 和 MOVX 指令都能访问 2864A 和 6264，请设计出该系统的电路图。

第6章

并行I/O扩展技术

本章摘要

本章主要介绍单片机内部并行I/O端口以及并行I/O端口的扩展接口电路，并介绍在单片机应用系统中较常见的并行I/O接口芯片8255A、8155。

6.1 概述

6.1.1 I/O接口电路的作用

1. 计算机为什么需要I/O接口电路

在计算机应用系统中，有两类数据传送操作。一类是CPU和存储器之间的数据读写操作；另一类则是CPU和外部设备之间的数据输入/输出（I/O）操作。

由于CPU与外部设备（外设）之间的数据传送十分复杂，CPU与外部设备不能直接连接，两者之间必须加一个接口电路，如图6-1所示。

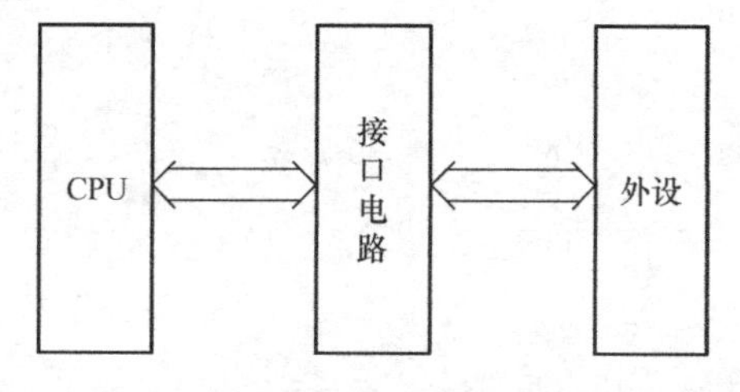

图6-1 计算机与外设连接

其原因如下：

（1）外设品种繁多　有机械式、机电式和电子式。

（2）工作速度不同　一般外设的工作速度要比CPU慢得多，而且速度的分布范围也相当宽，慢速设备如开关、继电器、机械传感器等，每秒钟也就传送几个数据；而高速设备如磁盘、CRT显示器等，每秒钟可传送几千位数据。因此接口需要对数据进行缓冲。

（3）外设数据格式不同　各种外设产生的信号和对信号的要求是不同的，既有电压信号，也有电流信号；既有数字形式，也有模拟形式；既有并行传送的数据，也有串行传送的数据。因此需要接口电路对信息进行变换。

正因上述原因，使数据的I/O操作变得十分复杂，外设与CPU无法进行直接的同步数据传送，而必须在CPU和外设之间设置一个接口电路，通过接口电路对CPU与外设之间的数据传送进行协调。因此接口电路就成了数据I/O操作的核心内容。

2. 接口电路的主要作用

（1）实现速度协调　由于速度上的差异，使得数据传送只能以异步方式进行，即只能在确认外设已经为数据传送做好准备的前提下才能进行 I/O 操作。要得知外设是否准备好，需要通过接口电路产生或传送外设的状态信息，以实现 CPU 与外设之间的速度协调。

（2）实现数据锁存　在进行数据输出时，是通过系统的公用数据总线进行的，因 CPU 的工作速度快，数据信号在数据总线上保留的时间十分短暂，无法满足慢速输出设备的需要。为此应在输出接口电路中设置数据锁存器，以保存数据直到输出设备接收。

（3）实现三态缓冲　在进行数据输入时，输入设备向 CPU 传送的数据也要通过数据总线，而数据总线是系统公用的数据通道，数据总线上可挂多个数据源。为了维护数据总线上数据传送的秩序，因此只允许当前时刻正在进行数据传送的数据源使用数据总线，其余数据源必须与数据总线隔离。为此要求接口电路能为数据输入提供三态缓冲功能。

（4）实现数据转换　CPU 只能输入和输出并行的电压数字信号，但外设所提供或所需要的大多不是这种信号形式。为此需要接口电路进行数据信号的转换，如模-数转换、数-模转换、串并转换、并串转换等。

3. 接口与端口

“接口”（Interface）具有界面、相互联系等含义，我们时常听到诸如机械接口、电气接口、功能接口、用户接口等说法。而本章所讲的接口是能够实现 CPU 与外设之间数据传送功能的电路，也称为接口电路。而端口（Port）是接口电路中已编址并能进行读写操作的寄存器，简称为口。一个接口电路中可包含多个端口，如保存数据的数据端口、保存状态的状态端口、保存命令的命令端口等，因此一个接口电路中就对应着多个地址。

端口是供用户使用的，用户在编写有关数据输入输出程序时，要用到接口电路中的各个端口。因此要知道这些接口的设置及编址情况。

6.1.2　I/O 端口的编址方式

在计算机中，凡需进行读写的操作设备都存在着编址问题，常用的 I/O 编址方式有独立编址方式和统一编址方式两种。

独立编址方式就是把 I/O 端口和存储器分开进行编址，这样一个计算机系统中就形成了两个独立的地址空间：存储器地址空间和 I/O 端口地址空间。存储器读写操作和 I/O 操作是针对两个不同存储空间的数据进行操作，因而在使用独立编址方式的计算机的指令系统中，有专门的 I/O 指令以便进行数据输入/输出操作。此外，在硬件设计上，还需定义一些专用信号，以便对存储器访问和 I/O 操作进行硬件控制。

统一编址方式是把系统中的 I/O 端口和存储器统一进行编址，即把 I/O 端口与存储器的存储单元同等对待。使用这种方式的计算机只有一个统一的地址空间，该地址空间既供存储器编址使用，也供 I/O 端口编址使用。使用统一编址方式的计算机的指令系统中，不需专门的 I/O 指令，对 I/O 端口的操作，就像对存储单元的读/写操作一样。

MCS－51 系列单片机采用统一编址方式。

MCS－51 系列单片机与外设的信息交换是通过 I/O 口来实现的。MCS－51 系列单片机本身有四个 8 位的并行 I/O 口，但在实际应用中往往要扩展并行口，以便更方便、更有效地与外设相连接。特别是 8031 内部无程序存储器，故使用 8031 作应用系统时，必须外部扩展程序存储器，这就要占用一些 I/O 口线作为数据线、地址线和控制线，因此 8031 真正能提供给用户使用的 I/O 口线并不多，只有 P1 口的 8 位 I/O 线和 P3 口的某些位可作为 I/O 线使用。因此，在较复杂的应用系统中需要进行I/O口的扩展。

在前面已经介绍了MCS-51系列单片机的外部RAM和扩展I/O口是统一编址的，用户可将64KB RAM空间的一部分作为扩展I/O口的地址空间，每个I/O口相当于一个RAM存储单元，CPU访问I/O口就像访问外部RAM存储单元一样，即用MOVX指令对扩展I/O口进行有关输入/输出操作。

6.2 8255A可编程并行I/O接口芯片

6.2.1 8255A概述

8255A是为Intel公司的微处理器配套设计的通用可编程并行I/O接口芯片，通用性强，使用灵活，通过它可直接将CPU的总线连接外设。

1. 8255A的结构

8255A可编程并行I/O接口芯片由以下四个逻辑结构组成，如图6-2所示。

（1）数据总线缓冲器　数据总线缓冲器是双向三态的8位驱动器，用于和单片机的数据总线连接，以实现单片机与8255A芯片的数据传送。

（2）并行I/O端口　并行I/O端口有A口、B口和C口，这三个8位I/O端口功能完全由编程决定，但每个端口都有自己的特点。

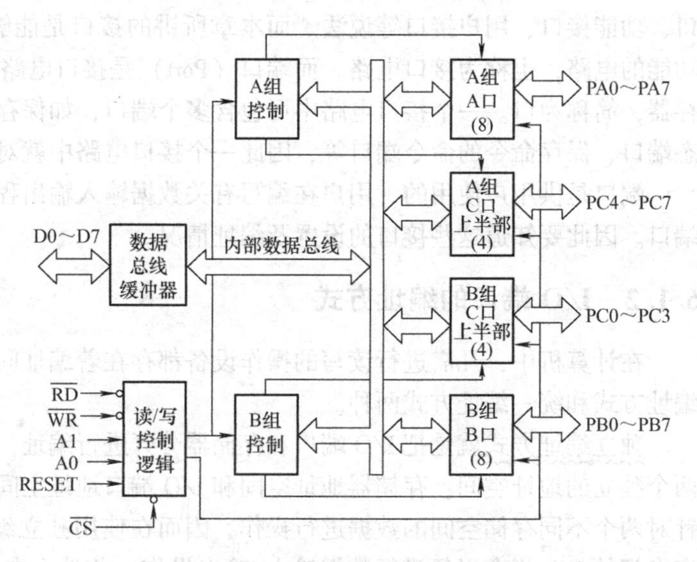

图6-2　8255A的内部结构框图

1）A口具有一个8位数据输出锁存/缓冲器和一个8位数据输入锁存器，是最灵活的输入输出寄存器，它可编程为8位输入或输出或双向寄存器。

2）B口具有一个8位数据输出锁存/缓冲器和一个8位数据输入缓冲器（不锁存），可编程作为8位输入或输出寄存器，但不能双向输入输出。

3）C口具有一个8位数据输出锁存/缓冲器和一个8位数据输入缓冲器（不锁存）。此端口在方式控制下，可分为两个4位口使用。C口除作输入口、输出口使用外，还可作为A口、B口选通方式操作时的状态控制信号。

（3）读/写控制逻辑　它用于控制所有的数据、控制字或状态字的传送，接收单片机的地址线信号和控制信号来控制各个口的工作状态。

（4）工作方式控制电路　8255A的三个端口在使用时可分为A组和B组。A组包括A口8位和C口高4位；B组包括B口8位和C口低4位。两组控制电路中分别有控制寄存器，根据写入的控制字决定两组的工作方式，也可对C口每一位置“1”或清“0”。

8255A 可由程序设定为三种主要的工作方式：基本输入/输出方式、选通输入/输出方式和双向总线方式。

2. 8255A 引脚说明

8255A 使用单一的 +5V 电源，采用 40 脚 DIP（双列直插式）封装，其引脚如图 6-3 所示。

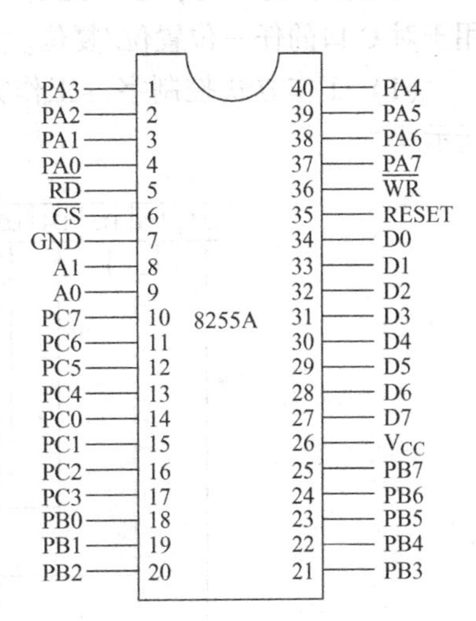

图 6-3　8255A 引脚图

（1）RESET　复位端，为输入端，高电平有效。复位后，所有寄存器（包括控制寄存器）均被清 0，所有 I/O 口均被置为输入方式。

（2）$\overline{CS}$　片选信号端，为输入端，低电平有效。当该引脚为低电平时，CPU 选中该 8255A 芯片。

（3）$\overline{RD}$　读信号端，为输入端，低电平有效。当该引脚为低电平时，允许 CPU 通过数据总线从 8255A 中读取数据或信息。

（4）$\overline{WR}$　写信号端，为输入端，低电平有效。当该引脚为低电平时，允许 CPU 通过数据总线向 8255A 写入数据或控制字。

（5）D0 ~ D7　三态双向数据总线，是 8255A 与 CPU 数据传送的通道，当 CPU 执行 I/O 指令时，通过它实现 8 位数据的读/写操作，控制字和状态信息也通过数据总线传递。

（6）PA0 ~ PA7　A 口数据线，双向。

（7）PB0 ~ PB7　B 口数据线，双向。

（8）PC0 ~ PC7　C 口数据/信号线，双向。

（9）A0A1　端口控制信号。8255A 共有四个端口，分别是 A 口、B 口、C 口和控制寄存器，由 A0A1 输入地址信号来寻址，与$\overline{RD}$、$\overline{WR}$、$\overline{CS}$等信号配合使用。8255A 的基本操作见表 6-1。

表 6-1　8255A 基本操作

操作	A1	A0	$\overline{RD}$	$\overline{WR}$	$\overline{CS}$	所选端口	基本操作
输入功能（读）	0	0	0	1	0	A 口	PA→数据总线
	0	1	0	1	0	B 口	PB→数据总线
	1	0	0	1	0	C 口	PC→数据总线
输出功能（写）	0	0	1	0	0	A 口	数据总线→PA
	0	1	1	0	0	B 口	数据总线→PB
	1	0	1	0	0	C 口	数据总线→PC
	1	1	1	0	0	控制寄存器	数据总线→控制寄存器
禁止	×	×	×	×	1		数据总线为高阻状态
	1	1	0	1	0		非法状态
	×	×	1	1	0		数据总线为高阻状态

3. 控制寄存器

当 A1A0 = 11 时，选中控制寄存器，CPU 通过 I/O 指令可输出一个控制字到控制寄存器。当最高位为 1 时，这个控制字用于选择端口的工作方式；当最高位为 0 时，这个控制字用于对 C 口的任一位置位/复位。

(1) 工作方式控制字　工作方式控制字用于端口工作方式选择，其各位含义如图 6-4 所示。

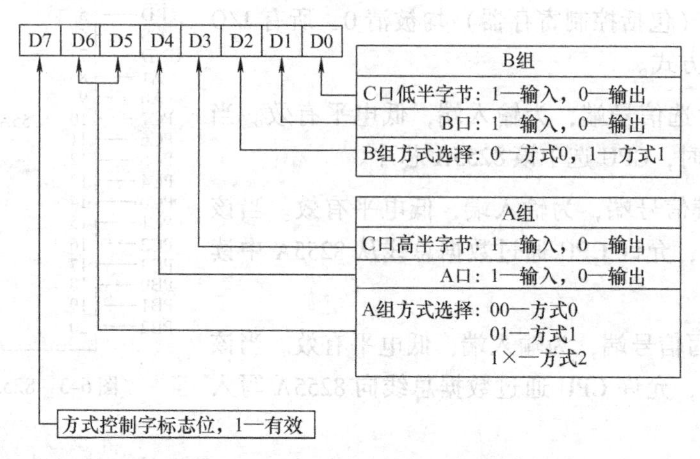

图 6-4　8255A 的工作方式控制字格式

(2) C 口位操作控制字　C 口除按字节输入/输出外，还可进行位操作。通过 C 口位操作控制字可对 C 口任意一位置位或复位。C 口位操作控制字的各位含义如图 6-5 所示。

如将 PC7 置位，则 C 口位操作控制字为 00001111，即 0FH。

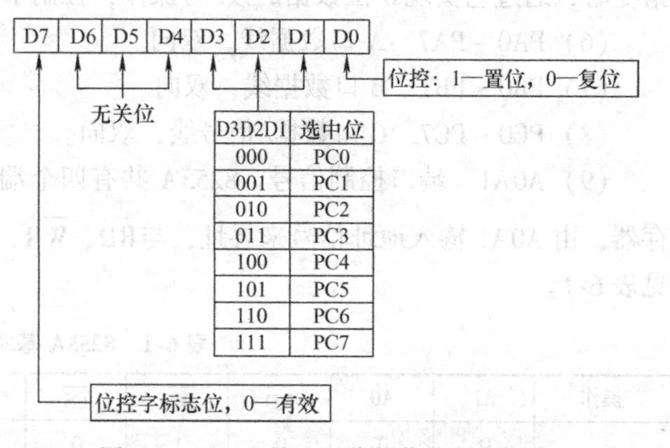

图 6-5　8255A 的 C 口位操作控制字格式

4. 8255A 的工作方式

8255A 共有三种工作方式：方式 0、方式 1 及方式 2。B 口无方式 2。

(1) 方式 0　基本输入/输出方式。在方式 0 下，可供使用的是两个 8 位口（A 口和 B 口）及两个 4 位口（C 口的高 4 位部分和低 4 位部分）。四个口可以是输入和输出的任意组合。这种方式不需要任何选通信号，适用于无条件数据传送，也可将 C 口的某一位作为状态位，实现查询方式的数据传送。作为输出口使用时，输出数据锁存；作为输入口时，输入数据不锁存。

(2) 方式 1　选通输入/输出方式(具有握手信号的 I/O 方式)。在方式 1 下，A 口和 B 口仍作为数据输入/输出口，而 C 口则规定某些位为 A 口或 B 口的联络信号，具体定义见表 6-2。表中可见 A 口和 B 口的联络信号都是三个，因此在具体应用中，如果 A 口或 B 口只有一个口按方式 1 使用，则剩下的另外 13 位口线仍可按方式 0 使用。如果两个口都按方式 1 使用，则还剩下两位口线，这两位口线仍然可进行位状态的输入/输出。

表 6-2 C 口联络信号的定义

C 口的位	方式 1		方式 2	
	输入	输出	输入	输出
PC0	INTR_B	INTR_B		
PC1	IBF_B	$\overline{\text{OBF}_B}$		
PC2	$\overline{\text{STB}_B}$	$\overline{\text{ACK}_B}$		
PC3	INTR_A	INTR_A	INTR_A	INTR_A
PC4	$\overline{\text{STB}_A}$	I/O	$\overline{\text{STB}_A}$	×
PC5	IBF_A	I/O	IBF_A	×
PC6	I/O	$\overline{\text{ACK}_A}$	×	$\overline{\text{ACK}_A}$
PC7	I/O	$\overline{\text{OBF}_A}$	×	$\overline{\text{OBF}_A}$

（3）方式 2　双向总线方式（既可发送数据又可接收数据），只有 A 口才可选用这种工作方式。A 口工作于方式 2 时，其输入或输出都有独立的状态信息，且反映在 C 口的某些位上。这样 C 口的状态联络线被 A 口占用了 5 根，因此 B 口不能工作于方式 2。

各联络信号的意义如下：

1）用于输入的联络信号。

$\overline{\text{STB}}$：选通输入信号，低电平有效。这是由外设提供的输入信号，当它有效时，允许外设输入数据到输入缓冲器。

IBF（Input Buffer Full）：输入缓冲器满信号，高电平有效，输出信号。当它有效时，表示数据已装入输入缓冲器，尚未被 CUP 取走，外设不能送新的数据，可作为状态信号。

INTR（Interrupt Request）：中断请求信号，高电平有效，输出信号。IBF 为高电平，$\overline{\text{STB}}$为高电平时变为有效，以向 CPU 发出中断请求。

输入操作的过程如下：当外设将数据准备好时，外设向 8255A 发出$\overline{\text{STB}}$有效信号，输入数据装入 8255A 的输入缓冲器中，并使 IBF = 1，CPU 可查询这个状态信号，以决定是否可以读取这个输入数据。当$\overline{\text{STB}}$重新变为高电平时，INTR 有效，向 CPU 发出中断请求。CPU 响应此中断后，在中断服务程序中读取数据，并使 INTR 恢复为低电平（无效），同时也使 IBF 变为低电平，用于通知外设可以送下一个输入数据。

2）用于输出的联络信号。

$\overline{\text{ACK}}$（Acknowledge）：外设响应，低电平有效，输入信号。当外设取走并处理完 8255A 端口的数据后，向 8255A 发送的响应信号。

$\overline{\text{OBF}}$（Output Buffer Full）：输出缓冲器满，低电平有效，输出信号。当 CPU 把一个数据写入 8255A 输出缓冲器后，此信号变为有效，用于通知外设可开始接收数据。

INTR：中断请求信号，高电平有效，输出信号。

输出过程如下：在外设处理完一项数据（如打印完）后，向 8255A 发出$\overline{\text{ACK}}$负脉冲响应信号。$\overline{\text{ACK}}$的下降沿使$\overline{\text{OBF}}$变高，表示输出缓冲器空（实际是表示输出缓冲器中的数据不必再保留了），并在$\overline{\text{ACK}}$的上升沿使 INTR 有效，向 CPU 发出中断请求。CPU 可用查询方式查询$\overline{OBF}$的状态，以决定是否可输出下一个数据。也可用中断方式进行输出操作，CPU 响应此中断后，在中断服务程序中把数据写入 8255A，写入之后将使$\overline{OBF}$有效，以启动外设再次取数，直到数据处理完毕，再向 8255A 发出下一个$\overline{ACK}$响应信号。

如果需要，可用软件将 C 口对应于$\overline{STB}$或$\overline{ACK}$的相应位（PC2、PC4、PC6）进行置位/复位，来实现 8255A 的开、关中断。

6.2.2　8255A 应用

8255A 初始化程序的内容就是向控制寄存器写入工作方式控制字和 C 口位操作控制字。这两个控制字标志位的状态是不同的，因此 8255A 能加以区别。为此两个控制字按同一地址写入且不受先后顺序限制。

【例 6-1】 设 8255A 控制寄存器的地址为 3BH，现要求 A 口方式 0 输入，B 口方式 1 输出，C 口高 4 位部分为输出，C 口低 4 位部分为输入。分别用汇编语言和 C51 语言编写初始化程序。

【解】 根据题意，按各口的设置要求，工作方式控制字为 10010101B，即 95H。

汇编语言初始化程序如下：

```
MOV  R0,   #3BH ;将 8255A 控制寄存器的地址保存了 R0 中
MOV  A,    #95H ;将工作方式控制字 95H 送累加器 A 中
MOVX @R0, A     ;将工作方式控制字写入 8255A 控制寄存器中
```

C51 语言初始化程序如下：

```
#include <reg51.h>
#include <absacc.h>
/********************
PDATA 区声明
********************/
unsigned char data system_status = 0;
unsigned int data unit[2];
char data inp_string[16];
/**********************
函数功能:主函数
**********************/
void main(void)
    {
        PBYTE[0x3B] = 0x95;        //将工作方式控制字 95H 写入 8255A 控制寄存器中
    }
```

【例 6-2】 某单片机系统电路连接如图 6-6 所示，要求使 PB 的 8 个 LED 显示对应 PA 开关的状态。试用汇编语言和 C51 语言编写程序。

【解】 题意分析：在本题系统电路中，有一个地址译码器 74LS138 和一个地址锁存器 74LS373。

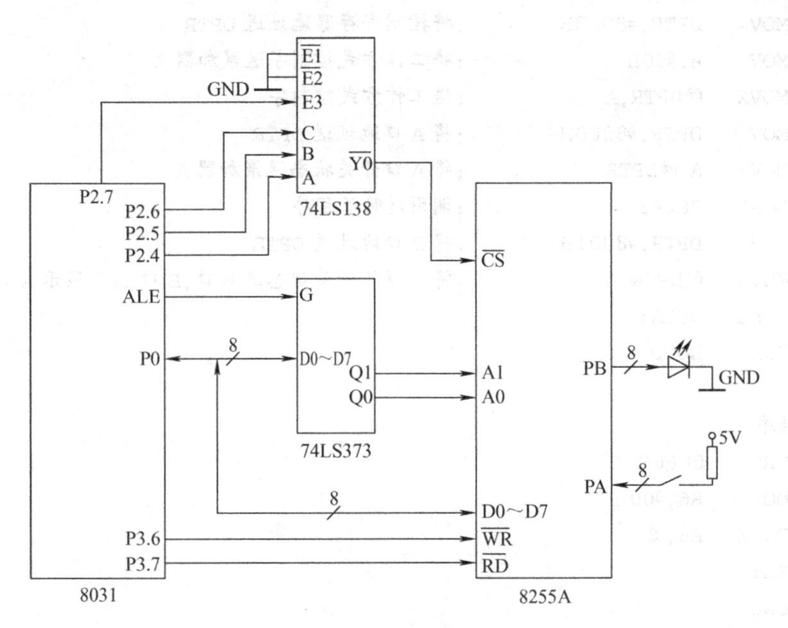

图6-6 例6-2电路连接

从74LS138真值表（表5-3）得知，要对本题的8255A进行操作，$\overline{Y0}$必须为0，为此C、B、A均须为0，即P2.6、P2.5、P2.4均为0，同时E3为1，即P2.7为1。因此各端口地址分析如下：

端口名称	P2.7	P2.6	P2.5	P2.4	P2.3～P2.0	P0.7～P0.4	P0.3～P0.0
A口	1	0	0	0	××××	××××	××00
B口	1	0	0	0	××××	××××	××01
C口	1	0	0	0	××××	××××	××10
控制寄存器	1	0	0	0	××××	××××	××11

在上面地址分析中，“×”表示这位既可以是0，也可以是1，如果将所有的×视为0，则A口、B口、C口和控制寄存器的地址为8000H、8001H、8002H、8003H；如果将所有的×视为1，则A口、B口、C口和控制寄存器的地址为8FFC、8FFDH、8FFEH、8FFFH；由于×既可以为0，也可以为1，因此这种组合的地址有许多，这种现象称为地址重叠。本例每个口有1024个重叠地址。

本例中，A组和B组的工作方式选择方式0，即基本输入/输出方式，其中A口为输入，B口为输出，C口输入或输出都可以，这里C口选为输出。所以工作方式控制字为10010000B＝90H。

汇编语言程序如下：

```
        ORG     0000H
        LJMP    MAIN

        ;主程序
        ORG     0030H
MAIN:   MOV     SP,#60H
```

```
        MOV     DPTR,#8003H            ;将控制寄存器地址送 DPTR
        MOV     A,#90H                 ;将工作方式控制字送累加器 A
        MOVX    @DPTR,A                ;送工作方式控制字
  LOOP: MOV     DPTR,#8000H            ;将 A 口地址送 DPTR
        MOVX    A,@DPTR                ;将 A 口开关状态送累加器 A
        LCALL   DELAY                  ;调用延时子程序
        MOV     DPTR,#8001H            ;将 B 口地址送 DPTR
        MOVX    @DPTR,A                ;将 A 口的开关状态送 B 口,B 口 LED 显示 A 口开关状态
        LCALL   DELAY
        SJMP    LOOP

;延时子程序
        ORG     0060H
 DELAY: MOV     R6,#00h
        DJNZ    R6,$
        RET
        END
```

C51 语言程序如下：

```
#include <reg51.h>
#include <absacc.h>
int a;
/************************
函数功能:延时函数
************************/
void delay(void)
    {
        int i;
          for(i=0;i<=200;++i)
          ;
    }
/************************
函数功能:主函数
************************/
void main(void)
  {  while(1)
      {
        XBYTE[0x8003] =0x90;        //将工作方式控制字写入 8255A 控制寄存器
        a=XBYTE[0x8000];            //读入 8255A 的 A 口开关状态到变量 a 中
        delay();                    //调用延时函数
        XBYTE[0x8001] =a;           //将变量 a 中的数据写到 8255A 的 B 口中
      }
      while(1);
  }
```

【例6-3】 根据例6-2的系统电路连接（图6-6），要求实现根据PA口低4个开关（S0～S3）的状态使PB口连接的8个LED以不同的流水方式点亮，具体如下：

（1）S0合上时，要求1个LED由右向左循环点亮，且反复循环这种方式。

（2）S1合上时，要求2个LED由左向右循环点亮，且反复循环这种方式。

（3）S2合上时，要求由低到高逐个点亮所有8个LED，且反复循环这种方式。

（4）S3合上时，要求高4位LED和低4位LED错位闪烁，即高4位LED亮时低4位LED暗，高4位LED暗时低4位LED亮，且反复循环这种方式。

（5）当有两个开关合上时，以低位开关的状态为工作方式。

（6）当所有开关均断开时，则所有LED全部亮。

试用汇编语言和C51语言实现上述工作要求。

【解】 本例各口（含控制寄存器）的地址同上例。

汇编语言程序如下：

```
        ORG     0000H
        LJMP    MAIN

        ORG     0030H
  MAIN: MOV     DPTR,#8003H
        MOV     A,#90H
        MOVX    @DPTR,A
  LOOP: MOV     DPTR,#8000H
        MOVX    A,@DPTR
        MOV     DPTR,#8001H
        JB      ACC.0,LOOP0
        JB      ACC.1,LOOP1
        JB      ACC.2,LOOP2
        JB      ACC.3,LOOP3
        MOV     A,#0FFH
        MOVX    @DPTR,A
        SJMP    LOOP
 LOOP0: MOV     A,#01H
        MOV     R0,#07H
LOOP01: MOVX    @DPTR,A
        RL      A
        LCALL   DELAY
        DJNZ    R0,LOOP01
        SJMP    LOOP
 LOOP1: MOV     A,#0C0H
        MOV     R0,#06H
LOOP11: MOVX    @DPTR,A
        RR      A
        LCALL   DELAY
        DJNZ    R0,LOOP11
```

```
         SJMP   LOOP
 LOOP2:  MOV    A,#01H
         MOV    R0,#07H
LOOP21:  MOVX   @DPTR,A
         RL     A
         ORL    A,#01H
         LCALL  DELAY
         DJNZ   R0,LOOP21
         SJMP   LOOP
 LOOP3:  MOV    A,#0FH
         MOV    R0,#08H
LOOP31:  MOVX   @DPTR,A
         CPL    A
         LCALL  DELAY
         DJNZ   R0,LOOP31
         SJMP   LOOP

         ORG    0100H
 DELAY:  MOV    R1,#0FFH
DELAY1:  MOV    R2,#0FFH
DELAY2:  DJNZ   R2,$
         DJNZ   R1,DELAY1
         END
```

C 语言程序如下：

```
#include <reg51.h>
#include <absacc.h>
unsigned char a,b,j;
int i;
/ *********************
PDATA 区声明
*********************/
unsigned char data system_status = 0;
unsigned int data unit[2];
char data inp_string[16];
/ ***********************
函数功能:延时子函数
***********************/
void delay(void)
 {
   for (i = 0;i <= 20000; ++ i)
     ;
 }
/ ***********************
```

```
函数功能:主函数
************************/
void main(void)
 {
   XBYTE[0x8003]=0x90;                    //将工作方式控制字写入到控制寄存器中
   a=XBYTE[0x8000];                       //读入A口开关状态
   if(a!=(a/2)*2)                         //判断S0是否合上
    {
      j=0;
      a=0x01;
      while(j<=7)
        {
          XBYTE[0x8001]=a;
          a=a<<1;
          delay();
          ++j;
        }
    }
  else
     {
      if(a==(a/8)*8)                      //判断S3是否合上
        {
           j=0;
           a=0x0f;
           while(j<=8)
             {
               XBYTE[0x8001]=a;
               a=~a;
               delay();
               ++j;
             }
         }
       else
         {
           if(a==(a/4)*4)                 //判断S2是否合上
             {
               j=0;
               a=0x01;
               while(j<=6)
                 {
                   XBYTE[0x8001]=a;
                   a=a<<1;
                   a=a|0x01;
                   delay();
```

```
                ++j;
              }
            }
          else
            {
              if(a == (a/2) * 2)  //判断 S1 是否合上
                {
                  j = 0;
                  a = 0xc0;
                  while(j <= 6)
                    {
                      XBYTE[0x8001] = a;
                      a = a >> 1;
                      delay();
                      ++j;
                    }
                }
              else
                {
                  XBYTE[0x8001] = 0xff;//S0 ~ S3 均没有合上的工作状态
                }
            }
        }
    }
}
```

上述C51语言程序在结构上较难阅读理解，也可以用函数的形式实现上述功能，且方便阅读理解，具体程序如下：

```
#include <reg51.h>
#include <absacc.h>
unsigned char a,b,j;
int i;
/ *********************
PDATA 区声明
*********************/
unsigned char data system_status = 0;
unsigned int data unit[2];
char data inp_string[16];
/ ***********************
函数功能:延时子函数
************************/
void delay(void)
    {
```

```
        for (i =0;i <=20000; ++ i)
            ;
    }
/ ****************************
函数功能:S0 合上时工作子函数
****************************/
void s0on(void)
    {
      j =0;
      a =0x01;
      while(j <=7)
        {
          XBYTE[0x8001] =a;
          a =a <<1;
          delay();
           ++ j;
        }
    }
/ ****************************
函数功能:S1 合上时工作子函数
****************************/
void s1on(void)
    {
      j =0;
      a =0xc0;
      while(j <=6)
          {
            XBYTE[0x8001] =a;
            a =a >>1;
            delay();
             ++ j;
          }
    }
/ ****************************
函数功能:S2 合上时工作子函数
****************************/
void s2on(void)
    {
      j =0;
      a =0x01;
      while(j <=6)
          {
            XBYTE[0x8001] =a;
```

```
            a = a <<1;
            a = a |0x01;
            delay();
             ++j;
          }
     }
/ ******************************
函数功能:S3 合上时工作子函数
 ******************************/
void s3on(void)
     {
        j = 0;
        a = 0x0f;
        while(j <= 8)
          {
             XBYTE[0x8001] = a;
             a = ~a;
             delay();
              ++j;
          }
     }
/ ***********************
函数功能:主函数
 ***********************/
void main(void)
     {
        XBYTE[0x8003] = 0x90;                    //将工作方式控制字写入到控制寄存器中
        a = XBYTE[0x8000];                       //读入 A 口开关状态
        if(a! = (a/2) * 2)                       //判断 S0 是否合上
          {
             s0on();
          }
             else if(i == (a/8) * 8)//判断 S3 是否合上
               {
                   s3on();
               }
          else if(i == (a/4) * 4)                //判断 S2 是否合上
              {
                s2on();
              }
        else if(a == (a/2) * 2)                  //判断 S1 是否合上
          {
             s1on();
```

```
    }
            else
                {
                  XBYTE[0x8001]=0xff;    //S0～S3 均没有合上的工作状态
                }
    }
```

【例6-4】 某自动生产线的仿真单片机系统电路如图6-7所示，要求对PC的8个LED进行设置，设置动作流程要求如下（下列工序流程中未标出的LED均为0）：

工序1：LED0=1、LED2=1，延时一段时间后进入工序2。

工序2：LED3=1、LED5=1、LED6=1，延时一段时间后进入工序3。

工序3：LED1=1、LED2=1、LED7=1，延时一段时间后进入工序4。

工序4：LED2=1、LED4=1、LED7=1，延时一段时间后进入工序1。

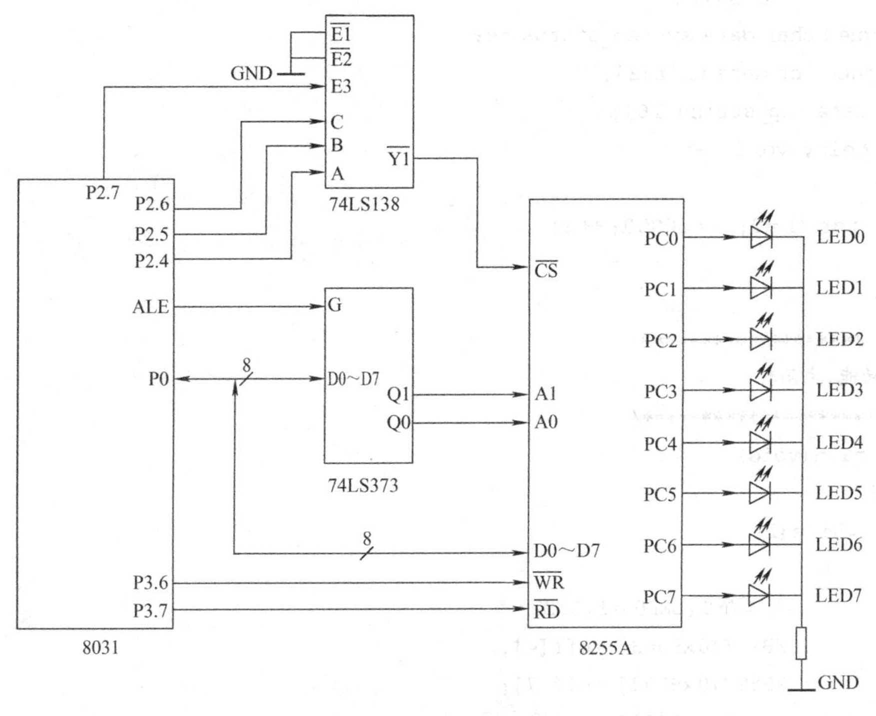

图6-7 例6-4电路图

【解】 题意分析：地址译码器输出$\overline{Y1}$连接8255A的片选信号$\overline{CS}$。

根据74LS138真值表（表5-3）得知，其地址分析如下：

端口名称	P2.7	P2.6	P2.5	P2.4	P2.3～P2.0	P0.7～P0.4	P0.3～P0.0
A口	1	0	0	1	××××	××××	××00
B口	1	0	0	1	××××	××××	××01
C口	1	0	0	1	××××	××××	××10
控制寄存器	1	0	0	1	××××	××××	××11

由于“×”表示这位既可以是0，也可以是1，因此将所有的“×”用0代替，则本例

电路中的 8255A 的 A 口、B 口、C 口和控制寄存器的地址为 9000H、9001H、9002H 和 9003H。

本例采用对 C 口位操作方式实现上述工作要求。

C51 语言程序如下：

```
#include <reg51.h>
#include <absacc.h>
long i;
unsigned char on[] = {0x01,0x03,0x05,0x07,0x09,0x0b,0x0d,0x0f};
unsigned char off[] = {0x00,0x02,0x04,0x06,0x08,0x0a,0x0c,0x0e};
/ *********************

PDATA 区声明
*********************/
unsigned char data system_status = 0;
unsigned int data unit[2];
char data inp_string[16];
void delay(void)
    {
      for (i = 0;i <= 50000; ++ i)
          ;
    }
/ ***********************
函数功能:主函数
***********************/
void main(void)
    {
      while(1)
        {
            //工序 1:LED0 =1、LED2 =1
            XBYTE[0x9003] = off[4];
            XBYTE[0x9003] = off[7];
            XBYTE[0x9003] = on[0];
            XBYTE[0x9003] = on[2];
            delay();
            //工序 2:LED3 =1、LED5 =1、LED6 =1
            XBYTE[0x9003] = off[0];
            XBYTE[0x9003] = off[2];
            XBYTE[0x9003] = on[3];
            XBYTE[0x9003] = on[5];
            XBYTE[0x9003] = on[6];
            delay();
            //工序 3:LED1 =1、LED2 =1、LED7 =1
```

```
                XBYTE[0x9003] = off[3];
                XBYTE[0x9003] = off[5];
                XBYTE[0x9003] = off[6];
                XBYTE[0x9003] = on[1];
                XBYTE[0x9003] = on[2];
                XBYTE[0x9003] = on[7];
                delay();
                //工序4:LED2 =1、LED4 =1、LED7 =1
                XBYTE[0x9003] = off[1];
                XBYTE[0x9003] = on[4];
                delay();
            }
        }
```

6.3　8155 可编程并行 I/O 接口芯片

6.3.1　8155 概述

8155 是一种通用的多功能可编程 RAM/IO 扩展器。内部除有三个可编程并行 I/O 端口（两个 8 位的端口 A 和 B 及一个六位的端口 C）外，还带有 256B 的静态 RAM 及一个可编程的 14 位定时/计数器。8155 能方便地与 MCS－51 系列单片机直接连接，是一种常用的外围接口芯片。

1. 8155 的结构

8155 芯片有 40 个引脚，采用 DIP 封装，使用单一的 +5V 电源，内部带有地址锁存器和多路转换的地址和数据线，8155 的内部结构框图如图 6-8 所示。

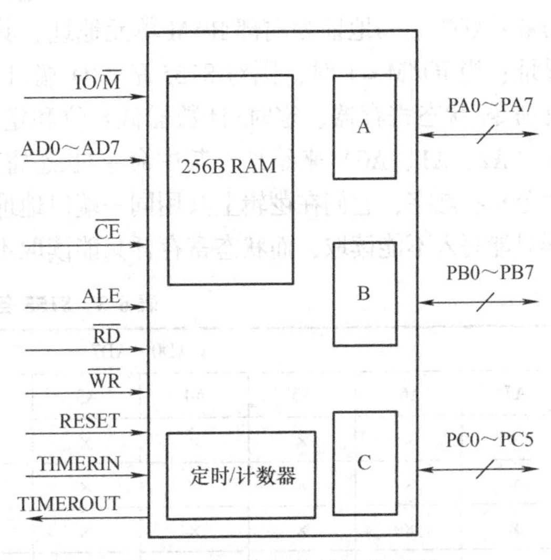

图 6-8　8155 的内部结构框图

8155 芯片各引脚功能说明如下：

1）RESET：复位输入信号，高电平有效。当 RESET 端出现脉宽为 5μs 的正脉冲时，8155 被可靠复位，复位后 A 口、B 口和 C 口均置于输入方式。

2）ALE：地址锁存允许信号，高电平有效。在该信号的下降沿把 AD0～AD7 上的 8 位地址信号、$\overline{CE}$片选信号以及 IO/$\overline{M}$ 信号都锁存到 8155 的内部锁存器。

3）AD0～AD7：8 位的三态地址数据线，是低 8 位地址线和数据线的共用输入总线，常和 51 单片机的 P0 口相连，用于分时传送地址数据信息。当 ALE =1 时，传送的是地址，该地址可以是 8155 内部 RAM 单元地址或 I/O 口地址，AD0 ~ AD7 上的地址由 ALE 的下降沿锁存到 8155 的内部的地址锁存器；当 ALE = 0 时，传送的是数据，该数据既可以是输入的信息，也可以是输出的信息。也就是说由 ALE 信号来区分 AD0 ~ AD7 上出现的是地址信息还是数据信息。

4）$IO/\overline{M}$：I/O 端口和内部 RAM 选择信号。当 $IO/\overline{M}$ = 1 时，AD0 ~ AD7 上的地址为 8155 的 I/O 口地址，表示选择 I/O 端口；当 $IO/\overline{M}$ = 0 时，AD0 ~ AD7 上的地址为 8155 内部 RAM 单元地址，表示选择 RAM 单元。

5）$\overline{CE}$：片选信号，低电平有效。由$\overline{ALE}$的下降沿锁存到 8155 的内部锁存器。

6）$\overline{RD}$：读选通信号，低电平有效。当$\overline{RD}$ = 0 且$\overline{CE}$ = 0 时，开启 AD0 ~ AD7 的缓冲器，被选中的内部 RAM 单元（$IO/\overline{M}$ = 0）或 I/O 口（$IO/\overline{M}$ = 1）的内容送到 AD0 ~ AD7 上。

7）$\overline{WR}$：写选通信号，低电平有效。当$\overline{CE}$、$\overline{WR}$都有效时，CPU 输出到 AD0 ~ AD7 上的信号写入 8155 内部 RAM 单元或 I/O 口。

8）PA0 ~ PA7：A 口的 I/O 线（8 位）。

9）PB0 ~ PB7：B 口的 I/O 线（8 位）。

10）PC0 ~ PC5：C 口的 I/O 线（6 位）。

11）TIMERIN：定时/计数器时钟信号输入端。其输入脉冲对 8155 内部的 14 位定时/计数器减 1。

12）TIMEROUT：定时/计数器输出端。当定时/计数器计满回 0 时，根据定时/计数器工作方式，TIMEROUT 端可以输出方波或脉冲信号。

13）V_{CC}：接 +5V 电源。

14）V_{SS}：接地。

2. 8155 的 RAM 和 I/O 端口寻址

$IO/\overline{M}$ 是 8155 的 I/O 端口和内部 RAM 选择信号，当 $IO/\overline{M}$ = 0 时，选中 8155 内部 RAM，AD0 ~ AD7 上的地址为内部 RAM 单元地址，其地址范围为 00H ~ FFH，对内部 256B 的 RAM 寻址；当 $IO/\overline{M}$ = 1 时，则对 8155 的 I/O 端口寻址。8155 的端口除 A、B、C 三个口外，还有命令/状态寄存器、定时/计数器低 8 位和定时/计数器高 8 位，共 6 个，因此需用三位地址（A2、A1、A0）来编址，其中命令/状态寄存器在物理上是两个独立的寄存器，分别存放命令和状态字，它们在逻辑上共用同一端口地址，在访问时，由读写信号来区分，即命令寄存器只能写入不能读取，而状态寄存器只能读取不能写入。8155 各端口地址分配见表 6-3。

表 6-3　8155 各端口地址分配

AD0 ~ AD7								I/O 端口或寄存器
A7	A6	A5	A4	A3	A2	A1	A0	
×	×	×	×	×	0	0	0	命令/状态寄存器
×	×	×	×	×	0	0	1	A 口
×	×	×	×	×	0	1	0	B 口
×	×	×	×	×	0	1	1	C 口
×	×	×	×	×	1	0	0	定时/计数器低 8 位
×	×	×	×	×	1	0	1	定时/计数器高 8 位

3. 8155的命令/状态寄存器

8155三组I/O端口的工作方式由可编程的命令/状态寄存器内容确定，其状态可由读出状态寄存器的内容而获得。

（1）命令寄存器　命令寄存器用来存放工作方式控制字，而工作方式控制字用于定义端口的工作方式。8155的命令寄存器共有8位，其中：

1）D7、D6：定时/计数器工作方式控制位。

2）D5：B口中断控制位。

3）D4：A口中断控制位。

4）D3、D2：工作方式控制位。

5）D1：B口输入输出控制位。

6）D0：A口输入输出控制位。

具体各位的设置如图6-9所示。

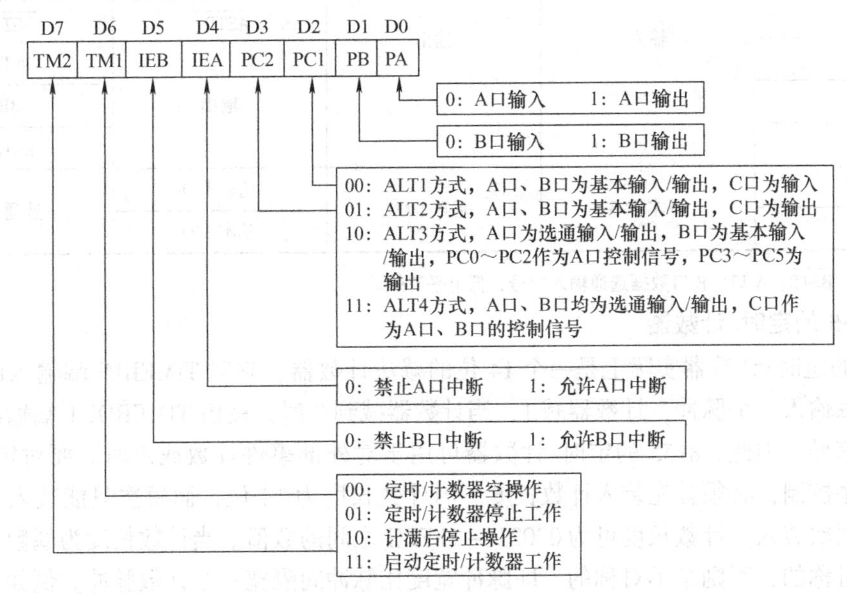

图6-9　工作方式控制字各位功能设置

（2）状态寄存器　状态寄存器用来存放状态字，状态字共8位（实际上只使用7位，最高位没定义），主要用于存放各端口及定时/计数器的工作状态。状态字的各位含义见表6-4。

表6-4　状态字各位含义

D7	D6	D5	D4	D3	D2	D1	D0
×	TIMER	INTEB	BBF	INTRB	INTEA	ABF	INTRA

1）INTRA、INTRB：端口有无中断请求标志位。若INTRx = 1，则表示端口有中断请求；若INTRx = 0，则表示端口没有中断请求。

2）ABF、BBF：端口的缓冲器满/空标志位。若xBF = 1，则表示端口缓冲器已装满数据，可由外设或单片机取走；若xBF = 0，则表示端口缓冲器为空，可接受外设或单片机发送数据。

3）INTEA、INTEB：端口中断允许/禁止标志位。若 INTEx =1，则表示允许端口中断；若 INTEx =0，则表示禁止端口中断。

4）TIMER：定时/计数器计满与否标志位。TIMER =1，表示定时/计数器的原计数初值已计满回零；TIMER =0，表示定时/计数器尚未计满。

在这些状态标志位中，INTR、BF、INTE 是端口 A 和端口 B 处于选通工作方式时才具有的状态。

表 6-5 给出了各种 ALT 方式下的 I/O 端口的工作方式。

表 6-5　各种 ALT 方式下的 I/O 端口工作方式

口（位）＼方式	ALT1（00）	ALT2（01）	ALT3（10）	ALT4（11）
PC0	输入	输出	INTRA	INTRA
PC1			ABF	ABF
PC2			$\overline{\text{ASTB}}$①	$\overline{\text{ASTB}}$①
PC3			输出	INTRB
PC4				BBF
PC5				$\overline{\text{BSTB}}$①
A 口	基本 I/O	基本 I/O	选通 I/O	选通 I/O
B 口			基本 I/O	

① $\overline{\text{ASTB}}$、$\overline{\text{BSTB}}$：A 口、B 口数据选通输入信号，低电平有效。

4. 8155 的定时/计数器

8155 的定时/计数器实际上是一个 14 位的减法计数器，它对 TIMERIN 端输入的脉冲进行计数，每输入一个脉冲，计数器减 1，当计数器减到 0 时，就由 TIMEROUT 端输出一个方波或脉冲信号。因此，8155 的定时/计数器可用于对外部事件计数或定时。要对定时/计数器进行程序控制，必须首先装入计数长度。因计数长度为 14 位，而每次只能装入 8 位，因此必须分两次装入。计数长度可为 0002H ~3FFFH 之间的数值。当计数长度为偶数时，输出的方波是对称的，否则是不对称的，即脉冲宽度比脉冲间隔宽一个计数脉冲。例如，当计数初值为 11 时，输出高电平的宽度为 6 个脉冲，低电平的宽度为 5 个脉冲。正因如此，计数的初值必须大于 1。

当 TIMERIN 接外部脉冲时，为计数方式，接系统时钟时，可作为定时方式。

定时/计数器的高 8 位寄存器在计数长度中只用了低 6 位，其中最高两位 D15、D14 用于规定定时/计数器的输出方式。最高两位定义如下：

D15D14 =00 时，表示输出单次方波。　　D15D14 =01 时，表示输出连续方波。

D15D14 =10 时，表示输出单脉冲。　　D15D14 =11 时，表示输出连续脉冲。

需要说明的是，8155 复位后，定时/计数器停止工作，直到重新写入命令字发出启动命令为止。

5. 8155 定时/计数器与 MCS -51 系列单片机定时/计数器的区别

1）8155 定时/计数器是减法计数，而 MCS -51 系列单片机的定时/计数器是加法计数，因此确定计数初值的方法是不同的。

2）MCS－51 系列单片机的定时/计数器有多种工作方式，而 8155 的定时/计数器只有一种固定的工作方式，即 14 位计数，它是通过软件方法进行计数值加载。

3）MCS－51 系列单片机的定时/计数器有两种计数脉冲，当定时方式下工作时，由芯片内部按机器周期提供固定频率的计数脉冲，当计数方式下工作时，从芯片外部引入计数脉冲；而 8155 的定时/计数器，不论是定时工作不是计数工作，都是由外部提供计数脉冲。

4）MCS－51 系列单片机的定时/计数器，计数溢出自动置位 TCON 中的 TF（溢出标志），供用户以查询或中断方式使用；而 8155 的定时/计数器，计数溢出时向芯片外边输出一个信号（TIMEROUT），且这一信号有脉冲和方波两种形式，可由用户选择，由定时/计数器的高 8 位寄存器中的最高两位 D15 和 D14 来确定。

6.3.2　8155 应用

MCS－51 系列单片机与 8155 可直接连接且不需要任何外加逻辑，可直接为系统增加 256B 的 RAM、22 根 I/O 线及一个 14 位的定时器。8155 与 8031 单片机的连接如图 6-10 所示。

在图 6-10 所示连接状态下的地址编号为：RAM 字节地址为 7E00H ~ 7EFFH。命令/状态寄存器、A 口、B 口、C 口、定时/计数器低 8 位、定时/计数器高 8 位地址分别为 7F00H、7F01H、7F02H、7F03H、7F04H、7F05H。

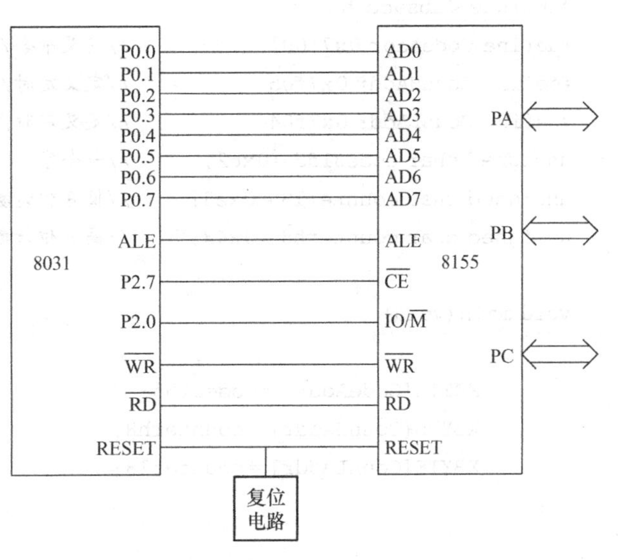

图 6-10　8155 与 8031 单片机的连接

【例 6-5】　要求对计数脉冲进行千分频，即计数 1000 后，电平状态变化，并重新置数以产生连续方波，假设 A 口为输入方式，B 口为输出方式，C 口为输入方式，禁止中断。其工作电路图如图 6-10 所示。

【解】　此题共两项任务：确定计数初值和命令字。

题意分析：定时/计数器的低 14 位装入计数初值，由于 8155 定时/计数器工作于减法状态，所以定时/计数器的初值应为 1000 或 03E8H。而本例要求输出连续方波，因此计数器的最高两位 D15D14 =01，所以定时/计数器高位字节为 43H，而计数器的低位字节为 E8H。按题目要求 8155 的命令字为 C2H。

汇编语言的初始化程序如下：

```
        ORG     0000H
        LJMP    MAIN

        ORG     0100H
MAIN:   MOV     DPTR,#7F00H          ;命令/状态寄存器地址
```

```
        MOV    A,#0C2H          ;命令字
        MOVX   @DPTR,A          ;装入命令字
        MOV    A,#0E8H          ;定时/计数器低8位的计数值
        MOV    DPTR,#7F04H      ;定时/计数器低8位地址
        MOVX   @DPTR,A          ;写入定时/计数器低8位
        INC    DPTR             ;定时/计数器高8位地址
        MOV    A,#43H           ;定时/计数器高8位的计数值
        MOVX   @DPTR,A          ;写入定时/计数器高8位
        END
```

C51语言的初始化程序如下：

```
#include <reg51.h>
#include <absacc.h>
#define CodeAddr 0x7f00                    //定义命令/状态寄存器地址
#define CounHAddr 0x7f05                   //定义定时/计数器高8位地址
#define CounLAddr 0x7f04                   //定义定时/计数器低8位地址
unsigned char code8155 = 0xc2;             //命令字
unsigned char counterl8 = 0xe8;            //低8位计数值
unsigned char counterh8 = 0x43;            //高8位计数值

void main(void)
    {
        XBYTE[CodeAddr] = code8155;
        XBYTE[CounHAddr] = counterh8;
        XBYTE[CounLAddr] = counterl8;
}
```

6.4　习题

1. 接口电路的主要作用有哪些？
2. 简述接口与端口的区别。
3. 在单片机系统中，I/O端口采用何种编址方式？
4. 如图6-11所示为自动生产线的仿真电路图，要求实现如下工作过程：

1）当S1合上后，开始进入工序一：LED0、LED4和LED5亮。

2）在工序一工作过程中，当S2按下后，进入工序二：LED1、LED2和LED3亮，随即S2断开，并保持LED1、LED2和LED3亮状态。

3）在工序二工作过程中，当S3合上后，进入工序三：LED6亮，随即S3断开，并保持LED6亮状态。

4）在工序三工作过程中，当S4合上后，进入工序四：所有LED暗，扬声器发出音频信号。

5）断开S4则关闭扬声器，并重新进入工序一，如此反复。

6）当断开 S1 后，则所有 LED 暗且扬声器关闭。

试用 C51 语言编写程序实现上述功能。

5. 试用定时中断方式每隔 2s 使图 6-11 的发光二极管依次循环点亮。设主频率为 12MHz。

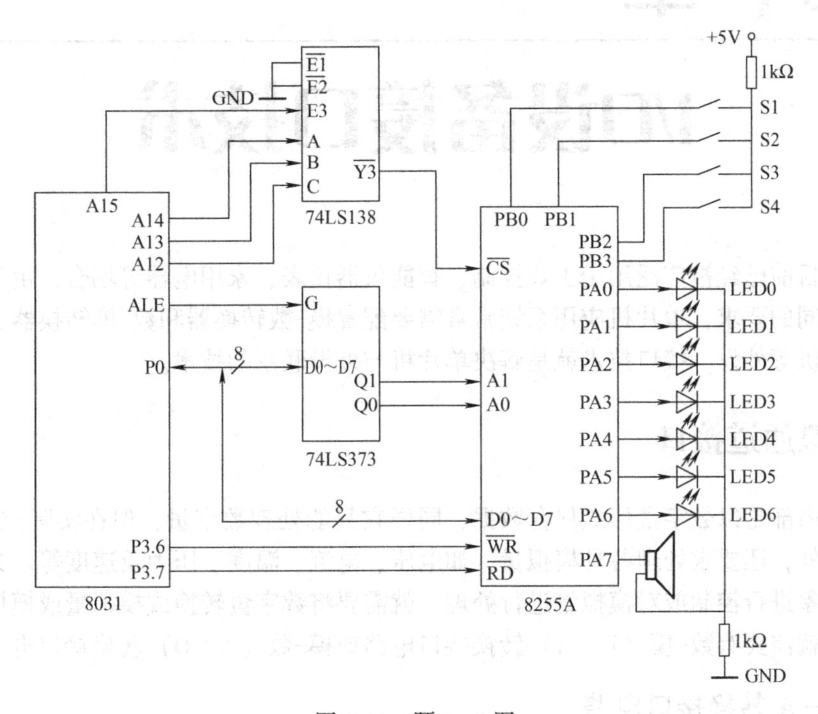

图 6-11　题 4、5 图

第7章

I/O设备接口技术

单片机目前已经被广泛用于工业控制、智能仪器仪表、家用电器等场合，由于在实际工作中存在不同的要求，单片机应用系统常常需要配置模-数转换器和数-模转换器、键盘、显示器、打印机等外设。接口技术就是解决单片机与外设联系的技术。

7.1 模拟通道接口

单片机内部是以数字量形式保存数据，同样它只能处理数字量，但在实际控制对象中，除数字量之外，还要求处理各种模拟量，如电压、电流、温度、压力及速度等。为使单片机能对模拟对象进行控制或对模拟量进行处理，就需要将数字量转换成模拟量或模拟量转换成数字量，这就需要有数-模（D-A）转换接口电路或模-数（A-D）转换接口电路。

7.1.1 D-A转换接口电路

1. D-A转换器工作原理

D-A转换器（DAC）是将数字量转换成模拟量的电路，现在一般有现成的集成电路。计算机输出的数字量通过D-A转换器转换成模拟量，从而控制模拟对象，以满足被控对象的工作要求。

D-A转换器工作原理如图7-1所示。

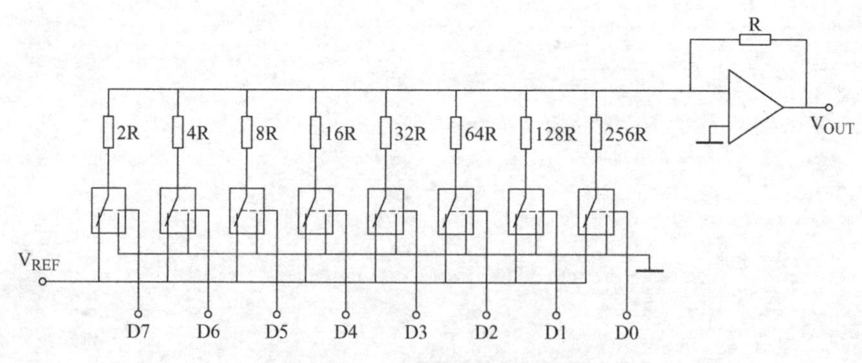

图7-1 D-A转换器工作原理

该结构主要由加权电阻解码网、受输入量控制的电子开关组和由运算放大器构成的电流电压转换器构成。电子开关组受输入二进制数据D7~D0控制；当某一位为“1”时，电子开关合在高电平，即接通基准电压 V_{REF}；当某一位为“0”时，电子开关合在低电平，即接地。各位的输入电阻阻值根据其权不同而不同：权越大，阻值越小；反之亦然。根据运算放大器加法公式，得电压 V_{OUT} 为

$$\begin{aligned}V_{OUT} &= -\left(\frac{R}{2^1R}V_{REF}\cdot D7+\frac{R}{2^2R}V_{REF}\cdot D6+\cdots+\frac{R}{2^7R}V_{REF}\cdot D1+\frac{R}{2^8R}V_{REF}\cdot D0\right)\\&= -\frac{V_{REF}}{2^8}\sum_{i=0}^{7}2^iD_i\end{aligned}\tag{7-1}$$

式中，$\frac{V_{REF}}{2^8}$代表最小输入量的变化值，$\sum 2^iD_i$ 代表计算机输出的8位二进制数。

2. D-A转换器的主要特性

（1）输入数据位数　经常用的DAC芯片有8位、10位、12位和16位，在与单片机接口时，将分为8位和大于8位的DAC两种情况考虑。

（2）接口电平　由于单片机的接口电平与74系列逻辑电路的电平均为TTL电平，因此应用DAC芯片时，应选用TTL接口电平的芯片。

（3）输出电压范围　DAC的输出有电流输出和电压输出之分，对于电流输出的DAC，需外加电流-电压转换器电路（运算放大器），这时电压的输出范围不仅与DAC的 V_{REF} 有关，还与电流-电压转换器电路有关。输出电压范围有0～5V、0～10V、-5～5V、-10～10V等。

（4）输出电压极性　输出电压极性有单极性和双极性之分，如0～5V、0～10V为单极性输出，而-5～5V、-10～10V为双极性输出。

3. D-A转换器的主要性能指标

（1）分辨率　分辨率表征D-A转换器对微小输入量变化的敏感程度，通常用数字量的数位表示，如8位、12位、16位等。分辨率为8位的D-A转换器，表示它可以对满量程的 $1/2^8=1/256$ 的增量做出反应。

（2）相对精度　相对精度指在满刻度已校准的前提下，在整个刻度范围内，对应于任一数码的模拟量输出与它的理论值之差。通常用数字量最低位所代表的模拟量与满刻度所代表的最大模拟量之比的百分数表示。

（3）转换时间　转换时间指数字变化量是满刻度时，达到终值±LSB/2（LSB表示最低有效位）时所需的时间，通常为几十纳秒至几微秒。

（4）线性误差　通常给出在一定温度下的最大非线性度，一般为0.01%～0.03%。

4. 常用D-A转换器介绍

（1）DAC0832　DAC0832是8位分辨率的D-A芯片，是目前国内应用最广的8位D-A芯片，由美国国家半导体公司生产。

1）DAC0832的内部结构如图7-2所示。它主要由8位输入锁存器、8位DAC寄存器、采用R-2R电阻网络的8位D-A转换器、相应的选通控制逻辑部分组成。DAC0832的分辨率为8位，电流输出，采用20引脚双列直插式封装。

2）引脚名称与功能如下：

① DI7 ~ DI0：8 位数字量输入线。

② $\overline{CS}$：片选信号，低电平有效。与 ILE 配合，可对写信号$\overline{WR_1}$是否有效起控制作用。

③ $\overline{WR_1}$：写信号 1，低电平有效。当$\overline{CS}$、$\overline{WR_1}$、ILE 都有效时，可将 8 位数字输入数据写入 8 位输入锁存器中。

④ ILE：允许输入锁存信号，高电平有效。输入锁存器的锁存信号$\overline{LE_1}$由 ILE、$\overline{CS}$、$\overline{WR_1}$的逻辑组合产生。当 ILE 为高电平、$\overline{CS}$为低电平、$\overline{WR_1}$输入负脉冲时，在$\overline{LE_1}$上产生正脉冲。当$\overline{LE_1}$为高电平时，输入锁存器的状态随数据输入线的状态变化，在$\overline{LE_1}$负跳变时将数据输入线上的信息锁存到输入锁存器。

⑤ $\overline{WR_2}$：写信号 2，低电平有效。当$\overline{WR_2}$有效时，在$\overline{XFER}$传送控制信号作用下，可将锁存在输入锁存器的 8 位数据送到 DAC 寄存器。

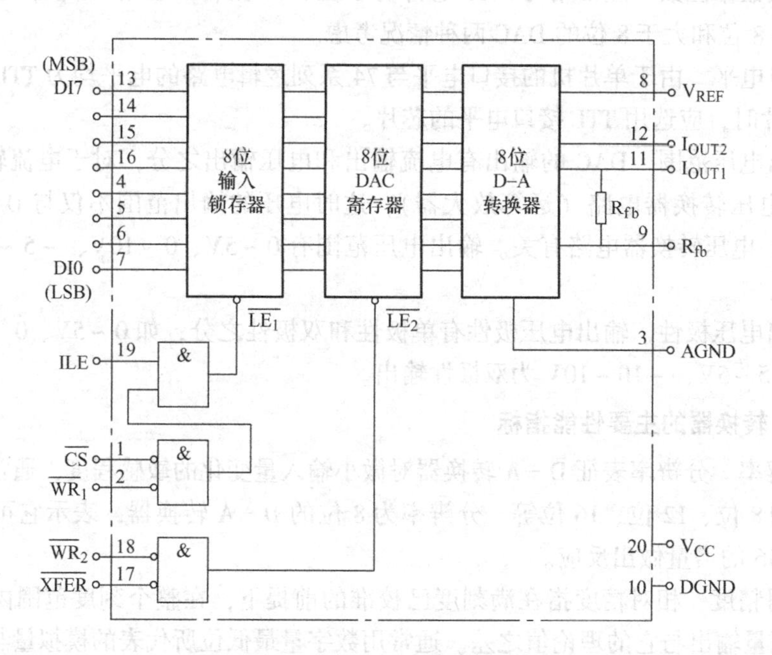

图 7-2　DAC0832 的内部结构

⑥ $\overline{XFER}$：数据传送信号，低电平有效。当$\overline{WR_2}$、$\overline{XFER}$均有效时，则在$\overline{LE_2}$上产生正脉冲；$\overline{LE_2}$为高电平时，DAC 寄存器的输出和输入的状态一致，$\overline{LE_2}$的负跳变使输入锁存器的内容锁存在 DAC 寄存器。

⑦ V_{REF}：基准电源输入端。它与 DAC 内的权电阻解码网络相接，V_{REF}可在 ±10V 范围内调节。

⑧ R_{fb}：反馈信号输入端。反馈电阻在 DAC0832 芯片内部，可用作外部运放的反馈电阻。

⑨ I_{OUT1} 和 I_{OUT2}：模拟电流输出端，$I_{OUT1}+I_{OUT2}$ = 常数 C，I_{OUT1} 和 I_{OUT2} 与输入数字量 D 之间的关系见表 7-1。

表 7-1 I_{OUT1}和 I_{OUT2}与输入数字量 D 之间的关系

输入数字量 D	I_{OUT1}	I_{OUT2}
00H	0	C
⋮	⋮	⋮
80H	C/2	C/2
⋮	⋮	⋮
FFH	C	0

⑩ V_{CC}：电源输入端。

⑪ AGND：模拟信号地。

⑫ DGND：数字信号地。

3）DAC0832 与单片机连接时有两种工作方式：单缓冲方式和双缓冲方式。

在单缓冲方式下，DAC0832 的两个 8 位寄存器中仅有一个处于数据接收状态，另一个则受 CPU 送来的控制信号控制，数据送来即可完成一次 D－A 转换。其连接示意图如图 7-3 所示。

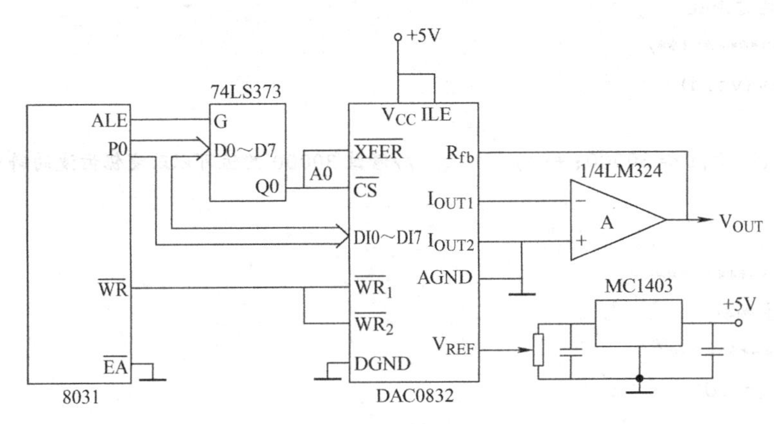

图 7-3 DAC0832 与 8031 单缓冲方式连接示意图

【例 7-1】 利用图 7-3 所示电路产生锯齿波形，如图 7-4 所示，试编写程序。

【解】 题意分析：本例中 D－A 转换器的片选信号$\overline{CS}$接 A0，因此其地址只要保证地址最低位为 0 即可，具体汇编程序如下：

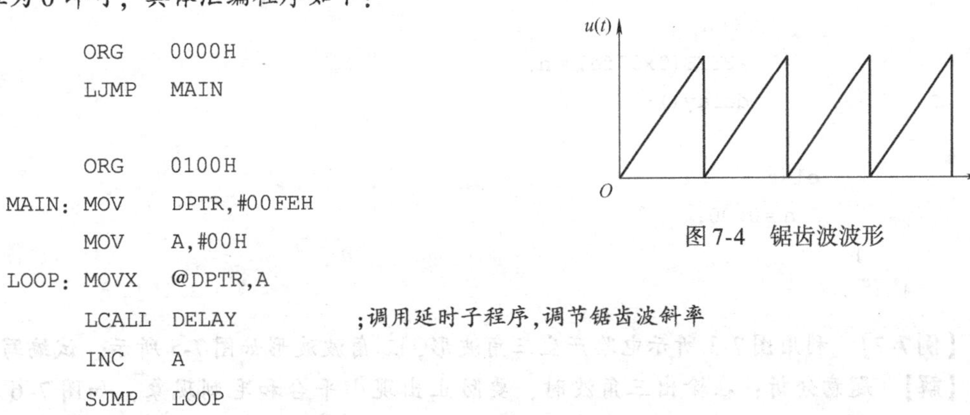

图 7-4 锯齿波波形

```
        ORG    0000H
        LJMP   MAIN

        ORG    0100H
MAIN:   MOV    DPTR,#00FEH
        MOV    A,#00H
LOOP:   MOVX   @DPTR,A
        LCALL  DELAY              ;调用延时子程序,调节锯齿波斜率
        INC    A
        SJMP   LOOP
```

```
         ORG    0130H
 DELAY: MOV    R0,#20H
DELAY1: MOV    R1,#10H
         DJNZ   R1,$
         DJNZ   R0,DELAY1
         RET
         END
```

在上述程序中，修改延时子程序中#20H和#10H的值，可以修改延时时间的长短，从而可以调节锯齿波的斜率。

C51语言程序如下：

```
#include <reg51.h>
#include <absacc.h>
int i,n=0;
/******************
函数功能:延时函数
******************/
void delay(void)
    {
      for(i=0;i<=30000; ++i)             //修改30000的值可以改变锯齿波的斜率
         ;
    }
/******************
函数功能:主函数
******************/
void main(void)
    {
      while(1)
       {
          if(n!=0x100)
             {
                 ++n;
                XBYTE[0x00fe]=n;
                delay();
             }
          else
             n=0x00;
       }
    }
```

【例7-2】 利用图7-3所示电路产生三角波形，三角波波形如图7-5所示，试编写程序。

【解】 题意分析：在输出三角波时，要防止出现小平台和毛刺现象，如图7-6所示。产生小平台的原因是两次输出FFH，或在一次输出FFH后，两次调用延时子程序。如果谷值 00H 输出两次，会造成谷值处的小平台。而造成毛刺现象的原因是输出 FFH 数据后，输出了 00H 数据，再输出 FFH 数据。因此在编程时最高值（峰值）FFH 只能输出一次，最小值（谷值）00H 也只能输出一次。

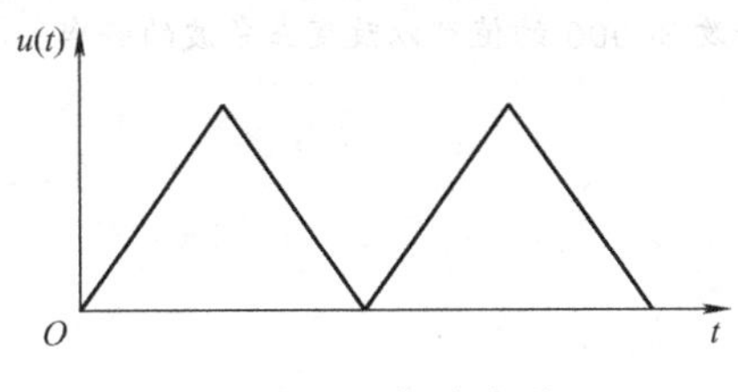

图 7-5　三角波波形

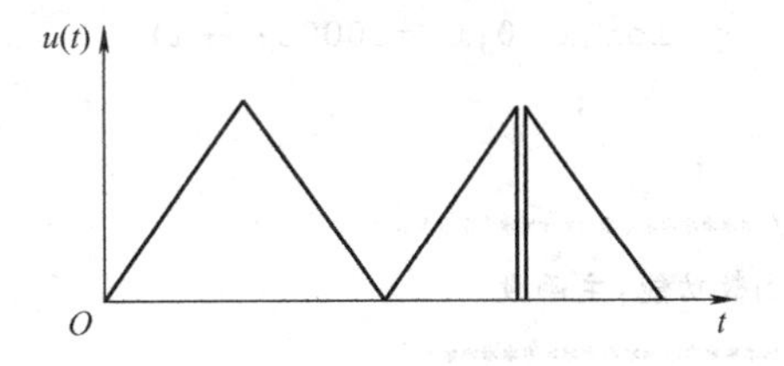

图 7-6　三角波波形的小平台和毛刺现象

汇编程序如下：

```
        ORG   0000H
        LJMP  MAIN

        ORG   0100H
  MAIN: MOV   DPTR,#00FEH
        MOV   A,#00H
    UP: MOVX  @DPTR,A
        LCALL DELAY              ;调用延时子程序,调节三角波斜率
        ADD   A,#01H
        JNC   UP
        CLR   C
        MOV   A,#0FEH
  DOWN: MOVX  @DPTR,A
        LCALL DELAY              ;调用延时子程序,调节三角波斜率
        SUBB  A,#01H
        JNC   DOWN
        SJMP  UP

        ORG   0150H
 DELAY: MOV   R0,#20H
DELAY1: MOV   R1,#10H
        DJNZ  R1,$
        DJNZ  R0,DELAY1
        RETI
        END
```

C51 语言程序如下：

```
#include <reg51.h>
#include <absacc.h>
int i,n=0,m=0;
/******************
```

```
函数功能:延时函数
******************/
void delay(void)
    {
      for(i=0;i<=30000;++i)          //修改30000的值可以改变三角波的斜率
          ;
    }
/******************
函数功能:主函数
******************/
void main(void)
    {
      while(1)
        {
          if(m==0)
            {
              if(n!=256)
                {
                  ++n;
                  XBYTE[0x00fe]=n;
                  delay();
                }
              else
                {
                  m=1;
                  n=0xff;
                }
            }
          else
            {
              if(n!=-1)
                {
                    --n;
                    XBYTE[0x00fe]=n;
                    delay();
                }
              else
                {
                  m=0;
                  n=0x00;
                }
            }
        }
    }
```

【例7-3】 利用图7-3所示电路产生正弦波形，试用C51语言编写程序。

【解】 题意分析：本例要求输出正弦波，因此在运算放大器输出端应接隔直电容器，或根据要求输出的频率接LC滤波器。由于要用到正弦函数，因此必须在文件开始处包含头文件math. h，否则无法在程序中运用该函数，如果要用到其他数学函数也必须包含该头文件。math. h的具体内容见附录F。

C51语言程序如下：

```
#include <reg51.h>
#include <absacc.h>
#include <math.h>
int i,j=0,m;
float pi=3.1415926,n;
/********************
函数功能:延时函数
********************/
void delay(void)
  {
    for(i=0;i<=100;++i)          //修改100的值可以改变正弦波的周期或频率
        ;
  }
/******************
函数功能:主函数
******************/
void main(void)
  {
    while(1)
      {
        ++j;
         n=j*pi/180;
         m=(sin(n)*255)/1;
         XBYTE[0x00fe]=m;
         delay();
      }
}
```

DAC0832也可以在双缓冲方式下工作。对于多路D-A转换接口，要求同步进行D-A转换输出时，必须采用双缓冲方式，如图7-7所示。

DAC0832在采用双缓冲方式时，数字量的输入锁存和D-A转换输出是分两步完成的，即CPU首先通过数据总线分时向各路D-A转换器输入要转换的数字量并锁存在各自的输入寄存器中，然后CPU同时向所有的D-A转换器发出控制信号，将锁存在输入锁存器上的数据输入到DAC寄存器上，实现同步转换输出。

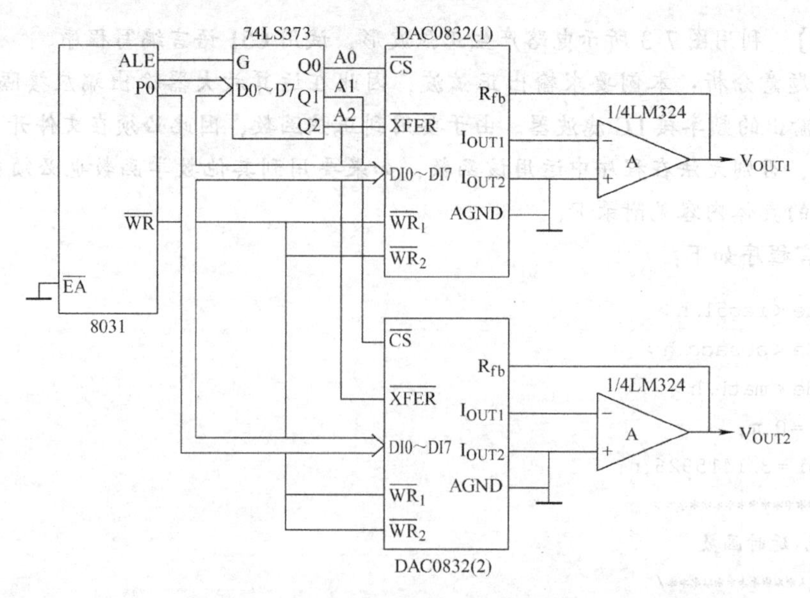

图 7-7　DAC0832 双缓冲方式连接图

【例 7-4】 利用图 7-8 所示电路，输出三相正弦波，三相相位差为 120°，试用 C51 语言编写程序。

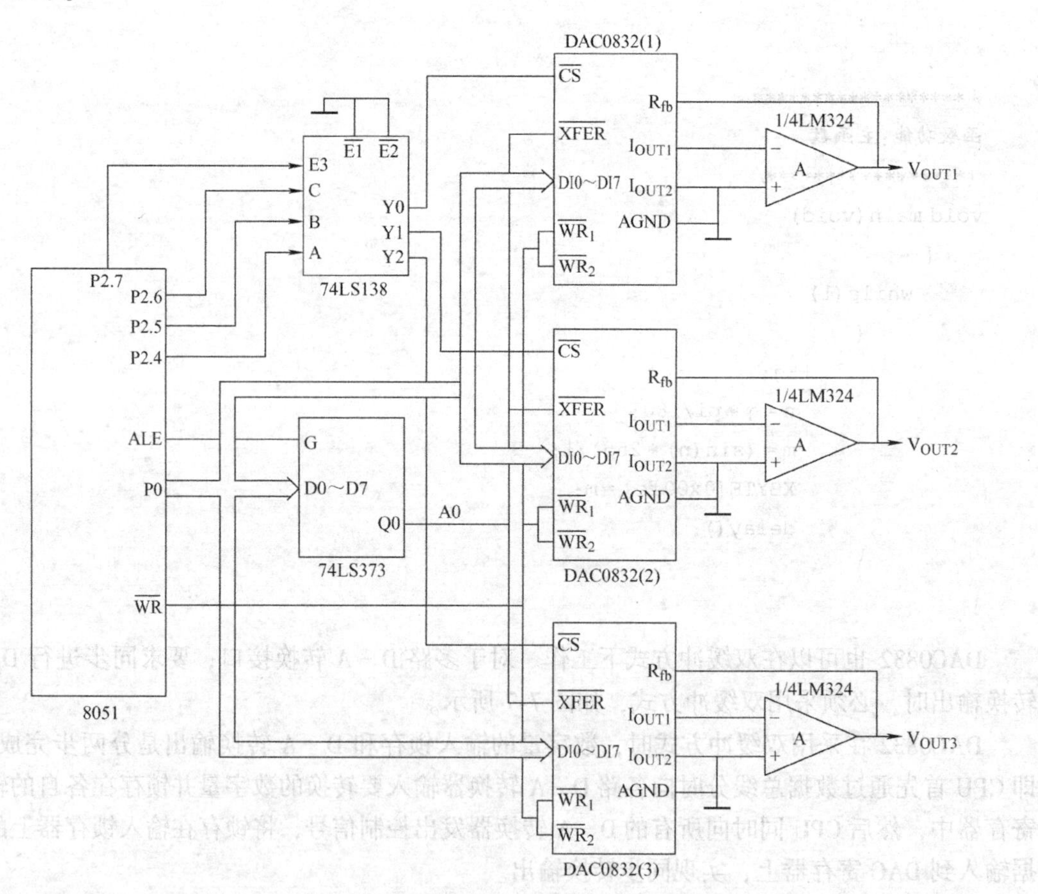

图 7-8　例 7-4 图

【解】 题意分析：在本例中，DAC0832（1）、DAC0832（2）和DAC0832（3）的输入锁存器分别占用了三个外部RAM地址，分别为8FFFH、9FFFH和AFFFH（没有连接的视为高电平有效），而它们的DAC寄存器共同占用一个外部RAM地址，即FFFEH，程序参照上例，但要求同时向三个DAC0832的输入锁存器输出数据，然后CPU同时向所有的D-A转换器发出控制信号，将锁存在输入锁存器上的数据输入到各自的DAC寄存器上，实现同步转换输出。

C51语言程序如下：

```
#include <reg51.h>
#include <absacc.h>
#include <math.h>
int i,j=0,m1,m2,m3;
float pi=3.1415926;
/******************
函数功能:延时函数
******************/
void delay(void)
  {
      for(i=0;i<=100;++i)          //修改100的值可以改变正弦波的周期或频率
          ;
  }
/*****************
函数功能:主函数
*****************/
void main(void)
  {
      while(1)
        {
          ++j;
          m1=(sin(j*pi/180)*255)/1;
          m2=(sin((j+120)*pi/180)*255)/1;
          m3=(sin((j-120)*pi/180)*255)/1;
          XBYTE[0x8fff]=m1;
          XBYTE[0x9fff]=m2;
          XBYTE[0xafff]=m3;
          XBYTE[0xFFFE]=00;
          delay();
      }
```

（2）DAC1208　为了提高分辨率，除了上述介绍的8位D-A转换器外，还可用10位、12位甚至更多位数的D-A转换器。DAC1208是目前应用较广泛的12位D-A转换器。

1）DAC1208的内部结构如图7-9所示。DAC1208与DAC0832在结构上很相似，也具有双缓冲器，只是它是12位的部件。但对于输入寄存器而言，它不是由一个12位的寄存器组成，而是由一个8位的寄存器和一个4位的寄存器共同组成，这样做的目的是便于与8位的CPU相连接。DAC1208的分辨率为12位，电流输出，采用24引脚双列直插式封装。

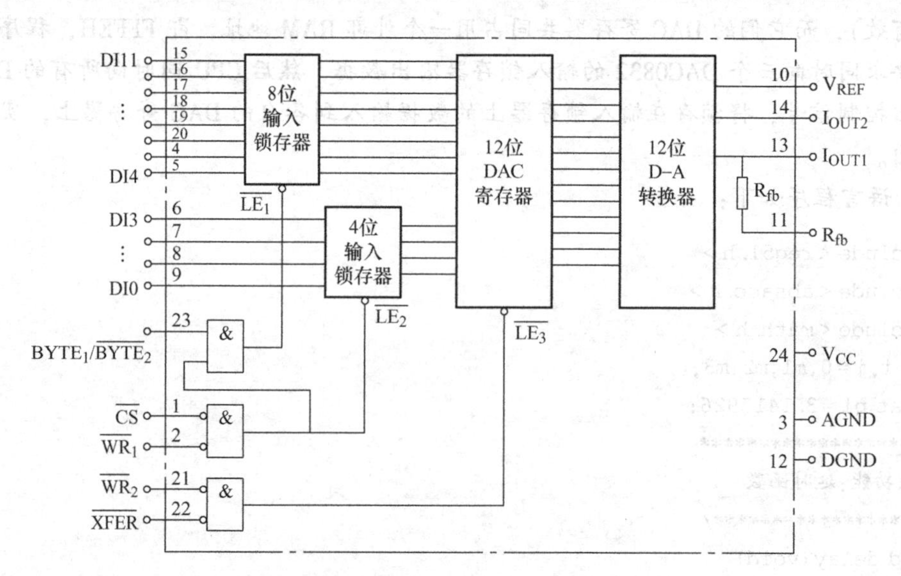

图7-9　DAC1208的内部结构

2）DAC1208在引脚名称与功能方面与DAC0832有区别的是：

① DI11～DI0：12位数字量输入线；

② BYTE1/$\overline{\text{BYTE2}}$：字节控制信号。当BYTE1/$\overline{\text{BYTE2}}$=1时，8位和4位的输入锁存器都选中；当BYTE1/$\overline{\text{BYTE2}}$=0时，仅低4位的输入锁存器选中。

3）DAC1208与8031单片机的连接如图7-10所示。

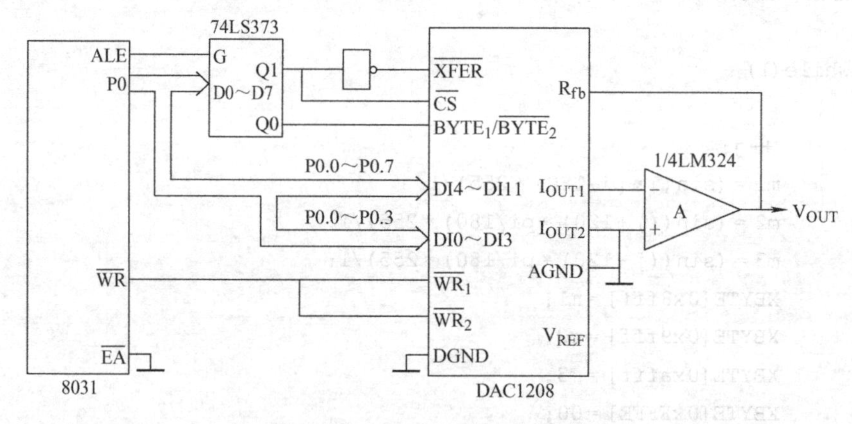

图7-10　DAC1208与8031连接

从图7-10中看出，DAC1208是在双缓冲方式下工作的，单片机按照先送高8位再送低4位原则，分两次将12位数字量送到输入锁存器，然后再使$\overline{\text{XFER}}$有效，使12位DAC寄存器同时从输入锁存器接收数字量，进行D-A转换，这样的工作方式下，输出电压不会产生“毛刺”，如果DAC1208工作在单缓冲方式下，输出电压由于分两次转换会产生电压突变，造成“毛刺”现象。

【例7-5】 利用图7-10电路，将内部RAM的30H和31H中存放的12位数字量通过DAC转换成模拟量，其中30H存放低4位，31H存放高8位。设：$\overline{CS}$为1111110B（没有连接的视为高电平有效，其实$\overline{CS}$可以是×××××××0B），$\overline{XFER}$为1111111B（没有连接的视为高电平有效，其实$\overline{XFER}$可以是×××××××1B）。

【解】 题意分析：由于$\overline{CS}$为1111110B，$\overline{XFER}$为1111111B，因此送高8位时的地址应该为11111101B = FDH，而送低4位时的地址应为11111100H = FCH，而将锁存器的数据通过DAC寄存器送到D－A转换器的地址为11111111B = FFH或11111110B = FEH均可。

汇编语言程序如下：

```
        ORG  0000H
        LJMP MAIN

        ORG  0100H
MAIN:   MOV  A,31H
        MOV  R0,#0FDH
        MOVX @R0,A
        MOV  A,30H
        MOV  R0,#0FCH
        MOVX @R0,A
        MOV  R0,#0FFH
        MOVX @R0,A
        END
```

C51语言程序如下：

```
#include <reg51.h>
#include <absacc.h>
unsigned char a;
/ *******************
函数功能:主函数
 ******************/
void main(void)
   {
      a = DBYTE[0x31];
      XBYTE[0xfd] = a;
      a = DBYTE[0x30];
      XBYTE[0xfc] = a;
      XBYTE[0xff] = 0;
      while(1);
   }
```

7.1.2 A－D转换接口电路

1. A－D转换器工作原理

（1）A－D转换器的功能　A－D转换器的功能是把输入的模拟信号转换成数字信号，使计算机能够间接处理模拟信号。

（2）A－D转换器的类型　最为常见的A－D转换器主要有两种：一种是逐次逼近式A－D转换器，另一种是双积分式A－D转换器。

1）逐次逼近式A－D转换器的结构原理如图7-11所示，它由比较器、D－A转换器、输出锁存器和控制逻辑电路等组成。

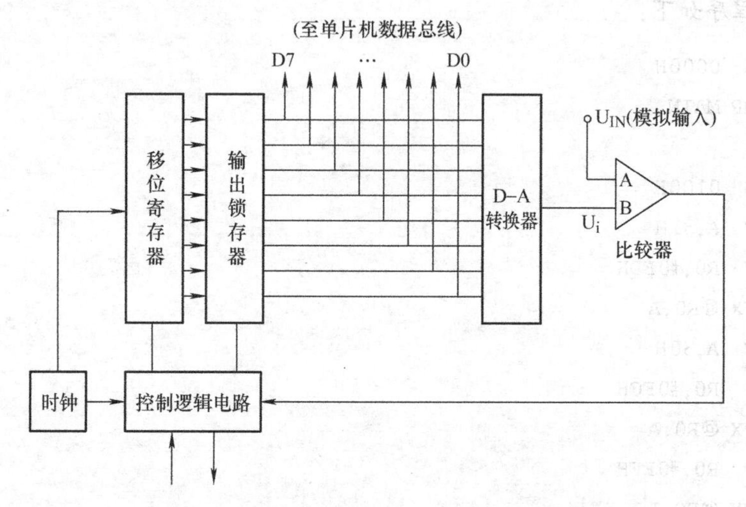

图7-11　逐次逼近式A－D转换器结构原理

转换原理：将模拟输入电压U_{IN}与D－A转换器的输出电压U_i分别输入比较器中的A、B端进行比较，根据U_i大于还是小于模拟输入电压U_{IN}来决定减小还是增大U_i，以便向模拟输入电压逼近。当信号U_i与模拟输入电压U_{IN}相等时，向D－A转换器输入的数字量就是对应模拟输入电压的数字量。

工作原理：比较开始时，首先对二进制计数器（输出锁存器）的最高位D7置“1”，然后进行转换、比较、判断。若模拟输入电压U_{IN}大于U_i，比较器输出为“1”，则使输出锁存器的最高位保持为1，否则对最高位清“0”；然后依次对较低的位按照上述方法进行比较和调整，直至最低位D0。此时D－A转换器的数字输入量（即输出锁存器内容）即为对应模拟输入电压U_{IN}的数字量，将此数据读入单片机内，即完成了A－D转换过程。逐次逼近式的工作原理类似于天平测量物体质量，用天平测量物体质量时从最大砝码开始，逐次逼近式从最高位开始。对于n位的转换器，总共需要n次这样的过程。

逐次逼近式A－D转换器的主要优点是转换速度比较快，此外，与同样分辨率的双积分式A－D转换器比较，它不需要高精度的运算放大器，成本比较低，因此被单片机系统广泛应用。

2）双积分式A－D转换器的结构原理如图7-12a所示，它由积分器、比较器、控制逻辑及计数器等组成。

工作原理：首先控制信号（来自单片机数据总线）使电子开关合向模拟输入电压 U_{IN} 处，模拟输入电压 U_{IN} 加到积分电路上进行积分，同时计数器作为定时器对时钟脉冲进行计数。当计数器计数的数值达到规定值时，将极性相反的基准电压加到积分电路，同时计数器清零重新对时钟脉冲计数，直至积分器的输出电压为零，比较器输出信号向控制逻辑发出回零信号，控制逻辑分别向计数器发出停止计数的控制信号、向 CPU 发出 A－D 转换结束信号（也称“数据准备好”或“数据有效”），此时计数器输出的数字量就是该模拟量对应的数字量，CPU 接收到转换结束信号后就从计数器的输出端读计数值，即得到转换结果。积分过程如图 7-12b 所示，模拟输入电压 U_{IN} 越大，则固定积分时间后积分器的输出电压值就越高，斜率越大，如线 A，则相应的反向积分时间就越长，即计数器的计数值就越大；反之，如线 B，计数器的计数值就越小。

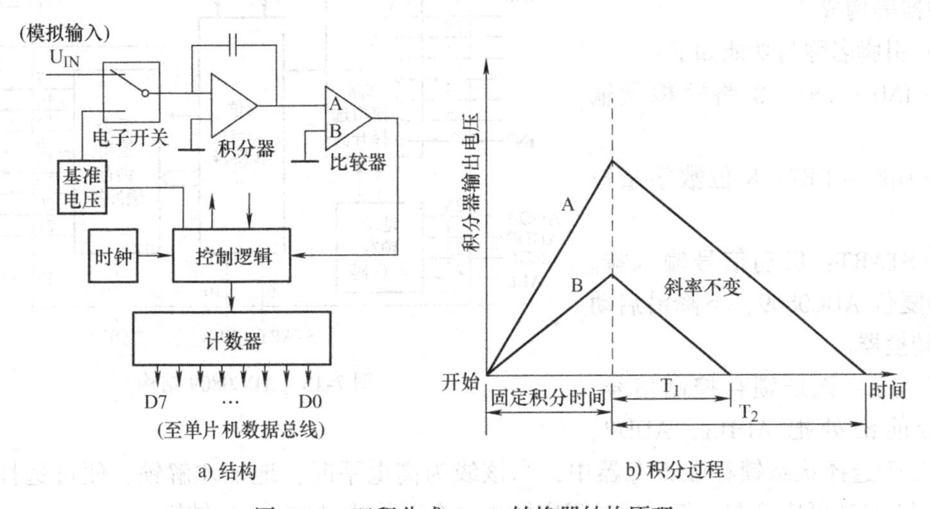

a) 结构　　b) 积分过程

图 7-12　双积分式 A－D 转换器结构原理

双积分式 A－D 转换器具有精度高、抗干扰性好及价格低廉等优点，但转换速度慢。

2. A－D 转换器的主要性能指标

（1）分辨率　通常用数字量的位数表示，如 8 位、10 位、12 位、16 位等。分辨率为 8 位的 A－D 转换器，表示它可以对满量程的 1/256 的增量做出反应。分辨率越高，转换时对输入量的变化越灵敏。

（2）量程　即所能转换的电压范围，如 5V、10V 等。

（3）精度　精度指所有的数值点上对应的模拟值与真实值之间误差最大的那一点的误差值。

精度通常用最低有效位的 LSB 的分数值表示。目前常用的 A－D 转换集成芯片精度为 1/4～2LSB。

精度和分辨率是不同的概念。精度是指转换后所得到的结果相对于实际值的准确度，而分辨率是指对转换结果发生的最小输入量。分辨率很高的可能由于温度漂移、线性不良等原因而并不具有很高的精度。

（4）转换时间　完成一次 A－D 转换所需的时间称为转换时间。A－D 转换器的转换时间在几微秒至几百毫秒，不同型号、不同分辨率的 A－D 转换器的转换时间相差很大。

（5）输出逻辑电平　多数与TTL电平配合。

（6）工作温度范围　由于温度会对运算放大器和电阻解码网络产生影响，导致转换精度的下降，因此只有在一定的温度范围内才能保证额定的性能指标。较好的转换器的工作温度为-40～85℃，而较差的在0～70℃。

3. 常用A-D转换器介绍

（1）ADC0809　ADC0809是逐次逼近式A-D转换器，精度为8位，最快转换时间为100μs。

1）ADC0809的结构如图7-13所示。内部主要由8路模拟选择开关、8位A-D转换器、三态输出锁存缓冲器等构成。

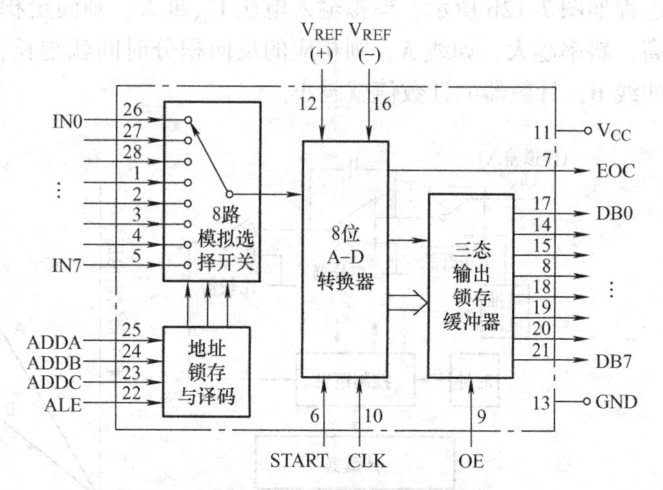

图7-13　ADC0809结构

2）引脚名称与功能如下：

① IN0～IN7：8路模拟量输入端。

② DB0～DB7：8位数字量输出端。

③ START：启动信号输入端。上升沿复位ADC0809，下降沿启动A-D转换器。

④ ALE：地址锁存控制信号。在信号前沿处把ADDA、ADDB、ADDC三个选择状态锁存在寄存器中，当该线为高电平时，地址才解锁，便可选择通道。START与ALE可连接在一起，通过程序输入一个正脉冲启动A-D转换。

⑤ EOC：转换结束标志输出端。A-D转换结束时，EOC由低变高，经反相器反相后可做中断请求信号。

⑥ OE：输出允许控制信号。当OE=1时，打开三态门，数据线被解锁，把内部转换的数据送在数据总线。

⑦ CLK：时钟信号输入端。ADC0809要求外接时钟，其频率为10～1280kHz，通常用500kHz。

⑧ V_{REF}（+）：正参考电压输入端，通常V_{REF}（+）接+5V电源。

⑨ V_{REF}（-）：负参考电压输入端，V_{REF}（-）接地（GND）。

⑩ ADDA、ADDB、ADDC：8路模拟信号的三位地址选通输入线。选择对应的输入通道进行A-D转换，其对应关系见表7-2。

表7-2　地址译码与输入通道选择

ADDC	ADDB	ADDA	所选通道
0	0	0	IN0
0	0	1	IN1
⋮	⋮	⋮	⋮
1	1	1	IN7

3）ADC0809与单片机连接如图7-14所示。

【例7-6】 利用图7-14，编制A-D转换程序，要求对8路模拟输入量不断循环采样，并把采样的结果存放在内部RAM的30H～37H区域中，新数据覆盖旧数据。试用汇编语言和C51语言设计程序。

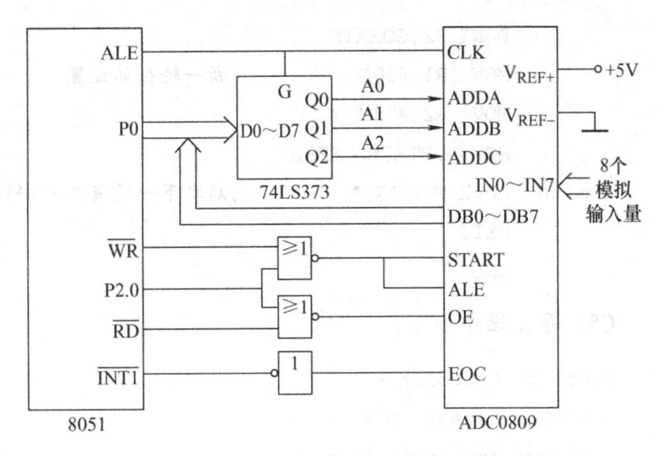

图7-14　ADC0809与单片机连接

【解】 题意分析：根据图7-14，由于写信号和P2.0经或非门与START和ALE相连，读信号和P2.0经或非门后与OE相连，所以读操作和写操作时的高8位地址均为FEH（除P2.0外，没有用到的P2.7～P2.1均视为1）。而低8位地址的低3位作为8个模拟通道的选择位，由表7-2得知，当A2A1A0=000时，选择0通道；A2A1A0=001时，选择1通道，依此类推。所以结合高8位地址得到：0通道的地址为FEF8H（未连接的位均视作1），1通道的地址为FEF9H，依此类推，7通道的地址为FEFFH。本电路采用中断方式，当转换结束发出中断请求，CPU响应中断，读入转换后的数字量，并保存在对应的内存单元中。

汇编程序如下：

```
        ORG  0000H
        LJMP MAIN

        ORG  0013H
        LJMP LOOP

        ORG  0100H
MAIN:   MOV  R1,#30H            ;置数据区首地址
        MOV  R2,#08H            ;置通道数
        SETB IT1                ;置边沿触发方式
        MOV  DPTR,#0FEF8H       ;置ADC0809通道0地址
        MOVX @DPTR,A            ;启动ADC0809通道0进行A-D转换
        SETB EX1                ;允许INT1中断
        SETB EA                 ;CPU开中断
        SJMP $                  ;等待中断

        ORG  0200H
LOOP:   MOVX A,@DPTR            ;读A-D值
        MOV  @R1,A              ;存A-D值
        INC  R1                 ;修正数据区地址
        INC  DPTR               ;修正通道地址
```

```
        DJNZ R2,GOMAIN
        MOV  R1,#30H          ;新一轮循环设置
        MOV  R2,#08H
        MOV  DPTR,#0FEF8H
GOMAIN: MOVX @DPTR,A          ;启动下一通道 A-D 转换
        RETI
        END
```

C51 语言程序如下：

```
#include <reg51.h>
#include <absacc.h>
unsigned char a,di,ds,n;
/************************
函数功能:外部中断 1 中断函数
************************/
void int1(void) interrupt 2 using 1
   {
      a = XBYTE[ds];                  //读数据
      DBYTE[di] = a;                  //保存数据
      ++n;
      ++di;                           //修正目标地址
      ++ds;                           //修正通道地址
      if(n == 8)
         {
          n = 0;
          di = 0x30;
          ds = 0xfef8;
         }
      else
         {
            XBYTE[ds] = a;            //选择下一通道,并启动 A-D 转换
         }
   }
/************************
函数功能:主函数
************************/
void main(void)
   {
      di = 0x30;
      n = 0;
      ds = 0xfef8;
      IT1 = 1;
```

```
        a = 0;
        EX1 = 1;
        EA = 1;
        XBYTE[ds] = a;                          //选择通道0,并启动A-D转换
        while(1);
    }
```

（2）ADC574A　ADC574A是一种高性能的12位逐次逼近式A-D转换器，转换时间约为25μs，线性误差为±LSB/2，内部有时钟脉冲源和基准电压源，单通道单极性或双极性电压输入，采用28引脚双列直插式封装，其引脚如图7-15所示。

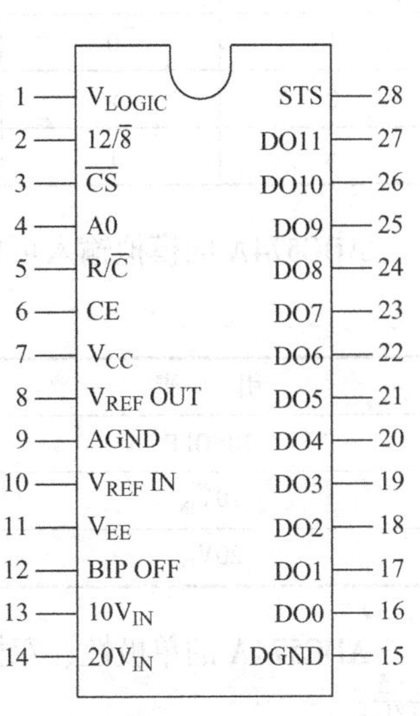

图7-15　ADC574A引脚图

1）引脚名称与功能如下：

① DO0～DO11：12位数字量输出端。

② STS：状态输出信号。高电平时代表ADC574A正在转换，当转换结束后，STS为低电平。

③ BIPOFF：极性选择电源输入控制端。单极性工作状态时，接0V；双极性工作状态时，接10V。

④ CE、$\overline{CS}$：片选信号。

⑤ R/$\overline{C}$：读/启动控制信号。当R/$\overline{C}$=0时，启动转换；当R/$\overline{C}$=1时，CPU从ADC574A输出端读字节。

⑥ 12/$\overline{8}$：输出位数选择控制信号。当12/$\overline{8}$=0时，为8位输出；当12/$\overline{8}$=1时，为12位输出。

⑦ A0：字节控制信号。R/$\overline{C}$=0时，A0=0启动12位转换，A0=1启动8位转换；R/$\overline{C}$=1且12/$\overline{8}$=0时，CPU从ADC574A读数据，当A0=0时，读高8位数据；当A0=1时，读低4位数据；R/$\overline{C}$=1且12/$\overline{8}$=1时，无论A0是1还是0，CPU以ADC574A读12位数据，此情况适用于数据线大于12位的计算机系统。

⑧ $10V_{IN}$、$20V_{IN}$：输入模拟量量程选择。如果输入模拟量在10V范围内变化，则接$10V_{IN}$；如果输入模拟量在20V范围内变化，则接$20V_{IN}$。

⑨ $V_{REF}OUT$：基准电压输出端。

⑩ $V_{REF}IN$：基准电压输入端。

⑪ DGND：数字信号地。

⑫ AGND：模拟信号地。

⑬ V_{CC}：电源正输入端，接12～15V。

⑭ V_{EE}：电源负输入端，接-15～-12V。

⑮ V_{LOGIC}：逻辑电源输入端，接+5V。

ADC574A的控制信号CE、$\overline{CS}$、R/$\overline{C}$、12/$\overline{8}$、A0与操作功能见表7-3。

表 7-3　有关控制信号与操作功能

CE	$\overline{CS}$	R/$\overline{C}$	12/$\overline{8}$	A0	操作功能
1	0	0	×	0	启动 12 位转换
1	0	0	×	1	启动 8 位转换
1	0	1	1	×	输出 12 位数据
1	0	1	0	0	输出高 8 位数据
1	0	1	0	1	输出低 4 位数据
0	×	×	×	×	无操作
×	1	×	×	×	无操作

ADC574A 的模拟输入可以是单极性的，也可以是双极性的。模拟输入信号编程见表 7-4。

表 7-4　模拟输入信号编程

引　脚	单　极　性	双　极　性
BIPOFF	0V	10V
$10V_{IN}$	0 ~ 10V	-5 ~ 5V
$20V_{IN}$	0 ~ 20V	-10 ~ 10V

ADC574A 的单极性、双极性应用时的线路连接方法以及零点和满量程调整方法如图 7-16 所示。

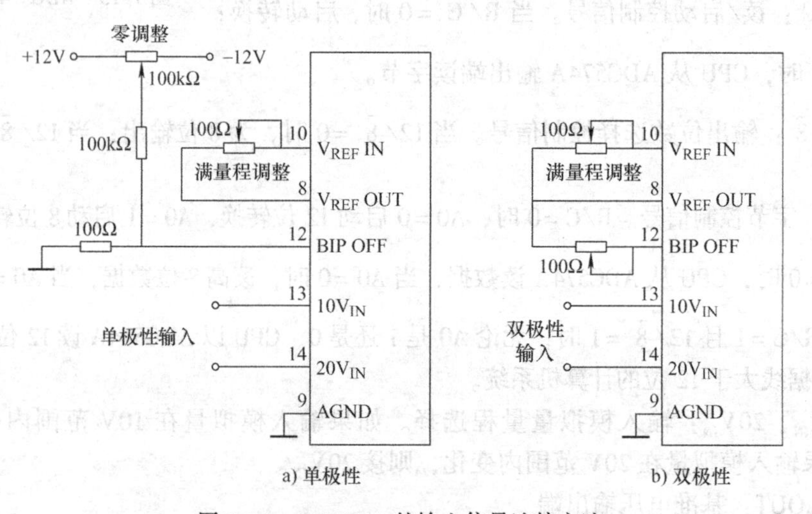

图 7-16　ADC574A 的输入信号连接方法

2）ADC574A 与 8051 单片机连接如图 7-17 所示。

【例 7-7】　利用图 7-17 电路，要求将转换后的数字量分别存放在内部 RAM 的 30H 和 31H 单元中。其中高 8 位存放在 31H 单元中，低 4 位存放在 30H 单元中。试分别用汇编语言和 C51 语言设计程序。

【解】

分析：从图 7-17 可以看出，ADC574A 的$\overline{CS}$与主机地址线 A2 相连。A0 与主机地址线

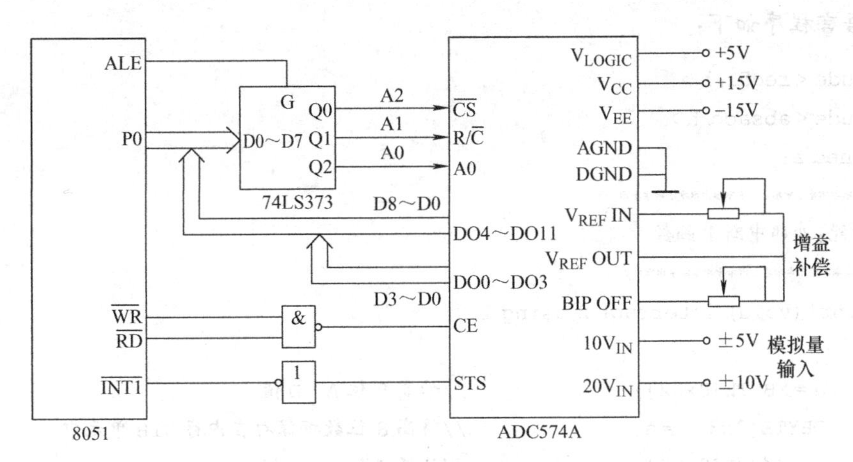

图7-17　ADC574A与8051单片机连接

A0相连，R/$\overline{C}$与主机地址线A1相连，因此ADC574A的启动12位转换地址为00H，高8位数据输出地址为02H，低4位数据输出地址为03H。

采用中断方式，当A－D转换结束时，向CPU发出中断请求（中断源为外部中断1）。

汇编语言程序如下：

```
        ORG   0000H
        LJMP  MAIN               ;转主程序

        ORG   0013H
        LJMP  LOOP               ;转中断服务子程序

        ORG   0100H
MAIN:   SETB  IT1                ;置边沿触发方式
        MOV   R0,#00H            ;置ADC574A启动地址
        MOVX  @R0,A              ;启动ADC574A进行12位A－D转换
        SETB  EX1                ;允许INT1中断
        SETB  EA                 ;CPU开中断
        SJMP  $                  ;等待中断

        ORG   0200H
LOOP:   MOV   R0,#02H            ;置读高8位数据地址
        MOVX  A,@R0              ;读高8位A－D值
        MOV   31H,A              ;存高8位数据
        INC   R0                 ;置读低4位数据地址
        MOVX  A,@R0              ;读低4位A－D值
        ANL   A,#0FH             ;屏蔽高4位
        MOV   30H,A              ;存低4位数据
        RETI
        END
```

C51 语言程序如下：

```
#include <reg51.h>
#include <absacc.h>
unsigned a;
/************************
函数功能:外部中断 1 函数
************************/
void int1(void) interrupt 2 using 1
    {
        a=XBYTE[0x02];                  //读高 8 位 A-D 值
        DBYTE[0x31]=a;                  //将高 8 位数据保存在内存 31H 单元中
        a=XBYTE[0x03];                  //读低 4 位 A-D 值
        a=a&0x0f;                       //屏蔽高 4 位
        DBYTE[0x30]=a;                  //将低 4 位数据保存在内存 30H 单元中
               }
/****************
函数功能:主函数
****************/
void main(void)
    {
        IT1=1;                          //置边沿触发方式
        XBYTE[0x00]=0;                  //启动 ADC574A 进行 12 位 A-D 转换
        EX1=1;                          //允许 INT1 中断
        EA=1;                           //CPU 开放中断
        while(1);
    }
```

7.2　键盘接口技术

在一个单片机实际应用系统中，通常要对系统的某些参数进行设定，如在自动洗衣机控制系统中，要对“洗衣模式”“水位”“定时时间”等参数进行设置，这些参数必须通过键盘输入。本节将介绍键盘接口技术及编程方法。

键盘是计算机系统中最常见的输入设备。通过键盘可以人工设置数据，查询、控制系统的工作状态，并能人工干预计算机的工作。

在单片机系统中通常使用非编码键盘。非编码键盘是利用查询方式来识别键盘上的闭合键，由程序计算其键码。非编码键盘具有结构简单、价格低廉等特点。

7.2.1　独立式按键

1. 独立式按键的硬件结构

独立式按键是指直接用 I/O 口线构成的单个按键电路，由于 P0 口、P2 口和 P3 口在实际控制系统中一般要使用其第二功能，因此通常由 P1 口接按键，接口原理图如图 7-18 所示，每个按键单独占用一根 I/O 口线，其工作状态不会影响其他 I/O 口线的工作状态。

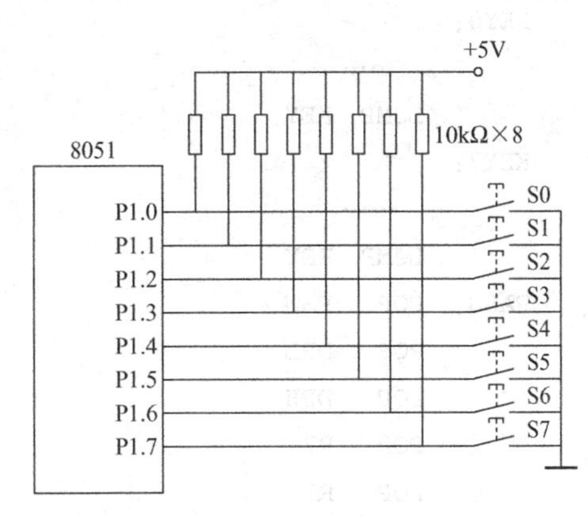

图 7-18 独立式按键接口原理图

独立式按键具有配置灵活、软件简单的优点，但由于每个按键占用一个 I/O 口线，限制了按键的数量，因此这种结构限用于按键数量较少的场合。

2. 独立式按键的软件结构

独立式按键的查询程序一般作为子程序，由于按键的接触时间一般为十几毫秒至几十毫秒，而单片机的指令周期为 1 ~ 4μs，因此要求在程序中每执行几百条指令后插入一条调用独立式按键的查询子程序，这样可以确保按键动作不会缺失，即当按键按下后单片机立即响应，而操作人员不会感觉有间隔。

独立式按键的汇编语言程序如下：

```
        ORG   2000H
START:  PUSH  ACC
        PUSH  R1
        PUSH  R2
        PUSH  DPH
        PUSH  DPL
        PUSH  PSW
  KEY:  MOV   A,#0FFH
        MOV   P1,A
        MOV   A,P1
        MOV   R1,A
        LCALL DELAY                ;延时时间为10ms
        MOV   A,P1
        CJNE  A,R1,PASS
        MOV   DPTR,#TAB
        MOV   R2,#07H
KEY01:  RLC   A
        JC    KEY02
        DJNZ  R2,KEY01
KEY02:  MOV   A,R2
        ADD   A,ACC
   L1:  JMP   @A+DPTR
  TAB:  AJMP  KEY0
        AJMP  KEY1
          ......
        AJMP  KEY7
```

```
KEY0:
        ......
        LJMP  KEY
KEY7:
        ......
        LJMP  KEY
PASS:   POP   PSW
        POP   DPL
        POP   DPH
        POP   R2
        POP   R1
        POP   ACC
        RET
```

C51 语言程序以函数形式出现，该函数及其调用具体如下：

```
#include <reg51.h>
#include <absacc.h>
unsigned char a,b;
unsigned char key;
/ ************************
函数功能:逐行键扫描函数
************************/
char keys(key)
    {
        a = P1;
          switch(a)
              {
                  case(0xfe):key = 0;break;
                  case(0xfd):key = 1;break;
                  case(0xfb):key = 2;break;
                  case(0xf7):key = 3;break;
                  case(0xef):key = 4;break;
                  case(0xdf):key = 5;break;
                  case(0xbf):key = 6;break;
                  case(0x7f):key = 7;break;
                  default:key = 0xff;
              }
            return(key);                          //返回键码值
    }
/ ************************
函数功能:主函数
************************/
void main(void)
```

```
{
    while(1)
      {
          b = keys(key);             //调用键扫描函数,b 中为按下按键的键码值
      }
}
```

得到键码值后，可根据键码值转到相应的程序段或子程序或函数，执行相应的功能。

7.2.2　矩阵式按键

1. 矩阵式按键的硬件结构

当键盘数量要求较多时，可以采用矩阵式按键结构，在该结构中，行、列线分别连接按键开关的两端。矩阵式按键的接口原理图如图 7-19 所示，为 4×4 矩阵结构，共有 16 个按键，每一个按键都规定一个键号，分别为 0、1、2…15。在实际应用中，可将按键分两类：数字键和功能键，如在图 7-19 中，可以将 0～9 号按键定义为数字键，对应数字 0～9，而其余 6 个键定义为具有不同功能的控制键。

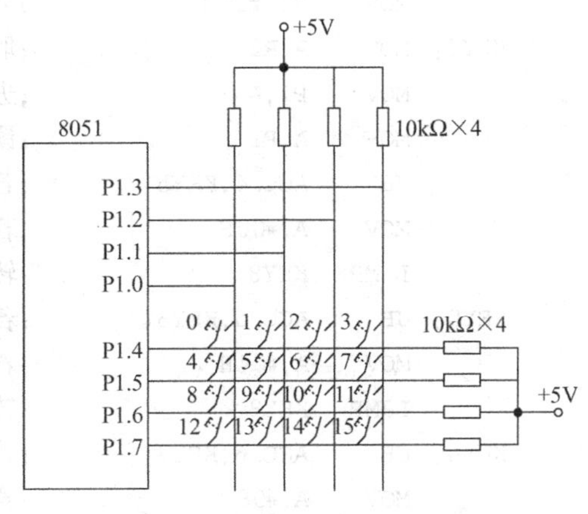

图 7-19　矩阵式按键接口原理图

2. 矩阵式按键识别工作原理

（1）扫描法　扫描法是一种逐行或逐列判断是否有键按下的方法。

设图 7-19 中的行线 P1.7～P1.4 为输入线，列线 P1.3～P1.0 为输出线。

其工作原理为：

第一步，识别有无按键按下。P1 口输出 00H，则行线和列线全部置为 0。读取行线 P1.7～P1.4 的值，若 P1.7～P1.4 均为高电平，则表示无按键按下。若不全为高电平，则表示有按键按下。

第二步，若有按键按下，要识别出具体哪个按键按下。逐列输出低电平（0），检查各行线的电平。如 P1.0 输出 0，其余输出为 1，即 P1.3～P1.0 为 1110，读取行线 P1.7～P1.4 的值，若不全为 1，则根据读取的行值判断出按键在第一列第几行上，从而识别出按键的位置；若全为 1，则第二列输出 0，其余为 1，即 P1.3～P1.0 为 1101，读取行线 P1.7～P1.4 的值，若不全为 1，则根据读取的行值判断出按键在第二列第几行上，从而识别出按键的位置；依此类推，直至第 4 列。这样就可以读出按键所处的行和列的位置，即可判断是哪个按键按下。

逐行扫描汇编语言程序同如下（这里不考虑按键按下时显示器同时显示问题）：

```
        ORG     0200H
SCAN:   PUSH    ACC
        PUSH    02H
        PUSH    03H
```

```
        PUSH   PSW
        LCALL  KEYDOWN            ;调用检测键盘按下的子程序
        JNZ    KEY1               ;A为非零,代表有键按下,转KEY1
        MOV    A,#0FFH            ;无键按下置标志0FFH
        LJMP   SCANEND            ;A为零,本次扫描结果无键按下,返回
KEY1:   LCALL  DELAY0             ;调用延时10ms子程序
        LCALL  KEYDOWN            ;调用检测键盘按下的子程序,消除键盘抖动
        JNZ    KEY3               ;确认键是否按下,若有转KEY3
KEY2:   MOV    A,#0FFH            ;无键按下置标志FFH
        LJMP   SCANEND            ;A为零,本次扫描结果无键按下,返回
KEY3:   MOV    R2,#0FEH           ;键盘列线扫描码,从0列开始
        MOV    R3,#00H            ;列号计数器,初值为0
KEY4:   MOV    A,R2               ;取扫描码
        MOV    P1,A               ;进行列扫描
        MOV    A,P1               ;读行信号
        JB     ACC.4,KEY5         ;若P1.4=1,表示0行无键按下,转1行
        MOV    A,#00H             ;若P1.4=0,表示0行有键按下,行首键号为00H
        LJMP   KEY8               ;转KEY8计算键值
KEY5:   JB     ACC.5,KEY6         ;若P1.5=1,表示1行无键按下,转2行
        MOV    A,#04H             ;若P1.5=0,表示1行有键按下,行首键号为04H
        LJMP   KEY8               ;转KEY8计算键值
KEY6:   JB     ACC.6,KEY7         ;若P1.6=1,表示2行无键按下,转3行
        MOV    A,#08H             ;若P1.6=0,表示2行有键按下,行首键号为08H
        LJMP   KEY8               ;转KEY8计算键值
KEY7:   JB     ACC.7,KEY10        ;若P1.7=1,表示3行无键按下,转1列
        MOV    A,#0CH             ;若P1.7=0,表示3行有键按下,行首键号为0CH
KEY8:   ADD    A,R3               ;键值=行首键号+列号
        PUSH   ACC                ;保护A中的键值
        LCALL  KEYPRO             ;转键盘处理子程序
        LJMP   KEY12
KEY10:  INC    R3                 ;列计数器加1
        MOV    A,R2               ;取列扫描码
KEY11:  RL     A                  ;扫描码左移1位
        MOV    R2,A               ;暂存扫描码
        JB     ACC.4,KEY4         ;未扫描到最后一列,转KEY4,继续扫描下一列
KEY12:  LCALL  KEYDOWN            ;检测键盘
        JNZ    KEY12              ;键未释放,继续等待
        POP    ACC                ;键已释放,A中的数据为键值
SCANEND: POP   PSW
        POP    03H
        POP    02H
        POP    ACC
        RET                       ;键扫描结束
```

```
        ORG     0300H
KEYDOWN: MOV    A,#0F0H          ;P1 口为准双向,要对 P1.7 ~ P1.4 先输出 1,才能读状态
        MOV     P1,A             ;送 P1,高 4 位全为 1,低 4 位全为 0
        MOV     A,P1             ;读 P1 口
        XRL     A,#0F0H          ;检测高 4 位中有否按下
        RET

;*********************************
;延时 10ms 子程序
;*********************************
        ORG     0400H
DELAY0: PUSH    06H
        PUSH    07H
        MOV     R6,#238
DELAY1: MOV     R7,#19
        DJNZ    R7,$
        DJNZ    R6,DELAY1
        POP     07H
        POP     06H
        RET

        ORG     0500H
KEYPRO: ……                       ;键盘处理子程序
        RET
```

扫描法的 C51 语言程序如下:

```
#include <reg51.h>
#include <absacc.h>
int i;
unsigned keyno;                 //定义键码变量

/ ****************************************************
无键按下的标识码 0xff
键 0 为 0x10,键 1 为 0x11,键 2 为 0x12,键 3 为 0x13
键 4 为 0x20,键 5 为 0x21,键 6 为 0x22,键 7 为 0x23
键 8 为 0x40,键 9 为 0x41,键 10 为 0x42,键 11 为 0x43
键 12 为 0x80,键 13 为 0x81,键 14 为 0x82,键 15 为 0x83
****************************************************/

/ ***********************
函数功能:延时 10ms 函数
***********************/
```

```
void delay10()
    {
      for(i=0;i<=1000;++i)
          ;
    }

/***********************
函数功能:逐行键扫描函数
***********************/
keys()
    {
      unsigned char key;
      unsigned char a,c,d;
      P1=0xf0;                    //向P1口高4位输出全1,低4位全0,P1口为准双向
      a=P1;                       //读P1口数据
      a=a^0xf0;                   //检测有无键按下
      if(a!=0)                    //a不为0则有键按下,识别按键并返回键码
        {
          delay10();              //延时10ms,消除按键抖动现象
          a=P1;                   //读P1口数据
          a=a^0xf0;               //检测有无键按下
          if(a!=0)                //a不为0则有键按下,识别按键及返回键码
            {
              d=0xfe;             //设置列扫描码,从0列开始扫描
              while(1)
                {
                  c=0x10;                 //设置行扫描码数据,从0行开始扫描
                  for(i=0;i<=3;)
                    {
                      P1=d;               //输出列数据
                      a=P1;               //读入行数据
                      a=a+c;
                      if(a==d)
                        {
                          key=c+i;  //键码值送key变量
                          while(1)
                            {
                              P1=0xf0;
                              a=P1;
                              a=a^0xf0;
                              if(a==0)
                                 return(key);  //返回键码值
                            }
```

```
                        }
                      ++i;          //转下一行扫描
                      c=c<<1;       //设置下一行扫描码
                    }
                  d=(d<<1)|0x01;    //设置下一列扫描码
                }
            }
            else
              {
                key=0xff;                   //无键按下标识码0xff
                return(key);                //返回无键按下标识码
              }
          }
        else
          {
            key=0xff;                       //无键按下标识码0xff
            return(key);                    //返回无键按下标识码
          }
    }

/***********************
函数功能:键盘处理函数
***********************/
void keyprocess(void)
    {
        switch(keyno)
          {
            case(0x10):       //按键0处理
              {
                语句组;       //处理键0按下的相应操作要求
                break;
              }
            ......
            case(0xff):break; //无键按下,不处理
        }
    }

/***********************
函数功能:主函数
***********************/
void main(void)
    {
        while(1)
```

```
    {
       keyno = keys();      //调用键扫描函数,keyno 中为按下按键的键值
       keyprocess();        //调用按键处理函数,执行各按键的相应操作
    }
}
```

(2) 线反转法　扫描法的缺点是扫描时间长，而线反转法，无论多少列、行，均只需经过两次即可获得此键的行列值。其工作步骤为：

第一步，列作为输出线输出低电平，行作为输入线读入行状态，得到第一次数据。

第二步，行作为输出线输出低电平，列作为输入线读入列状态，得到第二次数据。

第三步，由第一次数据和第二次数据组合为一个数据从而得到键码。

线反转法的汇编语言程序如下：

```
;键 0 为 11H,键 1 为 12H,键 2 为 14H,键 3 为 18H
;键 4 为 21H,键 5 为 22H,键 6 为 24H,键 7 为 28H
;键 8 为 41H,键 9 为 42H,键 10 为 44H,键 11 为 48H
;键 12 为 81H,键 13 为 82H,键 14 为 84H,键 15 为 88H

          ORG    0200H
   SCAN:  PUSH   ACC
          PUSH   PSW
          SETB   RS0               ;设置当前工作寄存器区为 1 区
          LCALL  KEYDOWN           ;判断键是否按下
          JZ     SCANEND           ;无键按下退出
   KEY1:  LCALL  DELAY10ms         ;调延时,消除键抖动
          LCALL  KEYDOWN           ;再次判断键是否按下
          JZ     SCANEND           ;无键按下退出
          MOV    A,#0F0H
          MOV    P1,A              ;列输出低电平
          MOV    A,P1              ;行读入状态
          ANL    A,#0F0H
          MOV    R0,A              ;保存行状态
          MOV    A,#0FH
          MOV    P1,A              ;行输出低电平
          MOV    A,P1              ;列读入状态
          ANL    A,#0FH
          ORL    A,R0
          CPL    A                 ;形成键码
          LCALL  KEYPRO            ;转键盘处理子程序
   KEY2:  LCALL  KEYDOWN           ;等待键释放
          JNZ    KEY1
          SJMP   SCANEND1
SCANEND:  MOV    R1,#0FFH
```

```
SCANEND1: CLR    RS0
          POP    PSW
          POP    ACC
          RET

          ORG    0300H
 KEYDOWN: MOV    A,#0F0H
          MOV    P1,A
          MOV    A,P1
          XRL    A,#0F0H
          RET

          ORG    0400H
DELAY10ms:……
          RET

          ORG    0500H
  KEYPRO: ……
          RET
          END
```

线反转法的 C51 语言程序如下：

```
#include <reg51.h>
#include <absacc.h>
int i;
unsigned char keyno;

/ ****************************************************
无键按下的标识码为 0xff
键 0 为 0x11,键 1 为 0x12,键 2 为 0x14,键 3 为 0x18
键 4 为 0x21,键 5 为 0x22,键 6 为 0x24,键 7 为 0x28
键 8 为 0x41,键 9 为 0x42,键 10 为 0x44,键 11 为 0x48
键 12 为 0x81,键 13 为 0x82,键 14 为 0x84,键 15 为 0x88
****************************************************/

/ ***********************
函数功能:延时 10ms 函数
***********************/
void delay10()
    {
        for(i=0;i<=1000; ++i)
            ;
    }
```

```
/ ***********************
函数功能:反转法函数
 ***********************/
keys()
    {
        unsigned char key;
        unsigned char a,c,b;
        P1 =0xf0;                 //向 P1 口高 4 位输出全 1,低 4 位全 0,P1 口为准双向
        a =P1;                    //读 P1 口状态
        a =a^0xf0;                //检测有无键按下
        if(a! =0);                //a 不为 0 则有键按下,识别按键及返回键码
          {
            delay10();            //延时 10ms,消除按键抖动现象
            P1 =0xf0;             //向 P1 口高 4 位输出全 1,低 4 位全 0,P1 口为准双向
            a =P1;                //读 P1 口状态
            a =a^0xf0;            //检测有无键按下
            if(a! =0)             //a 不为 0 则有键按下,识别按键及返回键码
              {
                P1 =0xf0;
                b =P1;
                P1 =0x0f;
                c =P1;
                key =b +c;
                key = ~key;
                while(1)          //等待键释放,返回键码
                   {
                      P1 =0xf0;
                      a =P1;
                      a =a^0xf0;
                      if(a ==0)
                         return(key);
                   }
              }
            else
               {
                key =0xff;        //无键按下标识码 0xff
                return(key);
               }
          }
        else
          {
          key =0xff;              //无键按下标识码 0xff
          return(key);
```

```
        }
    }
/ ***********************
函数功能:键盘处理函数
***********************/
void keyprocess(void)
    {
        switch(keyno)
          {
              case(0x11):            //按键0处理
                {
                    ;
                    break;
                }
          }
    }
/ ***********************
函数功能:主函数
***********************/
void main(void)
    {
        while(1)
          {
              keyno = keys();        //调用键扫描函数,keyno中为按下按键的键值
              keyprocess();
          }
    }
```

7.2.3 键盘扫描方法及消抖方法

1. 键盘扫描方法

单片机在正常执行程序过程中，如何获悉操作人员何时按下键盘呢？一般CPU通过两种途径获取是否按下键盘的信息：随机扫描和中断扫描。中断扫描还可以分为定时扫描和外部中断扫描两种方法。

随机扫描是采取程序控制的随机方式，即只有在CPU空闲时才去扫描键盘或每间隔一段程序插入调用键盘扫描子程序或函数的命令，对于循环程序循环次数较长的须在内部插入调用键盘扫描子程序或函数的命令，这样就能保证随时响应按键的动作要求。由于单片机执行速度较按键操作快得多，因此操作人员的感觉是单片机立即响应了按键动作，其实在随机扫描方式中不是立即响应的，必须执行调用命令了才能响应。

定时扫描就是利用单片机内部定时器，每隔一定时间（如20ms）由内部定时器发出中断请求，CPU响应该中断请求，去处理扫描键盘的程序，在大多数情况下，CPU对键盘扫描是空扫描。

为了提高 CPU 的效率并能及时响应键盘的输入，可以采用外部中断扫描方法，即键盘按下的同时，向 CPU 发出中断请求，CPU 响应中断请求，立即对键盘进行扫描，识别闭合键，并做相应的处理，具体电路如图 7-20 所示。

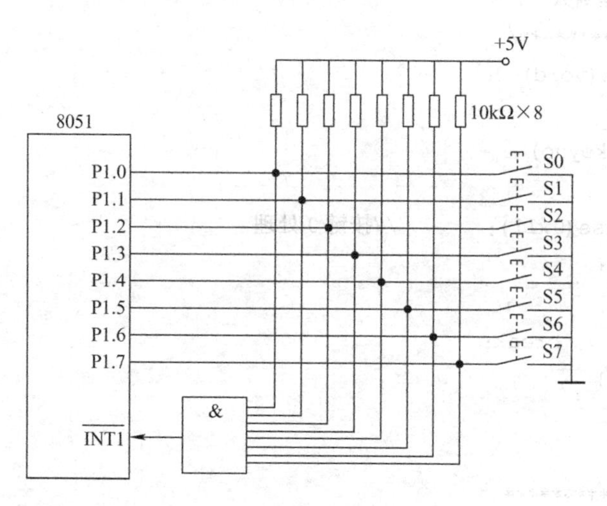

图 7-20 外部中断扫描法

2. 消抖方法

由于按键的结构为机械弹性开关，因此在按下按键或放开时，触点在闭合和断开瞬间还会存在因接触不良而引起的抖动现象，如图 7-21 所示，这样的抖动时间一般为 5 ~ 10ms，抖动现象会引起 CPU 对一次按下键或放开键进行多次处理，从而导致错误，因此在单片机键盘系统中必须要消除抖动所引起的不良后果。

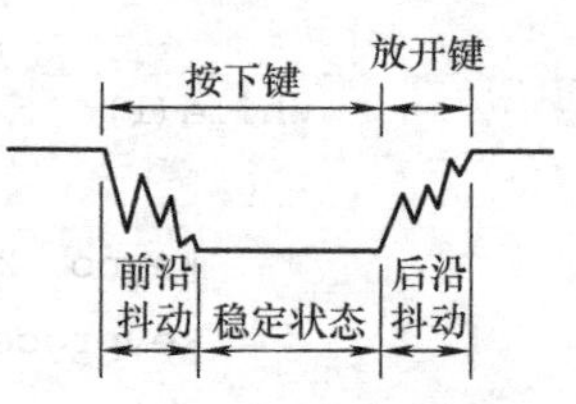

图 7-21 键按下抖动波形

消除抖动的方法有硬件和软件两种。

硬件方法的消抖电路如图 7-22 所示，图 7-22a 为利用双稳态电路的消抖电路；图 7-22b 是利用单稳态电路的消抖电路；图 7-22c 为利用 RC 积分电路的消抖电路。RC 积分电路中电容两端电压不能突变，会产生一个过渡过程，只要适当选择 RC 电路的时间常数，如图 7-22c 中 R_1C 值应大于 10ms，R_2C 应大于抖动波形周期，而 $R_2V_{CC}/(R_1+R_2)$ 的值应大于非门的高电平阈值。对于不同机械结构、不同弹性的按键，其抖动时间也有区别，在选择参数时要进行实验确定。

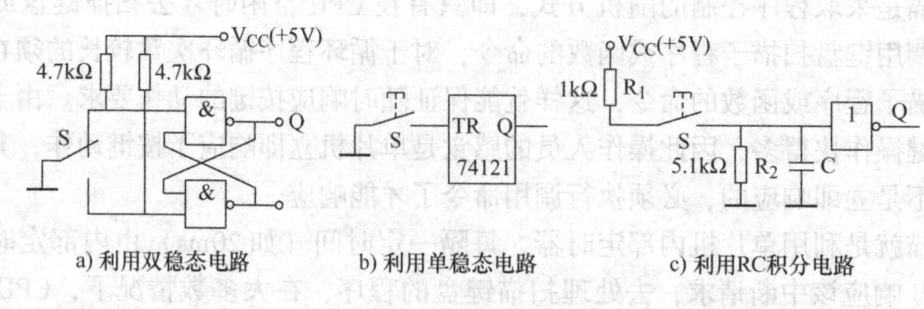

图 7-22 硬件消抖电路

软件方法就是在第一次检测到按下按键后，经过一定抖动时间后（采用调用延时子程序方法）再次检测按键是否按下，从而消除抖动的影响。延时子程序的延时时间同样要根据按键抖动的情况而定。

7.3　LED数码管显示接口技术

在单片机应用中，除了需要通过键盘设置参数外，许多场合还要求能够反映控制对象的运行状态和参数，如：家用空调控制系统中要显示温度参数，数字血压计要显示心跳、血压等，这些参数一般通过LED数码显示管显示。本节将介绍LED数码管的接口技术和相关编程方法。

7.3.1　LED数码管的结构与原理

在单片机应用系统中，如果需要显示的内容只有数码和某些字母，使用LED数码管是一种较好选择。LED数码管显示清晰、成本低廉、配置灵活，与单片机接口简单可行。

LED数码管由若干个发光二极管组成，当发光二极管导通时，相应的一个点或一个笔画就会发光，控制不同组合的发光二极管导通，就可以显示出各种字符。图7-23a为LED数码管的外形和引脚。

LED数码管从结构上分为共阴极结构和共阳极结构，如图7-23b、c所示。

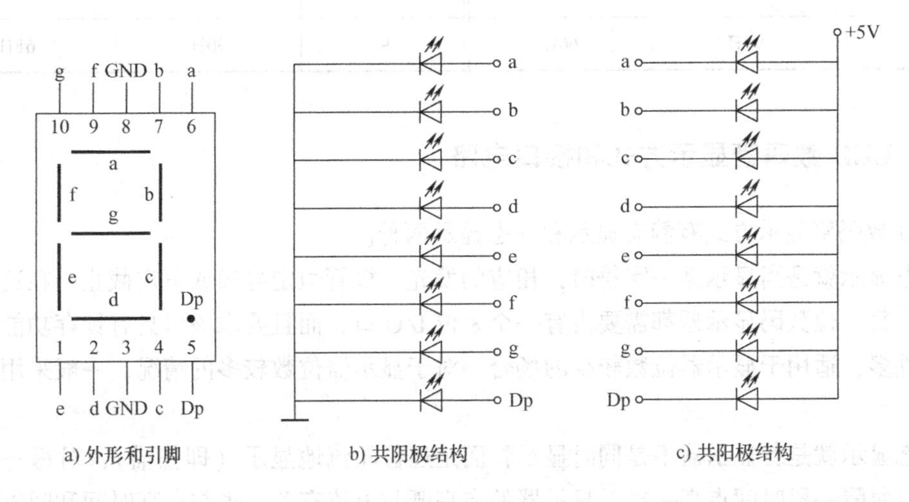

图7-23　LED数码管

对于共阴极LED数码管，需要哪段发光，该段通高电平即可；而共阳极LED数码管则与之刚好相反，需要发光的那段应通低电平。

7.3.2　LED数码管的编码

LED数码管与单片机的接口很简单，只要将一个8位并行输出口与显示器的发光二极管的引脚相连即可。8位并行输出口输出不同的数据，即可获得不同的数字或字符。没有小数点的字段码称为七段码，包含小数点的字段码则称为八段码。表7-5列出了在共阴极和共阳极两种不同的结构中显示数字“0”时的不同的编码。

表7-5 “0”在不同结构中的编码

结构形式	D7	D6	D5	D4	D3	D2	D1	D0	字段码	显示数
	Dp	g	f	e	d	c	b	a		
共阴极	0	0	1	1	1	1	1	1	3FH	0
共阳极	1	1	0	0	0	0	0	0	C0H	0

共阴极和共阳极两种结构的七段码编码见表7-6。

表7-6 七段码编码

显示数字	共阳极编码	共阴极编码	显示数字	共阳极编码	共阴极编码
0	C0H	3FH	5	92H	6DH
1	F9H	06H	6	82H	7DH
2	A4H	5BH	7	F8H	07H
3	B0H	4FH	8	80H	7FH
4	99H	66H	9	90H	6FH

7.3.3 LED数码管显示方式和接口电路

LED数码管显示方式有静态显示和动态显示两种。

静态显示就是当显示某一字符时，相应的发光二极管恒定导通或恒定截止。在这种显示方式下，每一位数码显示器都需要占有一个8位I/O口，而且要求该口具有锁存功能，因此需要硬件多，适用于显示器位数较少的场合。对于显示器位数较多的情况，一般采用动态显示方式。

动态显示就是各显示器不是同时显示，而是逐位轮流地显示（即扫描），对每一位显示器而言，每隔一段时间点亮一次。显示器的点亮既与电流有关，也与点亮时间和间隔时间有关，调整电流和时间参数可以实现亮度较高较稳定的显示。

1. 静态显示接口电路

图7-24所示为共阳极数码管显示器的静态显示接口电路。图中的小数点没有接。输出控制信号通过P2.0和$\overline{WR}$合成，当二者都为0时，或门输出为0，将P0口的数据锁存到74LS273中，因此口地址为FEFFH。

74LS47的译码表见表7-7。

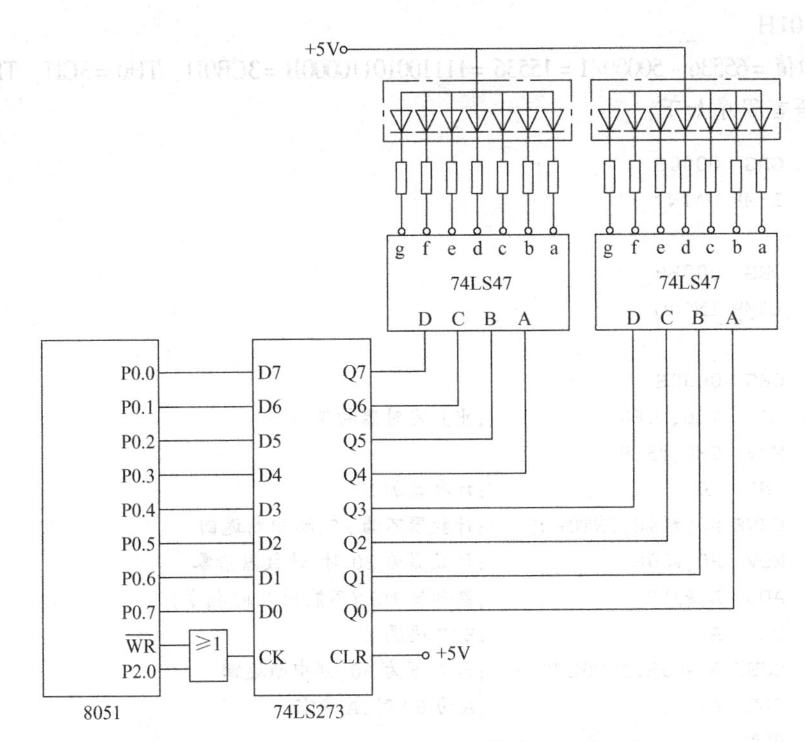

图 7-24 共阳极数码管显示器的静态显示接口电路

表 7-7 74LS47 译码表

代 码	D	C	B	A	显示
BCD 码	0	0	0	0	0
	0	0	0	1	1
	0	0	1	0	2
	⋮	⋮	⋮	⋮	⋮
	1	0	0	1	9
符号码	1	0	1	0	（下半段）
	1	0	1	1	（下半段）
	1	1	0	0	（上半段）
	1	1	0	1	
	1	1	1	0	
	1	1	1	1	暗

【例 7-8】 利用图 7-24 电路，做成一个秒表。用汇编语言和 C51 语言分别编写程序。

【解】 题意分析：由于秒表要求有精确的计时，因此本题采用内部定时/计数器 0 中断，工作在定时方式 1，定时时间 50ms，并设置 1 个计数器，每中断一次计数器加 1，当计数器为 20 时，则秒表加 1，计数器清零重新计数。根据表 7-7，8051 单片机输出到 74LS273 锁存器的数码必须为 BCD 码，否则显示乱码甚至全部暗。

TMOD = 01H

定时器初值 = 65536 - 50000/1 = 15536 = 11110010110000B = 3CB0H，TH0 = 3CH，TL0 = B0H

则汇编语言程序如下：

```
        ORG  0000H
        LJMP MAIN

        ORG  000BH
        LJMP INT0Q

        ORG  0030H
 INT0Q: MOV  TL0,#0B0H          ;重置定时器初值
        MOV  TH0,#3CH
        INC  R0                 ;计数器加 1
        CJNE R0,#14H,INT0END    ;计数器不为 20,则中断返回
        MOV  R0,#00H            ;计数器为 20 时,计数器清零
        ADD  A,#01H             ;累加器加 1(不能用 INC 指令)
        DA   A                  ;BCD 码调整
        CJNE A,#60H,INT0END     ;若 A 不为 60,则中断返回
        CLR  A                  ;A 为 60 时,A 清零
INT0END: RETI

        ORG  0100H
  MAIN: MOV  TMOD,#01H          ;设置定时器工作方式
        MOV  TH0,#3CH
        MOV  TL0,#0B0H
        MOV  DPTR,#0FEFFH       ;将显示口地址送数据指针
        CLR  A
        MOV  R0,A
        SETB ET0                ;允许 TF0 中断
        SETB EA                 ;CPU 开放中断
        SETB TR0                ;启动定时器 0 开始工作
  DISP: MOVX @DPTR,A            ;送显示码到显示器,显示 A 中内容
        SJMP DISP
        END
```

C51 语言程序如下：

```
#include <reg51.h>
#include <absacc.h>
unsigned char i = 0,s10 = 0,s1 = 0;        //i 为计数器,s1 为秒个位变量,s10 为秒十位变量
/ ************************
函数功能:定时器 0 中断函数
*************************/
void timer0(void) interrupt 1 using 1
   {
```

```
        TL0 = 0xb0;                          //重置初值
        TH0 = 0x3c;
        ++i;                                 //计数器加1
        if(i == 20)
          {
              i = 0;                         //计数满20次则清零
              ++s1;                          //计数满20次秒个位变量加1
              if(s1 == 10)
                {
                  s1 = 0;                    //秒个位变量为10时清零
                  ++s10;                     //秒个位变量为10时秒十位变量加1
                  if(s10 == 6)
                      s10 = 0;               //秒十位变量为6时清零
                }
          }
    }
/ ***************
函数功能:主函数
***************/
void main(void)
    {
        TMOD = 0x01;                         //设置工作方式
        TL0 = 0xb0;                          //赋初值
        TH0 = 0x3c;
        ET0 = 1;                             //允许定时器0中断
        EA = 1;                              //CPU开放中断
        TR0 = 1;                             //启动定时器开始定时
        while(1)
          {
            DBYTE[0xfeff] = ((s10 << 4) + s1);        //输出秒值到显示器
          }
    }
```

2. 动态显示接口电路

图7-25为8位共阴极动态显示器接口电路。由8155A提供两个输出口，其中A口经8位同相集成驱动芯片BIC8718驱动后接显示器公共极，作为字选择口；B口同样经同相集成驱动芯片BIC8718驱动后接显示器的各个段，作为字形选择口。

【例7-9】 利用图7-25电路，做成一个时钟。用汇编语言和C51语言分别编写程序。

【解】 题意分析：假设内部RAM的38H～3BH为显示缓冲区，其中38H单元存放"时"，39H单元存放"分"，3AH存放"秒"，3BH存放"－"，其中38H～3AH单元均以BCD码形式存放。8位LED数码管显示的形式为"时时-分分-秒秒"。8155A的A口输出各位中轮流使一位处于低电平，使某一时间只能显示一个字符，而其他位为暗，并依次改变，在A口改变的同时，作为字形选择口的B口相应改变，要求循环显示。

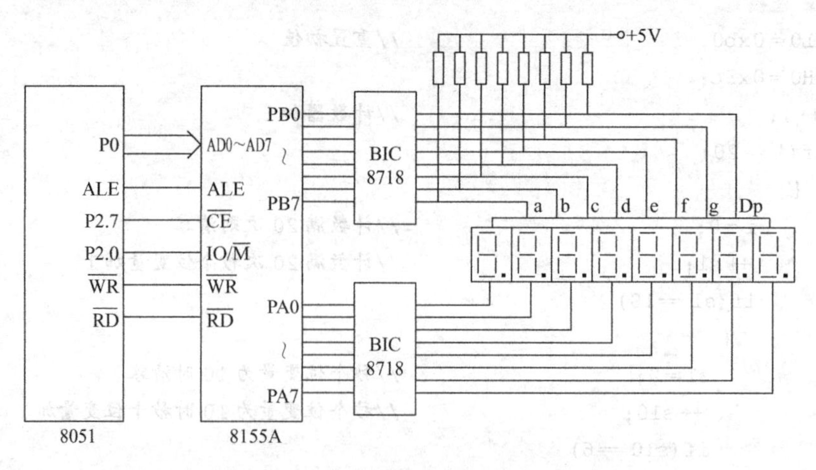

图7-25　8位共阴极动态显示接口电路

汇编语言程序如下：

```
        ORG   0000H
        LJMP  MAIN

        ORG   000BH
        LJMP  INTQ0

        ORG   0030H
INTQ0:  MOV   TL0,#0B0H
        MOV   TH0,#3CH
        INC   R2
        CJNE  R2,#14H,INTEND          ;1s时间未到则返回
        MOV   R2,#00H
        ;1s时间到秒存储单元加1
        MOV   A,3AH
        ADD   A,#01H
        DA    A
        MOV   3AH,A
        CJNE  A,#60H,INTEND           ;60s(1min)未到则返回
        MOV   3AH,#00H
        MOV   A,39H
        ADD   A,#01H
        DA    A
        MOV   39H,A
        CJNE  A,#60H,INTEND           ;60min(1h)未到则返回
        MOV   39H,#00H
        MOV   A,38H
        ADD   A,#01H
        DA    A
        MOV   38H,A
```

```
        CJNE  A,#24H,INTEND          ;24h 未到则返回
        MOV   38H,#00H
INTEND: RETI

        ORG   0070H
  DISP: MOV   A,#7FH                 ;选择时十位(最高显示位)
        MOVX  @R0,A
        MOV   A,38H
        SWAP  A
        ANL   A,#0FH
        MOVC  A,@A+DPTR
        MOVX  @R1,A
        MOV   A,#0BFH                ;选择时个位显示位
        MOVX  @R0,A
        MOV   A,38H
        ANL   A,#0FH
        MOVC  A,@A+DPTR
        MOVX  @R1,A
        MOV   A,#0DFH                ;选择第 1 个"-"显示位
        MOVX  @R0,A
        MOV   A,3BH
        MOVC  A,@A+DPTR
        MOVX  @R1,A
        MOV   A,#0EFH                ;选择分十位
        MOVX  @R0,A
        MOV   A,39H
        SWAP  A
        ANL   A,#0FH
        MOVC  A,@A+DPTR
        MOVX  @R1,A
        MOV   A,#0F7H                ;选择分个位
        MOVX  @R0,A
        MOV   A,39H
        ANL   A,#0FH
        MOVC  A,@A+DPTR
        MOVX  @R1,A
        MOV   A,#0FBH                ;选择第 2 个"-"显示位
        MOVX  @R0,A
        MOV   A,3BH
        MOVC  A,@A+DPTR
        MOVX  @R1,A
        MOV   A,#0FDH                ;选择秒十位
        MOVX  @R0,A
```

```
        MOV   A,3AH
        SWAP  A
        ANL   A,#0FH
        MOVC  A,@A+DPTR
        MOVX  @R1,A
        MOV   A,#0FEH              ;选择秒个位
        MOVX  @R0,A
        MOV   A,3AH
        ANL   A,#0FH
        MOVC  A,@A+DPTR
        MOVX  @R1,A
        RET

        ORG   0100H
        ;设置初始时间为"00—00—00"
MAIN:   MOV   38H,#00H             ;设置时为"00"
        MOV   39H,#00H             ;设置分为"00"
        MOV   3AH,#00H             ;设置秒为"00"
        MOV   3BH,#0AH             ;设置"-"
        ;8155 初始化设计
        MOV   A,#03H               ;8155 初始化,A 口与 B 口均为基本输出方式
        MOV   DPTR,#7F00H          ;P2.7=0,P2.0=0,8155A 命令状态地址 7F00H
        MOVX  @DPTR,A              ;送命令字
        MOV   DPTR,#0200H          ;字形码首地址送 DPTR
        MOV   P2,#7FH              ;从 P2 口输出 8155 高 8 位地址
        MOV   R0,#01H              ;A 口低 8 位地址,作为字位选择
        MOV   R1,#02H              ;B 口低 8 位地址,作为数据
        ;定时器 0 初始化设计
        MOV   TMOD,#01H
        MOV   TH0,#3CH
        MOV   TL0,#0B0H
        SETB  ET0
        SETB  EA
        SETB  TR0
        MOV   R2,#00H
        ;循环调用显示程序并等待中断
LOOP:   LCALL DISP
        SJMP  LOOP

        ORG   0200H
        DB    3FH,06H,5BH,4FH,66H ;七段显示字形码
        DB    6DH,7DH,07H,7FH,67H,40H;
        END
```

C51语言程序如下：

```
#include <reg51.h>
#include <absacc.h>
unsigned char t[] = {0,0,0};      //时间:小时、分钟、秒钟变量
unsigned char i = 0,j,k;
unsigned char n[] = {0x7f,0xbf,0xdf,0xef,0xf7,0xfb,0xfd,0xfe};     //字位选择码
unsigned char m[] = {0x3F,0x06,0x5B,0x4F,0x66,0x6D,0x7D,0x07,0x7F,0x67,0x40};
//字形码
/ ************************
函数功能:定时器0 中断函数
************************/
void timer0(void) interrupt 1 using 1
    {
        TL0 = (65536 - 50000)% 256;
        TH0 = (65536 - 50000)/256;
        if(i ==20)
          {
              ++t[2];
              if(t[2] ==60)
                {
                  t[2] =0;
                  ++t[1];
                  if(t[1] ==60)
                    {
                        t[1] =0;
                        ++t[0];
                        if(t[0] ==24)
                          {
                            t[0] =0;
                          }
                    }
                }
          }
    }
/ *****************
函数功能:延时函数
*****************/
void delay(void)
    {
        for(k =0;k <=255; ++k)
            ;
    }
/ *****************
```

```
函数功能:显示函数
*****************/
void disp(void)
    {
        for(j=0;j<=2;++j)
          {
              XBYTE[0x7f01]=n[j*3];
              XBYTE[0x7f02]=m[t[j]/10];
              delay();
              XBYTE[0x7f01]=n[j*3+1];
              XBYTE[0x7f02]=m[t[j]%10];
              delay();
              if((j*3+2)!=8)
                {
                  XBYTE[0x7f01]=n[j*3+2];
                  XBYTE[0x7f02]=m[10];
                  delay();
                }
          }
    }
/****************
函数功能:主函数
****************/
void main(void)
    {
        XBYTE[0x7F00]=0x03;          //设置8155工作方式字
        TMOD=0x01;
        TH0=(65536-50000)/256;
        TL0=(65536-50000)%256;
        ET0=1;
        EA=1;
        TR0=1;
        while(1)
          {
            disp();
          }
    }
```

7.3.4　LED 数码管和键盘实用电路

在单片机应用系统中，LED 数码管和键盘往往结合在一起使用，这里介绍两种电路：基于 8255A 接口电路的数码管和键盘电路、基于 HD7279A 接口电路的数码管和键盘电路。

1. 基于 8255A 接口电路的数码管和键盘电路

电路如图 7-26 所示。

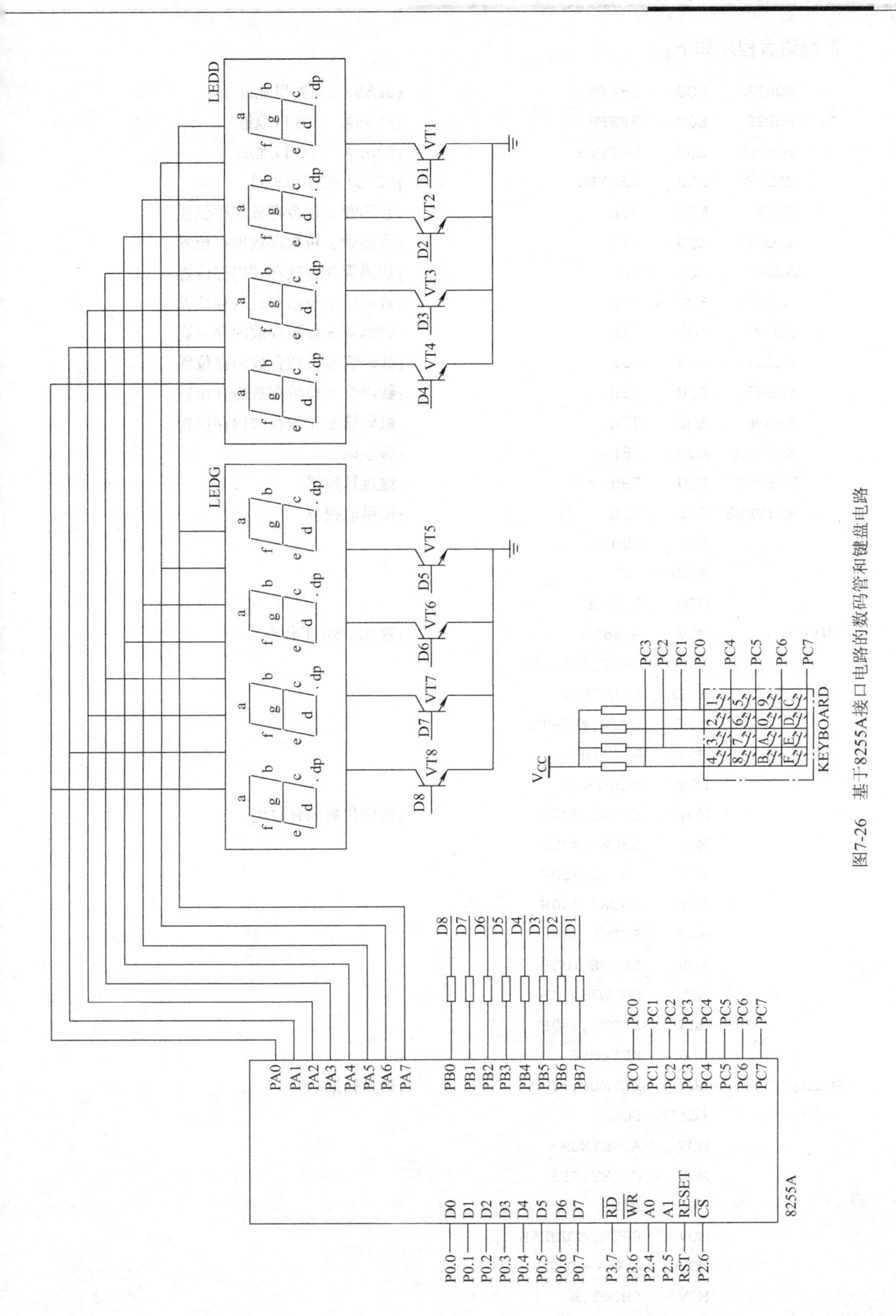

图7-26 基于8255A接口电路的数码管和键盘电路

汇编语言程序如下：

```
        PORTA   EQU     8FFFH                       ;8255A   A口地址
        PORTB   EQU     9FFFH                       ;8255A   B口地址
        PORTC   EQU     0AFFFH                      ;8255A   C口地址
        CADDR   EQU     0BFFFH                      ;8255A控制字地址
        SHOW1   EQU     70H                         ;数码管1位数存放内存位置
        SHOW2   EQU     71H                         ;数码管2位数存放内存位置
        SHOW3   EQU     72H                         ;数码管3位数存放内存位置
        SHOW4   EQU     73H                         ;数码管4位数存放内存位置
        SHOW5   EQU     74H                         ;数码管5位数存放内存位置
        SHOW6   EQU     75H                         ;数码管6位数存放内存位置
        SHOW7   EQU     76H                         ;数码管7位数存放内存位置
        SHOW8   EQU     77H                         ;数码管8位数存放内存位置
        KEYNUM  EQU     78H                         ;键盘码
        KEYCNT  EQU     79H                         ;键盘计数器
        KEYPRES BIT     71H                         ;按键监视位
                ORG     0000H
                AJMP    INI
                ORG     0100H
INI:            MOV     A,#81H                      ;置8255A工作方式
                MOV     DPTR,#CADDR
                MOVX    @DPTR,A
                MOV     DPTR,#PORTC
                MOV     A,#00H
                MOVX    @DPTR,A
                MOV     SHOW1,#00H                  ;初始化数码管数组
                MOV     SHOW2,#00H
                MOV     SHOW3,#00H
                MOV     SHOW4,#00H
                MOV     SHOW5,#00H
                MOV     SHOW6,#00H
                MOV     SHOW7,#00H
                MOV     SHOW8,#00H
                CLR     KEYPRES
MAIN:           MOV     KEYNUM,#00H                 ;键盘扫描
                ACALL   SCAN
                MOV     A,KEYNUM
                MOV     C,KEYPRES
                JNC     DISP
                MOV     DPTR,#NUMLAB
                MOVC    A,@A+DPTR
                MOV     SHOW1,A
```

```
            CLR     KEYPRES
            ACALL   PLAY
            JMP     MAIN
/ ****************************************/
/ *              键盘扫描程序              */
/ * 说明:使用键盘时,要将跳线跳至右端      */
/ ****************************************/
SCAN:       MOV     R0,#04H
            MOV     R1,#80H
SCLOP:      MOV     A,R1
            CPL     A
            MOV     DPTR,#PORTC          ;输出高四位屏蔽码
            MOVX    @DPTR,A
            ANL     A,#0F0H
            MOV     R2,A
            MOVX    A,@DPTR              ;读回扫描结果
            ANL     A,#0FH
            CJNE    A,#0FH,STORE         ;判断是否有按键按下
            JMP     NEXT
STORE:      MOV     KEYNUM,A
            MOV     A,R2
            ORL     A,KEYNUM
            MOV     KEYNUM,A
            ACALL   DIMS
            ANL     A,#0FH
            CJNE    A,#0FH,STORE         ;等待按键释放
            MOV     A,KEYCNT
            INC     A
            MOV     KEYCNT,A
            SETB    KEYPRES
            JMP     HANDLE
NEXT:       MOV     A,R1
            RR      A
            MOV     R1,A
            DJNZ    R0,SCLOP
            MOV     KEYNUM,#00H
            JMP     EXIT
HANDLE:     MOV     A,KEYNUM             ;按键位图码转换为按键值
            MOV     KEYNUM,#00H
IF1:        CJNE    A,#0EEH,IF2
            MOV     KEYNUM,#01H
            JMP     EXIT
```

```
IF2:        CJNE    A,#0EDH,IF3
            MOV     KEYNUM,#02H
            JMP     EXIT
IF3:        CJNE    A,#0EBH,IF4
            MOV     KEYNUM,#03H
            JMP     EXIT
IF4:        CJNE    A,#0E7H,IF5
            MOV     KEYNUM,#04H
            JMP     EXIT
IF5:        CJNE    A,#0DEH,IF6
            MOV     KEYNUM,#05H
            JMP     EXIT
IF6:        CJNE    A,#0DDH,IF7
            MOV     KEYNUM,#06H
            JMP     EXIT
IF7:        CJNE    A,#0DBH,IF8
            MOV     KEYNUM,#07H
            JMP     EXIT
IF8:        CJNE    A,#0E7H,IF9
            MOV     KEYNUM,#08H
            JMP     EXIT
IF9:        CJNE    A,#0BEH,IF0
            MOV     KEYNUM,#09H
            JMP     EXIT
IF0:        CJNE    A,#0BDH,IFA
            MOV     KEYNUM,#00H
            JMP     EXIT
IFA:        CJNE    A,#0BBH,IFB
            MOV     KEYNUM,#0AH
            JMP     EXIT
IFB:        CJNE    A,#0B7H,IFC
            MOV     KEYNUM,#0BH
            JMP     EXIT
IFC:        CJNE    A,#7EH,IFD
            MOV     KEYNUM,#0CH
            JMP     EXIT
IFD:        CJNE    A,#7DH,IFE
            MOV     KEYNUM,#0DH
            JMP     EXIT
IFE:        CJNE    A,#7BH,IFF
            MOV     KEYNUM,#0EH
            JMP     EXIT
```

```
IFF:        CJNE   A,#77H,EXIT
            MOV    KEYNUM,#0FH
EXIT:       RET
/ ****************************************/
/ *              显示子程序               */
/ * 说明:          无                     */
/ ****************************************/
PLAY:       MOV    R0,#08H
            MOV    R1,#SHOW1                 ;取显示码
            MOV    R2,#80H
DPLOP:      MOV    A,@R1
            MOV    DPTR,#PORTA
            MOVX   @DPTR,A                   ;送出个位的 7 段代码
            MOV    DPTR,#PORTB
            MOV    A,R2
            MOVX   @DPTR,A                   ;开相应的位显示
            ACALL  D1MS                      ;显示 162μs
            MOV    DPTR,#DPTRB
            MOV    A,#0FFH
            MOVX   @DPTR,A                   ;关闭十位显示
            MOV    A,R2
            RR     A
            MOV    R2,A
            INC    R1
            DJNZ   R0,DPLOP                  ;循环执行 8 次
            RET
/ ****************************************/
/ *              延时子程序               */
/ * 说明:      用于数码管显示延时         */
/ ****************************************/
D1MS:       MOV    R6,#150
            DJNZ   R6, $
            RET
;实验板上的 7 段数码管 0 ~ 9 数字的共阴极显示代码
NUMLAB:DB  3FH,06H,5BH,4FH,66H,6DH,7DH,07H,7FH,6FH,77H,7CH,39H,5EH,79H,71H
            END
```

C51 语言程序如下:

```
#include <reg51.h>
sbit        DQ = P1^2
sbit        P1_3 =0x93;
#define     PORTA       0x8FFF        //8255A    A 口地址
```

```
#define    PORTB    0x9FFF    //8255A   B 口地址
#define    PORTC    0xAFFF    //8255A   C 口地址
#define    CADDR    0xBFFF    //8255 控制字地址
#define    uchar    unsigned char
#define    unint    unsigned int
bit        if_keypress;
uchar      keypresscnt;
uchar      Keynum;
void       WriteData(unsigned int Addr,unsigned char Data);
uchar      ReadData(ubsigned int Addr);
void       Printer(void);
void       Delay(void);
void       Ini(void);
uchar      Keyboard(void);
uchar      Handlekey(void);
unint      show[8];
code uchar word[16]={0x f,0x06,ox5b,0x4f,0x66,0x6d,0x7d,0x07,
0x7f,0x6f,0x77,0x7c,0x39,0x5e,0x79,0x71};
void main(void)
{
    Ini();
    while(1)
    {
        Keynum=Handlekey();     //按键处理,读取按键值的操作在线程中只能出现一次,否则
                                  会因为多次扫描出现滞后或其他错误
        if(if_keypress)
            show[7]=word[Keynum];
        if(if_keypress=0)
            Printer();
    }
}
/******************************************/
/*              初始化程序              */
/*说明:    配置寄存器及初始化程序        */
/******************************************/
void Ini(void)
{
    if_keypress=0;
    keypresscnt=0;
    Keynum=0;                   //8255A 工作模式

    WriteData(CADDR,0x81);
```

```
    WriteData(portc,oxff);
}
/*****************************************/
/*                写外部寄存器             */
/*说明:             无                     */
/*****************************************/
void WriteData(unint Addr,uchar Data)
{
    *((uchar xdata *)Addr) = Data;
}
/*****************************************/
/*                写外部寄存器             */
/*说明:             无                     */
/*****************************************/
unsigned char ReadData(unsigned int Addr)
{
    return *((unsigned char xdata *)Addr);
}
/*****************************************/
/*                延时程序                 */
/*说明:             无                     */
/*****************************************/
void Delay(void)
{
    int i,j;
    for(i=0;i<20;i++)
        for(j=0;j<5;j++);
}
/*****************************************/
/*                键盘扫描                 */
/*说明:             无                     */
/*****************************************/
unsigned char Keyboard(void)
{
    unsigned char scan,keypress=0x00;
    unsigned intI;
    unsigned char MASK,mask=0x10;
    for(i=0;i<4;i++)
    {
        MASK= ~(mask);
        mask=mask<<1;
        WriteData(PORTC,MASK);
```

```
        scan = ReadData(PORTC);
        if((scan&0x0f)! =0x0f)
        {
            if_keypress =1;
            keypresscnt ++;
            keypress = scan;
          }
          while((ReadData(PORTC)&0X0F)! =0X0F);
    }
    return keypress;
}
/ *****************************************/
/*              键盘读取程序              */
/*说明:     返回按下按键的值              */
/ *****************************************/
uchar Handlekey(void)
{
    unsigned char handlekey;
    switch(Keyboard())
    {
        case 0xee:
            handlekey() =0x01;
            break;
        case 0xed:
            handlekey() =0x02;
            break;
        case 0xeb:
            handlekey() =0x03;
            break;
        case 0xe7:
            handlekey() =0x04;
            break;
        case 0xde:
            handlekey() =0x05;
            break;
        case 0xdd:
            handlekey() =0x06;
            break;
        case 0xdb:
            handlekey() =0x07;
            break;
        case 0xd7:
```

```
            handlekey() =0x08;
            break;
        case 0xbe:
            handlekey() =0x09;
            break;
        case 0xbd:
            handlekey() =0x00;
            break;
        case 0xbb:
            handlekey() =0x0a;
            break;
        case 0xb7:
            handlekey() =0x0b;
            break;
        case 0x7e:
            handlekey() =0x0c;
            break;
        case 0x7d:
            handlekey() =0x0d;
            break;
        case 0x7b:
            handlekey() =0x0e;
            break;
        case 0x77:
            handlekey() =0x0f;
            break;
        default:
            handlekey() =0xff;
            break;
    }
    return handlekey;
}
/****************************************/
/*              显示子程序               */
/*说明:           无                     */
/****************************************/
void Printer(void)
{
    unint i;
    uchar MASK,mask=0x01;
    for(i=0;i<8;i++)
    {
        MASK=mask;
```

```
            mask = mask <<1;
            WriteData(PORTA,show[i]);
            WriteData(PORTB,MASK);
            Delay();
            WriteData(PORTA,0x00);
            WriteData(PORTB,MASK);
        }
    }
```

2. 基于 HD7279A 接口电路的数码管和键盘电路

（1）HD7279A 芯片介绍　HD7279A 是一片具有串行接口的、可同时驱动 8 位共阴极数码管（或独立的 64 只 LED）的智能显示驱动芯片，该芯片同时还可连接多达 64 键的键盘矩阵，单片即可完成 LED 显示、键盘接口的全部功能。

HD7279A 内部含有译码器，可直接接收 BCD 码或 16 进制码，并同时具有两种译码方式。此外，还具有多种控制命令，如消隐、闪烁、左移、右移及段寻址等。

HD7279A 具有片选信号，可方便地实现多于 8 位显示或多于 64 键的键盘接口。

（2）HD7279A 芯片引脚说明　HD7279A 芯片引脚如图 7-27 所示。

引脚 1 和引脚 2：VDD，正电源端。

引脚 3、引脚 5：NC，无连接，必须悬空。

引脚 4：VSS，接地端。

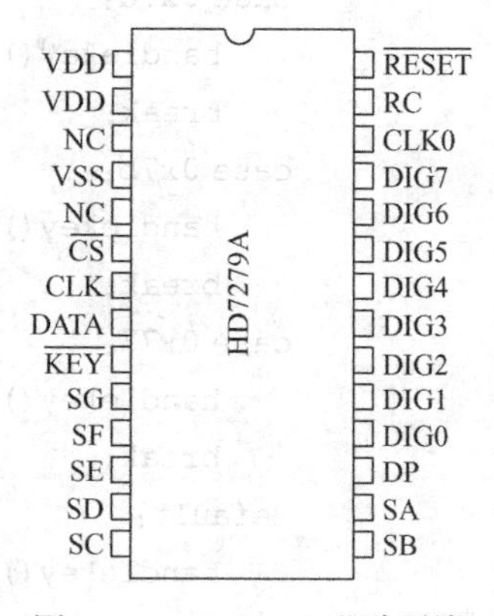

图 7-27　HD7279A 芯片引脚

引脚 6：$\overline{CS}$，片选信号（输入）端，此引脚为低电平时，可向芯片发送指令及读取键盘数据。

引脚 7：CLK，同步时钟信号（输入）端，向芯片发送数据及读取键盘数据时，此引脚电平上升沿表示数据有效。

引脚 8：DATA，串行数据输入/输出端，当 CPU 向 HD7279A 发送指令或数据时，此引脚为输入端；当读取键盘数据时，此引脚在读指令最后一个时钟的下降沿变为输出端。

引脚 9：$\overline{KEY}$，按键有效输出端，默认为高电平，当检测到有效按键时，此引脚变为低电平。

引脚 10 ~ 16：SG ~ SA，段 g ~ 段 a 驱动输出端。

引脚 17：DP，小数点驱动输出端。

引脚 18 ~ 25：DIG0 ~ DIG7，数码管 0 ~ 7 驱动输出端。

引脚 26：CLK0，振荡输出端。

引脚 27：RC，RC 振荡器连接端。

引脚 28：$\overline{RESET}$，复位端。

（3）HD7279A 与数码管、键盘连接的电路　电路如图 7-28 所示。

（4）HD7279A 数据发送说明　HD7279A 采用串行方式与微处理器通信，串行数据从 DATA 引脚送入芯片，并由 CLK 端同步。当片选信号端$\overline{CS}$变为低电平后，DATA 引脚上的数据在 CLK 引脚的上升沿被写入 HD7279A 的数据缓冲寄存器中。

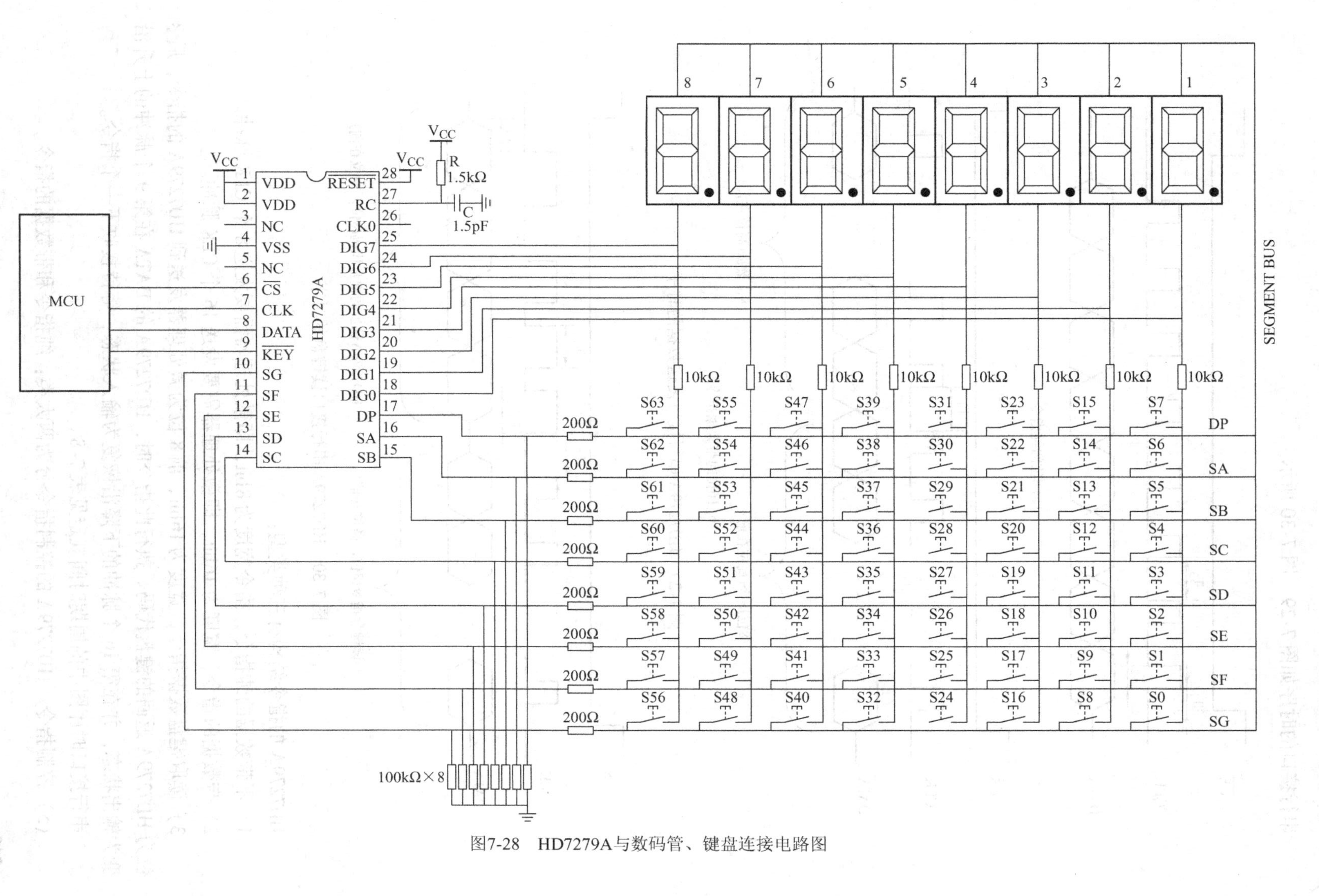

图7-28　HD7279A与数码管、键盘连接电路图

串行接口的时序如图 7-29、图 7-30 所示。

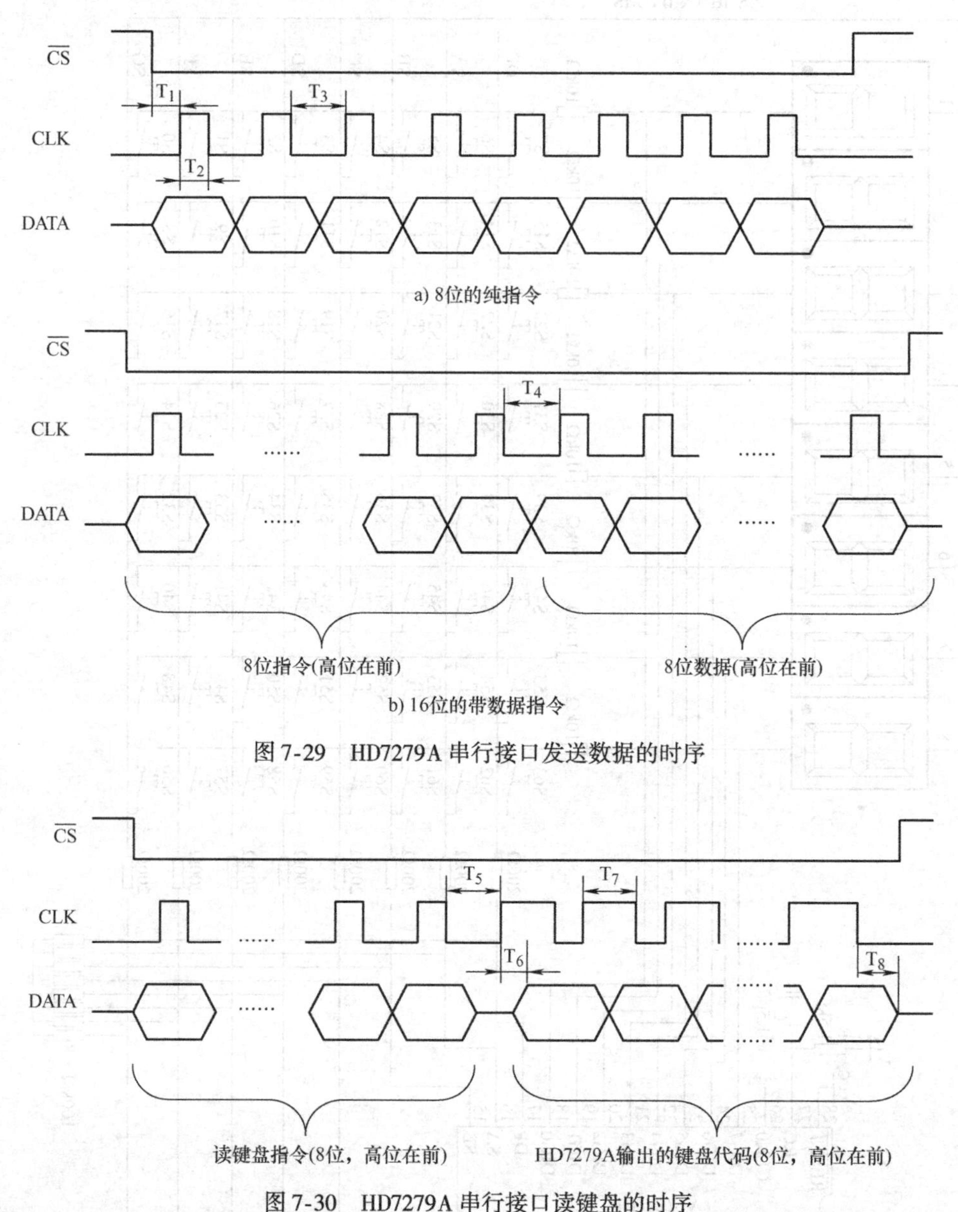

图 7-29　HD7279A 串行接口发送数据的时序

图 7-30　HD7279A 串行接口读键盘的时序

HD7279A 的指令结构有三种类型：

1）不带数据的纯指令，指令宽度为 8bit，即微处理器需要发送 8 个 CLK 脉冲。

2）带数据的指令，宽度为 16bit，即微处理器需要发送 16 个 CLK 脉冲。

3）读取键盘数据指令，宽度为 16bit，前 8 位为微处理器发送到 HD7279A 的指令，后 8 位为 HD7279A 返回的键盘代码。执行此指令时，HD7279A 的 DATA 在第 9 个脉冲的上升沿变为输出状态，并在第 16 个脉冲的下降沿恢复为输入状态，等待接收下一个指令。

串行接口时序图中的周期时间规定见表 7-8。

(5) 控制指令　HD7279A 的控制指令分为两大类：纯指令和带数据的指令。

1）纯指令（8位）。

● 复位指令（清除指令）A4H：当HD7279A收到该指令后，将所有的显示清除，所有设置的字符消隐、闪烁等属性也被一起清除。执行该指令后，芯片所处的状态与系统上电后所处的状态一样。

表7-8　图7-29和图7-30各周期时间表

周期	周期说明	最小	典型	最大	单位
T_1	从$\overline{CS}$下降沿至CLK脉冲时间	25	50	250	μs
T_2	传送指令时CLK脉冲宽度	5	8	250	μs
T_3	字节传送中CLK脉冲时间	5	8	250	μs
T_4	指令与数据时间间隔	15	25	250	μs
T_5	读键盘指令中指令与输出数据时间间隔	15	25	250	μs
T_6	输出键盘数据建立时间	5	8	—	μs
T_7	读键盘数据时CLK脉冲宽度	5	8	250	μs
T_8	读键盘数据完成后DATA转为输入状态时间			5	μs

● 测试指令BFH：该指令使所有的LED全部点亮，并处于闪烁状态，主要用于测试。

● 右移指令A0H：该指令使所有的显示自左向右移动一位（包括处于消隐状态的显示位），但对各位所设置的消隐及闪烁属性不变。移动后，最左边一位为空（无显示）。

指令执行前	7	6	5	4	3	2	1	0
指令执行后		7	6	5	4	3	2	1

● 左移指令A1H：该指令使所有的显示自右向左移动一位（包括处于消隐状态的显示位），但对各位所设置的消隐及闪烁属性不变。移动后，最右边一位为空（无显示）。

指令执行前	7	6	5	4	3	2	1	0
指令执行后	6	5	4	3	2	1	0	

● 循环右移指令A2H：该指令使所有的显示自左向右移动一位（包括处于消隐状态的显示位），但对各位所设置的消隐及闪烁属性不变。移动后，原来的最右位移到最左位。

指令执行前	7	6	5	4	3	2	1	0
指令执行后	0	7	6	5	4	3	2	1

● 循环左移指令A3H：该指令使所有的显示自右向左移动一位（包括处于消隐状态的显示位），但对各位所设置的消隐及闪烁属性不变。移动后，原来的最左位移到最右位。

指令执行前

7	6	5	4	3	2	1	0

指令执行后

6	5	4	3	2	1	0	7

2）带数据的指令（16 位）。

● 发送数据且按方式 0 译码：指令格式为

1	0	0	0	0	a3	a2	a1		DP	X	X	X	d3	d2	d1	d0

该指令由两个字节组成，其中高字节为指令，低字节为数据。其中：高字节的指令中 a3、a2、a1 决定显示哪一个数码管；低字节的数据中 d3、d2、d1、d0 决定显示什么数，DP 决定小数点是否亮（DP = 1，小数点亮；DP = 0，小数点暗），X 无影响。具体见表 7-9 和表 7-10。

表 7-9　数码管选择

a3	a2	a1	数码管
0	0	0	1
0	0	1	2
0	1	0	3
0	1	1	4
1	0	0	5
1	0	1	6
1	1	0	7
1	1	1	8

表 7-10　译码方式 0 数据显示

d3 ~ d0（十六进制）	d3	d2	d1	d0	7 段显示
0H	0	0	0	0	0
1H	0	0	0	1	1
2H	0	0	1	0	2
3H	0	0	1	1	3
4H	0	1	0	0	4
5H	0	1	0	1	5
6H	0	1	1	0	6
7H	0	1	1	1	7
8H	1	0	0	0	8
9H	1	0	0	1	9
AH	1	0	1	0	—
BH	1	0	1	1	E
CH	1	1	0	0	H
DH	1	1	0	1	L
EH	1	1	1	0	P
FH	1	1	1	1	空（无显示）

● 发送数据且按方式 1 译码：指令格式为

1	1	0	0	1	a3	a2	a1		DP	X	X	X	d3	d2	d1	d0

该指令由两个字节组成，其中高字节为指令，低字节为数据。其中：高字节的指令中 a3、a2、a1 决定显示哪一个数码管，与方式 0 相同，具体见表 7-9；低字节的数据中 d3、d2、d1、d0 决定显示什么数，DP 决定小数点是否亮（DP = 1，小数点亮；DP = 0，小数点暗），X 无影响，具体见表 7-11。

表 7-11　译码方式 1 数据显示

d3 ~ d0（十六进制）	d3	d2	d1	d0	7 段显示
0H	0	0	0	0	0
1H	0	0	0	1	1
2H	0	0	1	0	2
3H	0	0	1	1	3
4H	0	1	0	0	4
5H	0	1	0	1	5
6H	0	1	1	0	6
7H	0	1	1	1	7
8H	1	0	0	0	8
9H	1	0	0	1	9
AH	1	0	1	0	A
BH	1	0	1	1	B
CH	1	1	0	0	C
DH	1	1	0	1	D
EH	1	1	1	0	E
FH	1	1	1	1	F

● 发送数据但不译码：指令格式为

1	0	0	0	0	a3	a2	a1		DP	A	B	C	D	E	F	G

该指令由两个字节组成，其中高字节为指令，低字节为数据。其中：高字节的指令中 a3、a2、a1 决定显示哪一个数码管，与方式 0 相同，具体见表 7-9；低字节的各位数据对应图 7-31 所示数码管的各段。如：A = 1，则数码管 A 段亮；A = 0，则数码管 A 段暗。

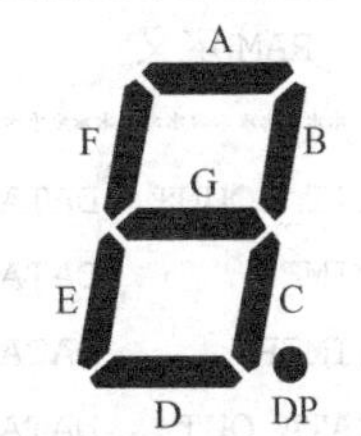

图 7-31　数码管各段符号

● 闪烁控制 88H：指令格式为

1	0	0	0	1	0	0	0		d8	d7	d6	d5	d4	d3	d2	d1

该指令由两个字节组成，其中高字节为指令，低字节为数据。其中：高字节的指令88H为闪烁（忽亮忽暗）；低字节的各位数据d8～d1分别对应数码管7～0，1＝闪烁，0＝不闪烁。

- 消隐98H：指令格式为

1	0	0	1	1	0	0	0		d8	d7	d6	d5	d4	d3	d2	d1

该指令由两个字节组成，其中高字节为指令，低字节为数据。其中：高字节的指令98H为消隐（暗）；低字节的各位数据d8～d1分别对应数码管7～0，1＝显示，0＝消隐。该位处于消隐状态时，仍保留最后一次写入的值，当该位重新显示时，则显示最后一次写入的值。在实际使用时，如果8个数码管没有全部用到，则将不用的数码管设置为消隐状态，可以提高显示的亮度。

注意：8个数码管中至少应有一位保持显示状态，如果消隐指令的低字节（数据）全部为0，则该指令不被接受。

3）读键盘指令。在图7-28所示电路中，最大的键盘数为64键，键盘代码为00H～3FH；如果无键按下，则产生的代码为0FFH。

0	0	0	1	0	1	0	1		d8	d7	d6	d5	d4	d3	d2	d1

当HD7279A检测到有效的按键时，KEY引脚从高电平变为低电平，并一直保持到按键结束。在此期间，如果HD7279A接收到“读键盘数据指令”（1字节发送给HD7279A），则输出当前按键的键盘代码（00H～3FH），如果没有有效按键，则HD7279A将输出0FFH。

此指令的前半段（高字节，8位），HD7279A的DATA引脚处于高阻输入状态，以接收来自微处理器的指令；在后半段，DATA引脚从输入状态转为输出状态，输出键盘的代码值。

在实际使用时，单片机控制系统的键盘不需要64个按键，典型电路如图7-32所示，HD7279A引脚$\overline{CS}$、CLK、DATA、$\overline{KEY}$分别接单片机的P3.0、P3.1、P1.3、P1.2。

汇编语言程序如下：

```
;************************
;    读键盘程序
;************************

;*****************
; RAM定义
;*****************
BIT_COUNT  DATA  07FH
TIMER      DATA  07EH
TIMER1     DATA  07DH
DATA_OUT   DATA  021H

;*****************
; I/O定义
```

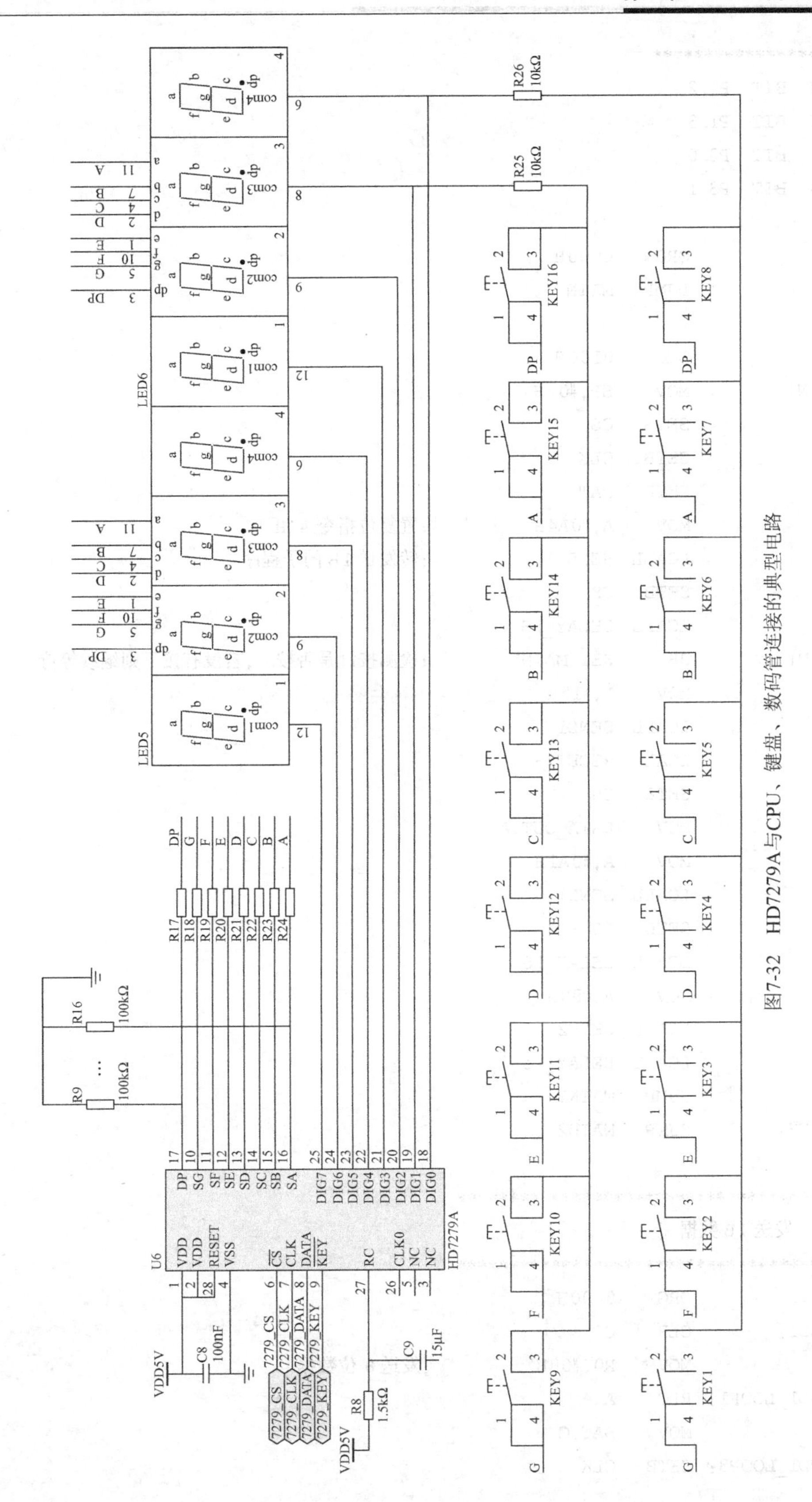

图7-32　HD7279A与CPU、键盘、数码管连接的典型电路

```
; *****************
KEY  BIT  P1.2
DAT  BIT  P1.3
CS   BIT  P3.0
CLK  BIT  P3.1

               ORG    0000H
               LJMP   MAIN

               ORG    0100H
MAIN:          MOV    SP,#07H
               SETB   CS
               SETB   CLK
               SETB   DAT
               MOV    A,#0A4H            ;置复位指令 A4H
               LCALL  SEND1              ;转发送 1B 的子程序
               SETB   CS
               LCALL  DELAY_1S
MAIN1:         JB     KEY,MAIN1          ;检测按键是否按下,若没有按下则继续等待
               MOV    A,#15H
               LCALL  SEND1
               LCALL  RECEIVE
               SETB   CS
               MOV    DATA_OUT,A
               MOV    A,#0A1H
               LCALL  SEND1
               SETB   CS
               LCALL  DELAY_1S
               MOV    A,#80H
               LCALL  SEND2
               LCALL  DELAY_1s
               SJMP   MAIN1
MAIN2:         SJMP   MAIN2

; ***********************************
;    发送 1B 数据
; ***********************************
               ORG    0200H
SEND1:         CLR    CS
               MOV    R0,#08H            ;发送 8 位数据
SEND1_LOOP1:   RLC    A
               MOV    DAT,C
SEND1_LOOP3:   SETB   CLK
```

```
                LCALL   SHORT_DELAY
                CLR     CLK
                LCALL   LONG_DELAY
                DJNZ    R0,SEND1_LOOP1
                CLR     DAT
                RET

;************************************
;    发送 2B 数据
;************************************
                ORG     0250H
SEND2:          PUSH    ACC
                CLR     CS
                MOV     R1,#02H             ;定义 2 次发送 8 位数据
                MOV     R0,#08H
SEND2_LOOP1:    RLC A
                MOV     DAT,C
SEND2_LOOP3:    SETB    CLK
                LCALL   SHORT_DELAY
                CLR     CLK
                LCALL   LONG_DELAY
                DJNZ    R0,SEND2_LOOP1
                DJNZ    R1,SEND2_LOOP4
                SETB    CS
                CLR     DAT
                SJMP    SEND2_LOOP5
SEND2_LOOP4:    MOV     A,DATA_OUT
                MOV     R0,#08H
                SJMP    SEND2_LOOP1
SEND2_LOOP5:    POP     ACC
                RET

;************************************
;    接收键盘数据
;************************************
                ORG     02A0H
RECEIVE:        CLR     A
                MOV     R0,#08H             ;定义读 8 位键码
                SETB    DAT
                LCALL   LONG_DELAY
RECEIVE_LOOP:   SETB    CLK
                LCALL   SHORT_DELAY
                MOV     C,DAT
```

```
            RLC     A
            CLR     CLK
            LCALL   SHORT_DELAY
            DJNZ    R0,RECEIVE_LOOP
            CLR     DAT
            RET

;************************************
;     长延时子程序 50μs
;************************************
LONG_DELAY:   MOV     TIMER,#60
DELAY_LOOP:   DJNZ    TIMER,DELAY_LOOP
              RET
;************************************
;     短延时子程序 10μs
;************************************
SHORT_DELAY:  MOV     TIMER1,#20
DELAY_LOOP1:  DJNZ    TIMER1,DELAY_LOOP1
              RET

;************************************
;     延时子程序 0.5s
;************************************
DELAY_1S:     MOV     R7,#0FFH
DELAY_1S1:    MOV     R6,#0FFH
DELAY_1S2:    MOV     R5,#0AH
              DJNZ    R5,$
              DJNZ    R6,DELAY_1S2
              DJNZ    R7,DELAY_1S1
              RET
              END
```

C51 语言程序如下：

```
#include <reg51.h>
#include <intrins.h>
#define  CMD_RESET        0xA4        //7279 的复位命令
#define  CMD_TEST         0xBF        //7279 的测试命令
#define  CMD_LEFT         0xA1        //7279 的左移位命令
#define  CMD_READ         0x15        //7279 的读缓冲命令
#define  DECODE1          0xC8        //7279 的译码显示命令
sbit  HD7279CS    =  P3^0;            //7279 的片选CS信号
sbit  HD7279CLK   =  P3^1;            //7279 的时钟 CLK 信号
sbit  HD7279DATA  =  P1^3;            //7279 的数据 DATA 信号
```

```
sbit  HD7279KEY    =   P1^2;              //7279的按键KEY信号

#define HD7279CS_H     { HD7279CS = 1; }
#define HD7279CS_L     { HD7279CS = 0; }

#define HD7279CLK_H         { HD7279CLK = 1; }
#define HD7279CLK_L         { HD7279CLK = 0; }

#define HD7279DATA_H  { HD7279DATA = 1; }
#define HD7279DATA_L  { HD7279DATA = 0; }

//函数声明
void HD7279_Init(void);
void send_byte(unsigned char out_byte );
unsigned char receive_byte (void);
unsigned char read7279(void);
void write7279(unsigned char cmd, unsigned char dat);
void test7279(void);
void delay_us(unsigned int x);
void delay_ms(unsigned int y);

/ ************************************************
//函数名称:μs 延时函数
************************************************/
void delay_us(unsigned int x)
{
    unsigned char i;

    for (i = 0; i < x; i ++)
    {
        _nop_();
        _nop_();
        _nop_();
        _nop_();
    }
}
/ ************************************************
//函数名称:ms 延时函数
************************************************/
void delay_ms(unsigned int y)
{
    unsigned int i, j;
    for (i = 0; i < y; i ++)
    {
```

```
        for( j = 0; j < 1950; j ++);
    }
}
/ ***********************************************
//函数名称:GPIO 配置函数
 ***********************************************/
void HD7279_Init (void)
{
    HD7279CS_H;
    HD7279CLK_H;
    HD7279DATA_H;
}
/ ***********************************************
//函数名称:发送 1B 数据函数
 ***********************************************/
void send_byte (unsigned char out_byte )
{
    unsigned char i = 0;                    //设置循环变量
    unsigned char temp = 0;
    HD7279CS_L;                             //置低片选信号
    delay_us (50);
    for (i = 0; i < 8; i ++)                //写入 8bit 数据
    {
        if (out_byte & 0x80)                //最高位为 1
        {
            HD7279DATA_H;                   //数据线输出高电平
        }
        else
        {
            HD7279DATA_L;                   //否则数据线输出低电平
        }
    HD7279CLK_H;                            //置高时钟位
    delay_us (10);
    HD7279CLK_L;                            //置低时钟位
    delay_us (10);
    out_byte <<= 1;                         //输出参数变量左移一位
    }
    HD7279DATA_L;
}
/ ***********************************************
//函数名称:接收 1B 数据函数
 ***********************************************/
unsigned char receive_byte (void)
{
```

```
    unsigned char i, in_byte = 0;
    unsigned char temp = 0;
    HD7279DATA_H;
    delay_us(50);
    for (i = 0; i < 8; i ++)                 //读出 8bit 数据
    {
        HD7279CLK_H;                         //置高时钟位
        delay_us(10);
        in_byte <<= 1;                       //已收到的数据移位
        if ( HD7279DATA)
        {
         in_byte |= 1;                       //向数据中增加 1 位
        }
        HD7279CLK_L;                         //置低时钟低
        delay_us(10);
    }
    HD7279DATA_L;                            //数据线输出低电平
    return(in_byte);                         //返回接收到的数据
}
/ ***********************************************
//函数名称:读 7279 函数
***********************************************/
unsigned char read7279(void)                 //读键值
{
    unsigned char temp = 0;
    send_byte(CMD_READ);                     //发送读键值命令
    temp = receive_byte();
    return temp;                             //返回键值
}
/ ***********************************************
//函数名称:向 7279 写数据和命令函数
***********************************************/
void write7279(unsigned char cmd, unsigned char dat)
{
    if (cmd ! = 255)
    {
        send_byte(cmd);                      //写命令
    }
    if (dat ! = 255)
    {
        send_byte(dat&15);                   //写显示数据
    }
}
/***********************************************
```

```
//函数名称:测试 7279 函数
*********************************************/
void test7279(void)                         //显示测试程序
{
    send_byte(CMD_TEST);                    //发送测试命令
    delay_ms(1000);                         //等待以便观察
    send_byte(CMD_RESET);                   //发送复位命令
}

/*********************************************
//函数名称:main 函数
*********************************************/
void main(void)
{
    unsigned char temp = 0;
    char buf[1] = "0";
    HD7279_Init();
    send_byte(CMD_RESET);                   //复位 7279
    delay_ms(1000);
    test7279();                             //7279 测试
    while(1)
    {
        if (HD7279KEY == 0)
        {
            delay_ms(10);
            if (HD7279KEY == 0)
            {
                temp = 0;
                temp = read7279();
                write7279(CMD_LEFT, 0xff);
                write7279(DECODE1, temp);
                delay_ms(100);
            }
        }
        delay_ms(100);
    }
}
```

7.4　微型打印机接口技术

在单片机应用系统中，有时需要配置打印机，用来打印各种数据图表等。用于单片机系统的打印机往往采用微型打印机，如 TP－μP－16A 或 MP－16J 微型打印机，这类打印机都是超小点阵式打印机，内部自带单片机作为机内控制器，能打印各种 ASCII 字符、少量的汉字、希腊字母以及图形和曲线等，具有体积小、重量轻和功能强等特点。下面以 TP－μP－16A 微型打印机为例介绍单片机与打印机的接口技术。

7.4.1 TP－μP－16A 微型打印机介绍

1. TP－μP－16A 微型打印机的特性

TP－μP－16A 微型打印机的外形尺寸为 144mm × 102mm × 36mm。其主要技术性能如下：

1）带有开机自测功能，可通过打印其全部库存的代码字符进行自检。

2）可打印 240 个库存代码字符，包括全部的 ASCII 字符、少量汉字、希腊字母、点阵图案和曲线。

3）可由用户自定义 16 个代码的字符点阵式样。

4）每行可打印 16 个 5 ×7 点阵字符和点阵块图。

5）具有空字符及重复打印同一字符的命令，可减少字符串代码输入的次数。

6）可任意更换字符行间距为 0 ~255 空点行。

7）具有曲线打印命令，可打印沿纸长方向的曲线 1 ~96 条。

8）当输入命令格式出错时，将自动打印出错误信息。

9）可进入 BASIC 程序清单打印格式，使打印的 BASIC 程序清单语句易读。

10）采用 Centronic 标准并行接口。

2. TP－μP－16A 微型打印机的硬件结构

TP－μP－16A 微型打印机整机的硬件结构如图 7-33 所示。微型打印机和打印机芯控制器是以 Intel 8039 单片机为主的系统，监控程序固化在一片 2716 EPROM 内。核心器件是打印机头，由微型直流电动机、打针驱动部件及色带传动机构等组成。

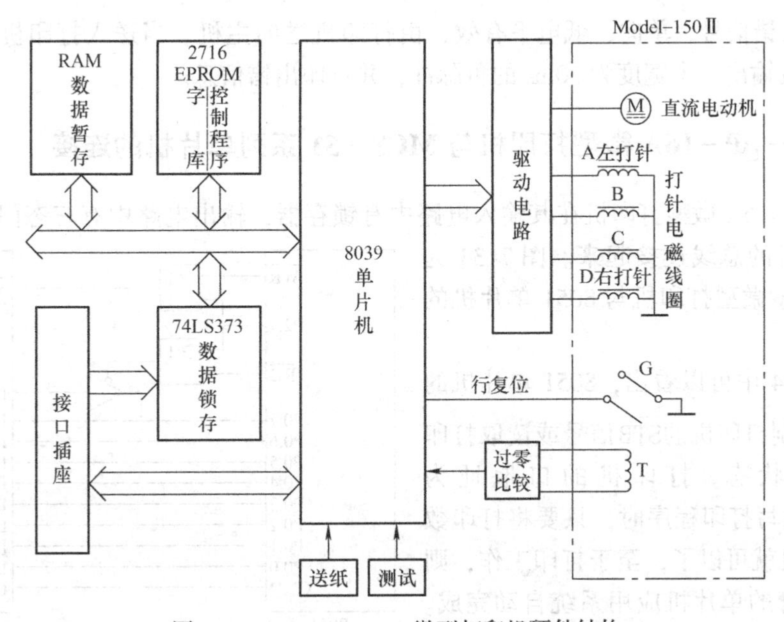

图 7-33 TP－μP－16A 微型打印机硬件结构

打印机的控制器接收并执行主机发送过来的各种控制命令，通过 I/O 接口和驱动电路，对打印机进行控制，将主机送来的数据打印出来，也可根据控制命令进行停机、自检和空走纸。

3. TP－μP－16A 微型打印机的接口信号

TP－μP－16A 微型打印机是采用 Centronic 标准并行接口的通用微型打印机。它通过扁平 20 芯电缆及接插件与主机连接。Centronic 标准并行接口各端名称见表 7-12。

表 7-12 Centronic 标准并行接口各端名称

引脚名	2	4	6	8	10	12	14	16	18	20
信号名	GND	GND	GND	GND	GND	GND	GND	GND	$\overline{\text{ACK}}$	$\overline{\text{ERR}}$
引脚名	1	3	5	7	9	11	13	15	17	19
信号名	$\overline{\text{STB}}$	DB0	DB1	DB2	DB3	DB4	DB5	DB6	DB7	BUSY

各引脚的名称及功能如下：

DB0～DB7：数据线，单向，由主机送向打印机。

$\overline{\text{STB}}$：数据选通信号，单向，低电平有效，由主机送向打印机。当该信号变为低电平时，锁存主机送出的 8 位数据，并开始打印字符。

BUSY：忙信号，单向，高电平有效，由打印机送向主机。当主机检测到该信号为高电平时，说明打印机正在忙于打印，主机不再向打印机发送数据；当检测到该信号为低电平时，才可向打印机发送打印数据，否则将造成数据丢失。

$\overline{\text{ACK}}$：打印机应答信号，单向，低电平有效，由打印机送向主机。每当打印机打印完一个字符后（BUSY 由高电平变为低电平），$\overline{\text{ACK}}$由高变低，表示打印结束。

$\overline{\text{ERR}}$：出错信号，单向，低电平有效，由打印机送向主机。当送入打印机的命令出错时，该信号线输出一个宽度为 30ms 的负脉冲，并打印出错信息。

7.4.2 TP－μP－16A 微型打印机与 MCS－51 系列单片机的连接

TP－μP－16A 微型打印机在其输入电路中有锁存器，输出电路中有三态门，因此可以直接与单片机的总线连接起来。图 7-34 为 TP－μP－16A 微型打印机与 8051 单片机的连接电路。

从图 7-34 中可以看出，8051 单片机的 P2.7 用于控制打印机的$\overline{\text{STB}}$信号或读取打印机的 BUSY 状态。打印机的口地址为 7FFFH。在编写打印程序时，只要将打印数据送给打印机就可以了，至于打印工作，则由打印机自身的单片机应用系统自动完成。操作过程如下：

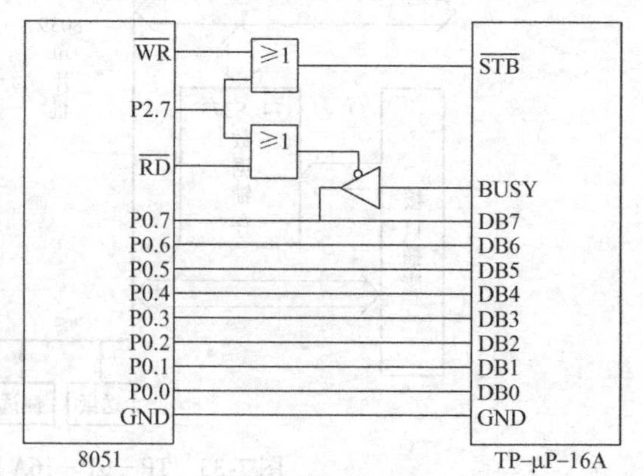

图 7-34 TP－μP－16A 与 8051 单片机的连接电路

1）检测打印机 BUSY 信号是否有效，若有效，则等待，直至打印机的 BUSY 无效为止。

2）当 BUSY 无效时，CPU 输出打印数据，同时发出信号，由打印机锁存打印数据。

图 7-35 为 TP－μP－16A 微型打印机通过 8155 与 8051 单片机连接的电路。

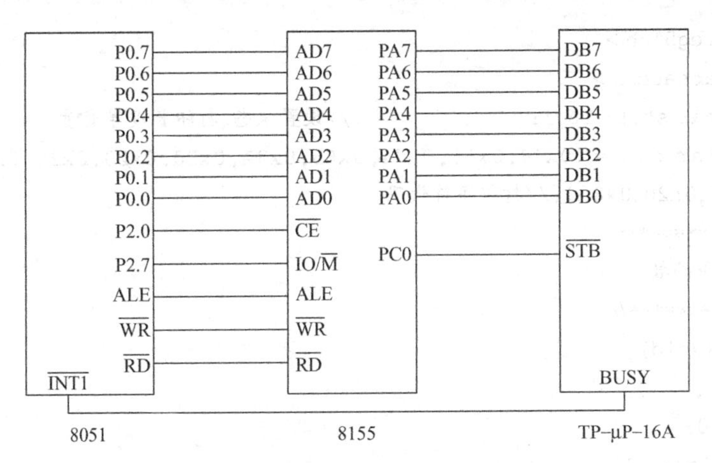

图 7-35　TP－μP－16A 通过 8155 与 8051 单片机连接的电路

7.4.3　TP－μP－16A 微型打印机程序实例

【例 7-10】 根据图 7-34 所示电路图，用汇编语言和 C51 语言分别编写程序打印字符串，要求打印格式为

Date：∪∪∪∪年∪∪月∪∪日

其中“∪”表示所留空格。

【解】 题意分析：根据打印要求，查表确定字符代码为：

44　61　74　65　3A　20　20　20　20　8C　20　20　8D　20　20　8E

汇编语言的打印程序如下：

```
PRT:MOV   DPTR,#7FFFH                    ;打印机地址
LP1:MOVX  A,@DPTR                        ;读打印机状态信息
    JB    ACC.7,LP1                      ;若打印机忙,则等待
    MOV   R4,#TAB                        ;置 TAB 表首偏移量,本例为 0BH
    MOV   R3,#LENTH                      ;置打印字符长度,本例为 10H(16)
LP2:MOV   A,R4
    MOVC  A,@A+PC                        ;读打印字符代码
    MOVX  @DPTR,A                        ;打印字符代码送打印机,并选通 STB
LP3:MOVX  A,@DPTR                        ;读打印机状态信息
    JB    ACC.7,LP3                      ;判打印机忙否,忙则等待
    INC   R4                             ;不忙,偏移量加 1,指向下一打印字符代码
    DJNZ  R3,LP2                         ;判打印结束否,未完继续
LP4:SJMP  LP4                            ;打印结束,暂停
TAB:DB    44H,61H,74H,65H,3AH            ;打印字符串代码表
    DB    20H,20H,20H,20H,8CH
    DB    20H,20H,8DH,20H,20H
```

```
    DB  8EH
    RET
```

C51语言的主函数和打印函数如下：

```
#include < reg51.h >
#include < absacc.h >
unsigned char st,l =16,i;                //设置状态、打印长度等变量
unsigned char c [ ] = {0x44,0x61,0x74,0x65,0x3A,0x20,0x20,0x20,0x20,0x8C,0x20,
0x20,0x8D,0x20,0x20,0x8e};//打印字符代码
/ *****************
函数功能:打印函数
******************/
void print (void)
  {
     i =0;
    while (i < l)
      {
        st = XBYTE [0x7fff];
        st = st&0x80;
        if (st ==0x00)
      {
            XBYTE [0x7fff] = c[i];
             ++i;
        }
      }
  }
/ ******************
函数功能:主函数
******************/
void main (void)
  {
    print ();
  }
```

若对打印效果要求图符增宽、增高、增大，或涉及换行等命令，请参照TP－μP－16A微型打印机手册中的命令代码说明。

7.5　习题

1. A－D转换器和D－A转换器各有哪些主要技术指标？

2. 一个12位D－A转换器的满量程为10V，如果输出信号的下限为2V，上限为6V，试确定该上、下限信号所对应的二进制码。

3. 试利用图 7-3 电路，要求输出图 7-36 所示的锯齿波，试用汇编语言和 C51 语言分别编写程序。(斜率自己确定)

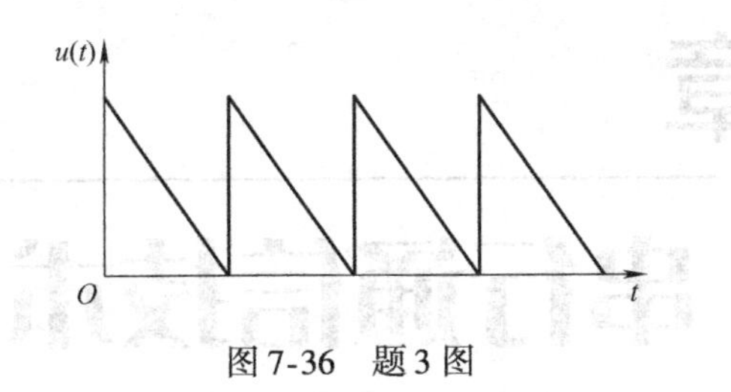

图 7-36　题 3 图

4. 叙述逐次逼近式 A－D 转换器的工作原理。

5. 如图 7-37 所示，要求将 8 个模拟量转换为数字量，如果检测到某一模拟量转换成的数字量大于 D0H，则发出报警，模拟量 0 报警则接 P1.0 的 LED 闪烁，模拟量 1 报警则接 P1.1 的 LED 闪烁，依此类推，所有报警除了 LED 闪烁外，蜂鸣器发出报警声音。试用汇编语言和 C51 语言分别设计程序。

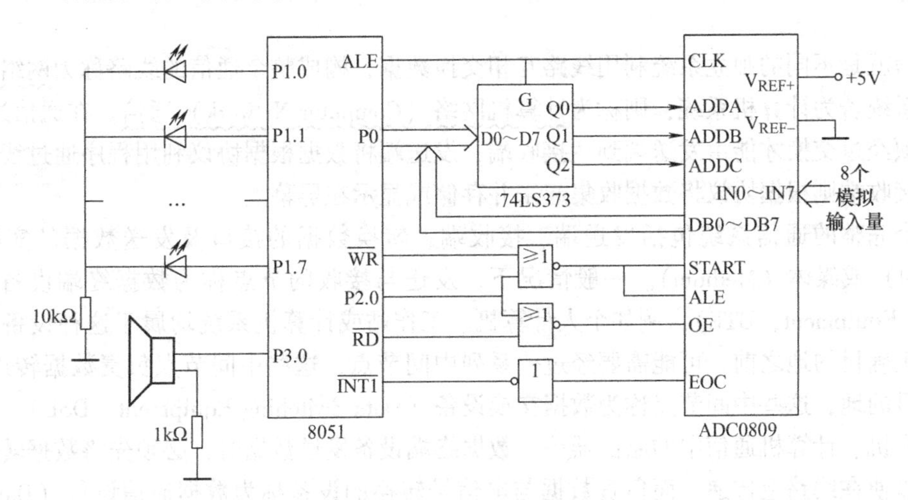

图 7-37　题 5 图

6. 利用已学的知识设计一个校园上、下课时钟的硬件电路，并用汇编语言或 C51 语言完成程序设计。要求能通过键盘对上、下课时间进行设定，上、下课时发出蜂鸣声，时钟由 8 位数码管显示，显示形式为“时时－分分－秒秒”。

7. 设计一个直流数字电压表，要求用 4 位 7 段数码管显示，显示形式为“XXXV”，其中“XXX”代表测量值，“V”代表电压单位，“V”用“U”代替。试设计硬件电路并用汇编语言或 C51 语言编写程序。

第8章

串行通信技术

本章摘要

本章主要介绍计算机串行通信的常用概念及单片机的串行通信技术。

8.1 概述

通信就是不同的独立系统利用线路互相交换数据，构成整个通信的线路称为网络。交换信息的系统若为计算机系统，则称为计算机网络（Computer Network）通信。在通信过程中，数据必须经过交换才能由发送端到达接收端，发送端将数据根据协议利用程序通过线路发送出去，接收端则根据协议将数据收集起来并存储或显示在屏幕上。

一个完整的通信系统包括发送端、接收端、转换数据的接口及发送数据的实际信道（Channel）或媒体（Medium）。一般情况下，发送与接收的节点称为数据终端设备（Data Terminal Equipment，DTE），例如个人计算机、工作站或计算机系统均属于这种设备。数据在到达正确目的地之前，可能需要经过一系列中间节点，这些中间节点负责数据转送工作，以送达目的地，这些中间节点称为数据交换设备（Data Switching Equipment，DSE），如电信局的交换机、计算机通信中的路由器等。数据终端设备发送数据时，必须先将数据转换为电信号，以便在线路上传递，而负责数据与电信号转换的设备称为数据通信设备（Data Communication Equipment，DCE），如调制解调器（Modem）。因此，DTE 通信时，必须先经过调制解调器将其转换为电信号，才能送上线路；同样，信号由外界进入计算机时，也是先经过调制解调器将外界的电信号进行转换，数据才能进入计算机。DTE 与 DCE 间的数据传输线路通常使用 RS-232 串行通信，而 DCE 与 DSE 间的媒体则包括了双绞线、同轴电缆、光纤或无线电等。

8.1.1 并行通信和串行通信

通常通信的类型可以分为两种：一种为并行通信（Parallel communication），另一种为串行通信（Serial Communication），如图 8-1 所示。

由图 8-1 可知，所谓的并行通信，即一次的传输量为 8bit（1B），而串行通信是指使用一条数据线，将数据一位一位地依次传输，每位数据占据一个固定的时间长度。两者之间的数据传输速度相差了 7 倍，但串行通信有其特有的长处。并行通信虽然可以在一次的数据传输中就传输 8bit，但是数据电压传输过程中，容易因线路的因素而使得标准电位发生变化

(最常见的是电压衰减问题，以及信号间互相串音干扰（Cross Talk）），从而使得传输的数据发生错误。如果传输线比较长，则电压衰减效应及串音干扰问题会更加明显，数据的错误也更加容易发生。相比之下，串行通信一次只传输 1bit，相对而言，处理的数据电压只有一个标准电位，因此不容易把数据漏失，再加上一些防范措施，要遗漏就更不容易了。

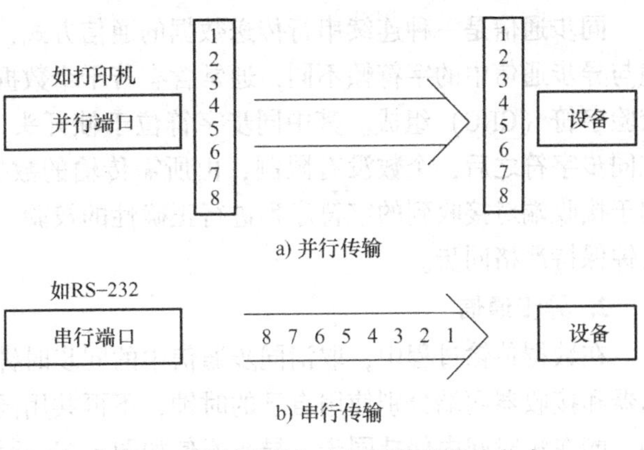

图 8-1 并行通信与串行通信的传输方式

串行通信的特点如下：

1）节省传输线，这是显而易见的，尤其是在远程通信时，此特点尤为重要。这也是串行通信的主要优点。

2）数据传送效率低。与并行通信比，这也是显而易见的。这也是串行通信的主要缺点。

8.1.2 异步通信与同步通信

根据时钟控制数据发送和接收的方式，串行通信分成两种：同步通信和异步通信。

1. 同步通信

在同步通信中，串行数据传输前，发送和接收移位寄存器必须进行同步初始化，即在传输二进制数据串的过程中，发送与接收应保持一致。因此，往往使用同一个时钟控制串行数据的发送和接收。同步通信如图 8-2a 所示。

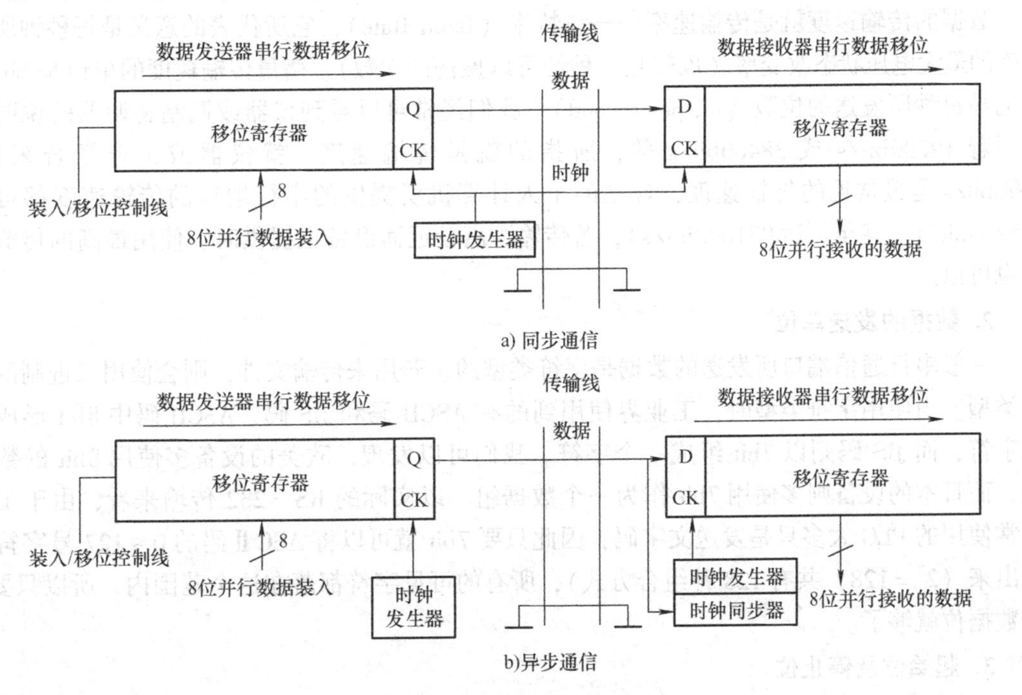

图 8-2 串行数据通信的方法

同步通信是一种连续串行传送数据的通信方式，一次通信只传送一帧信息。这里的信息帧与异步通信中的字符帧不同，通常含有若干个数据字符。它们均由同步字符、数据字符和校验字符（CRC）组成。其中同步字符位于帧开头，用于确认数据字符的开始。数据字符在同步字符之后，个数没有限制，由所需传输的数据块长度来决定；校验字符有1~2个，用于接收端对接收到的字符序列进行正确性的校验。同步通信的缺点是要求发送时钟和接收时钟保持严格同步。

2. 异步通信

在数据传输过程中，取消同步通信中的同步时钟，就变成异步通信。对于异步通信，发送器和接收器两端分别使用自己的时钟，不再共用同一个时钟。要求两个时钟的频率大致相同，能在短时间内保持同步。异步通信如图8-2b所示。

在异步通信中，有两个比较重要的指标：字符帧格式和波特率。数据通常以字符或者字节为单位组成字符帧传送。字符帧由发送端逐帧发送，通过传输线被接收端逐帧接收。发送端和接收端可以由各自的时钟来控制数据的发送和接收，这两个时钟源彼此独立，互不同步。接收端检测到传输线上发送过来的低电平逻辑“0”（即字符帧起始位）时，确定发送端已开始发送数据，每当接收端收到字符帧中的停止位时，就知道一帧字符已经发送完毕。

8.1.3 串行通信的初始化

在串行通信中，为了保证收发双方都能正确了解对方所发送数据的意义，双方必须遵守一定的通信规则，这个共同的规则就是通信端口的初始化。

通信端口的初始化有以下几项必须设置：

1. 数据的传输速度

数据的传输速度就是传输速率——波特率（Baud Rate），它所代表的意义是每秒钟所能产生的最大电压状态改变率（也就是一秒钟可以振荡的次数）。衡量传输速度的单位是bit/s，指的是每秒所发送的位数（bit per second）。我们经常可以看到仪器或调制解调器的说明书上写着19200bit/s或38400bit/s等，所指的就是传输速度。就仪器或工业场合来说，9600bit/s是最常见的传输速度，现在的个人计算机所提供的串行端口的传输速度都可达115200bit/s（甚至可达921600bit/s），若传输距离较近而设备也提供时，使用最高的传输速度也可以。

2. 数据的发送单位

一般串行通信端口所发送的数据是字符类型的，若用来传输文件，则会使用二进制的数据类型。当使用字符类型时，工业界使用到的有ASCII码和JIS码，ASCII码中8bit形成一个字符，而JIS码则以7bit组成一个字符。我们可以发现，欧美的设备多使用8bit的数据组，而日本的设备则多使用7bit作为一个数据组。以实际的RS-232传输来看，由于工业界常使用的PLC大多只是发送文字码，因此只要7bit就可以将ASCⅡ码的0~127号字符表达出来（$2^7=128$，共有128种组合方式），所有的可见字符都落在这个范围内，所以只要7个数据位就够了。

3. 起始位及停止位

由于异步串行传输中并没有使用同步信号作为基准，故接收端完全不知道发送端何时将进行数据的发送，而当发送端准备发送数据时，发送端会在所送出的字符前后分别加上低电位的起始位（逻辑0）及高电位的停止位（逻辑1），也就是说，当发送端要开始发送数据时，便将传输线的电位由低电位提升至高电位，而当发送结束后，再将电位降至低电位。接收端会因起始位的触发（由低电位升至高电位）而开始接收数据，并因停止位的通知（因电压维持在低电位）而确认数据的字符信号已经结束。加入起始位及停止位，更加容易实现多字符的接收。起始位固定为1个位，而停止位则有1、1.5以及2个位等多种选择，只要通信双方协议通过即可。

4. 校验位的检查

为了预防错误的产生，使用校验位作为检查的机制。校验位是用来检查所发送数据正确性的一种核对码，其中又分成奇校验位（Odd Parity）和偶校验位（Even Parity）两种方式，分别是检查字符码中1的数目是奇数或偶数。对于偶校验而言，就是确保字符码中1的个数加上校验码1的个数为偶数；而对于奇校验而言，就是确保字符码中1的个数加上校验码1的个数为奇数。如：A的ASCⅡ码是41H（十六进制），将它以二进制表示时，是01000001。其中1的数目是两个，如果采用偶校验，则校验位是0；如果采用奇校验，则校验位是1。

8.2　串行通信总线标准及其接口

8.2.1　串行通信接口

串行通信是将数据一位一位地传送，它只需要一根数据线，硬件成本低，而且可使用现有通信通道（如电话、电报等），故在集散型控制系统（特别是在远距离传输数据时）中，例如智能化控制仪表与上位机（IBM－PC机等）之间通常采用串行通信来完成数据的传送。

电子工业协会（EIA）公布的RS－232C是用得最多的一种串行通信标准，它除了包括物理指标外，还包括按位串行传送的电气指标。

8.2.2　RS－232C接口标准

图8-3所示为RS－232C以位串行方式传送数据的格式，数据从最低有效位开始连续传送，以奇偶校验位结束。RS－232C标准接口并不限于ASCⅡ数据，还可有5～8个数据位后加一位奇偶校验位的传送方式。在电气性能方面，RS－232C标准采用负逻辑，逻辑“1”电平在－5～－15V范围内，逻辑“0”电平则在＋5～＋15V范围内。它要求RS－232C接收器必须能识别低至＋3V的信号作为逻辑“0”，而识别高至－3V的信号作为逻辑“1”，这意味着有2V的噪声容限。RS－232C标准的主要电气特性见表8-1。

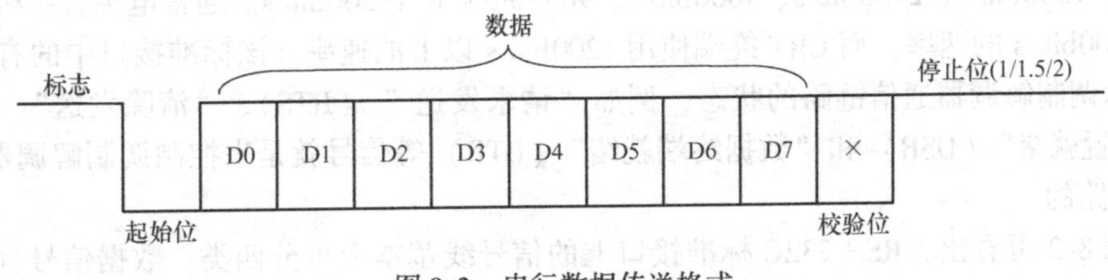

图8-3　串行数据传送格式

表 8-1　RS－232C 标准主要电气特性

最大电缆长度/m	15
最大数据率/(kbit/s)	20
驱动器输出电压（开路)/V	±25（最大）
驱动器输出电压（满载)/V	±5～±15（最大）
驱动器输出电阻/Ω	300（最小）
驱动器输出短路电流/mA	±500
接收器输入电阻/kΩ	3～7
接收器输入门限电压值/V	－3～＋3
接收器输入电压/V	－25～＋25（最大）

由于 RS－232C 的逻辑电平不与 TTL 电平相兼容，因此为了与 TTL 器件连接，必须进行电平转换。MC1488 驱动器、MC1489 接收器是 RS－232C 通信接口中常用的集成电路转换器件，如图 8-4 所示。

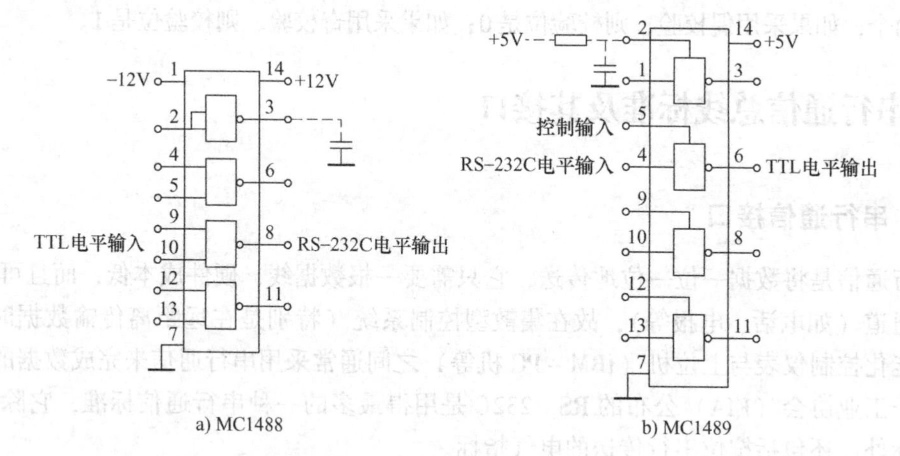

图 8-4　驱动器、接收器

完整的 RS－232C 接口有 25 根线，采用 25 芯的插头座。这 25 根线的信号列于表 8-2。其中的 15 根线组成主信道（表中标＊号者），另外的一些为未定义的和供辅信道使用的线。辅信道为次要串行通道提供数据控制和通道，但其运行速度比主信道要低得多。除了速度之外，辅信道与主信道相同。辅信道极少使用，要用时，主要是向连接于通信线路两端的调制解调器提供控制信息。

RS－232C 标准接口中的主要信号是“发送数据”和“接收数据”，用来在两个系统或设备之间传送串行信息。其传输速率有 50bit/s、75bit/s、110bit/s、150bit/s、300bit/s、600bit/s、1200bit/s、2400bit/s、4800bit/s、9600bit/s 和 19200bit/s。通常电传打字机终端使用 50～300bit/s 的速率，而 CRT 终端使用 1200bit/s 以上的速率。该标准接口中的有些信号用来表示调制解调器通信链路的状态，例如“请求发送”（RTS）、“清除发送”（CTS）、“数据装置就绪”（DSR）和“数据终端就绪”（DTR）等信号就是来控制调制解调器（Modem）链路的。

从表 8-2 可看出，RS－232C 标准接口上的信号线基本上可分四类：数据信号（4 根）、控制信号（12 根）、定时信号（3 根）和地（2 根）。下面对这些信号给以简单的功能说明。

表 8-2 RS-232C 接口信号

引脚号	电路	缩写符	名　称	信号地	数据信号		控制信号		定时信号	
					DCE 源	DCE 目标	DCE 源	DCE 目标	DCE 源	DCE 目标
*1	AA		保护地	√						
*2	BA	TXD	发送数据		√					
*3	BB	RXD	接收数据			√				
*4	CA	RTS	请求发送					√		
*5	CB	CTS	清除发送（允许发送）				√			
*6	CC	DSR	数据装置就绪				√			
*7	AB		信号地（公共回路）	√						
*8	CF	DCD	接收线信号检测				√			
9			（保留供数据装置测试）							
10			（保留供数据装置测试）							
11			未定义							
12	SCF	DCD	辅信道接收信号检测				√			
13	SCB	CTS	辅信道清除发送				√			
14	SBA	TXD	辅信道发送数据			√				
*15	DB		发送信号定时（DCE 源）						√	
16	SBB	RXD	辅信道接收数据		√					
*17	DD		接收信号定时（DCE 源）						√	
18			未定义							
19	SCA	RTS	辅信道请求发送					√		
*20	CD	DTR	数据终端就绪					√		
*21	DG		信号质量检测				√			
*22	CE		振铃指示				√			
*23	CH		数据信号速率选择					√		
		CI	（DTE/DCE 源）				√			
*24	DA		发送信号定时（DCE 源）							√
25			未定义							

（1）数据信号　“发送数据”（TXD）和“接收数据”（RXD）信号线是一对数据传输线，用来传输串行的位数据信息。对于异步通信，传输的串行位数据信息的单位是字符。“发送数据”信号由数据终端设备（DTE）产生，送往数据通信设备（DCE）。在发送数据信息的间隔期间或无数据信息发送时，数据终端设备（DTE）保持该信号为“1”。“接收数据”信号由数据通信设备（DCE）发出，送往数据终端设备（DTE）。同样，在数据信息传输的间隔期间或无数据信息传输时，该信号应为“1”。

对于“接收数据”信号，不管何时，当“接收线信号检测”信号复位时，该信号必须保持为“1”。在半双工系统中，当“请求发送”信号置位时，该信号也保持为“1”。

辅信道中的 TXD 和 RXD 信号作用同上。

（2）控制信号　数据终端设备发出“请求发送”信号到数据通信设备，要求数据通信设备发送数据。在双工系统中，该信号的置位条件保持数据通信设备处于发送方式。在半双工系统中，该信号的置位条件维持数据通信设备处于发送状态，并且禁止接收；该信号复位后，才允许数据通信设备转为接收方式。在数据通信设备复位“清除发送”信号之前，“请求发送”信号不能重新发生。

数据通信设备发送“清除发送”信号到数据终端设备，以响应数据终端设备的请求发送数据的要求，表示数据通信设备处于发送状态且准备发送数据，数据终端设备做好接收数据的准备。当该控制信号复位时，应无数据发送。

数据通信设备的状态由“数据装置就绪”信号表示。当设备连接通道时，该信号置位，表示设备不在测试状态和通信方式，设备已经完成了定时功能。该信号置位并不意味着通信线路已经建立，仅表示局部设备已准备好，处于就绪状态。“数据终端就绪”信号由数据终端设备发出，送往数据通信设备，表示数据终端处于就绪状态，并且在指定通道已连接数据通信设备，此时数据通信设备可以发送数据。完成数据传输后，该信号复位，表示数据终端设备在指定通道上和数据通信设备逻辑上断开。

当数据通信设备收到振铃信号时，置位“振铃指示”信号。当数据通信设备收到一个符合一定标准的信号时，则发送“接收线信号检测”信号。当无信号或收到一个不符合标准的信号时，“接收线信号检测”信号复位。

确信无数据错误发生时，数据通信设备置位“信号质量检测”信号；若出现数据错误，则该信号复位。在使用双速率的数据装置中，数据通信设备使用“数据信号速率选择”控制信号，以指定两种数据信号速率中的一种。若该信号置位，则选择高速率；否则，选择低速率。该信号源来自数据终端设备或数据通信设备。辅信道控制信号的作用同上。

（3）定时信号　数据终端设备使用“发送信号定时”信号指示发送数据线上的每个二进制数据的中心位置；而数据通信设备使用“接收信号定时”信号指示接收线上的每个二进制数据中心位置。

（4）地　“保护地”又称屏蔽地；而“信号地”是 RS－232C 所有信号公共参考点的地。

大多数计算机和终端设备仅需要使用 25 根信号线中的 3～5 根线就可工作。对于标准系统，则需要使用 8 根信号线。图 8-5 给出了使用 RS－232C 标准接口的两种系统结构，在使用 RS－232C 接口的通信系统中，其中的 5 个信号线是最常用的。“发送数据”和“接收数据”提供了两个方向的数据传输线，而“请求发送”和“数据装置就绪”用来进行联络应答、控制数据的传输。

通信系统在工作之前，需要进行初始化，即进行一系列控制信号的交互联络。首先由数据终端设备发出“请求发送”信号（高电平），表示数据终端设备要求数据通信设备发送数据；数据通信设备发出“清除发送”信号（高电平）予以响应，表示该设备准备发送数据；而数据终端设备使用“数据终端就绪”信号进行回答，表示它已处于接收数据状态。此后，即可发送数据。在数据传输期间，“数据终端就绪”信号一直保持高电平，直至数据传输结束“清除发送”信号变低后，可复位“请求发送”信号。

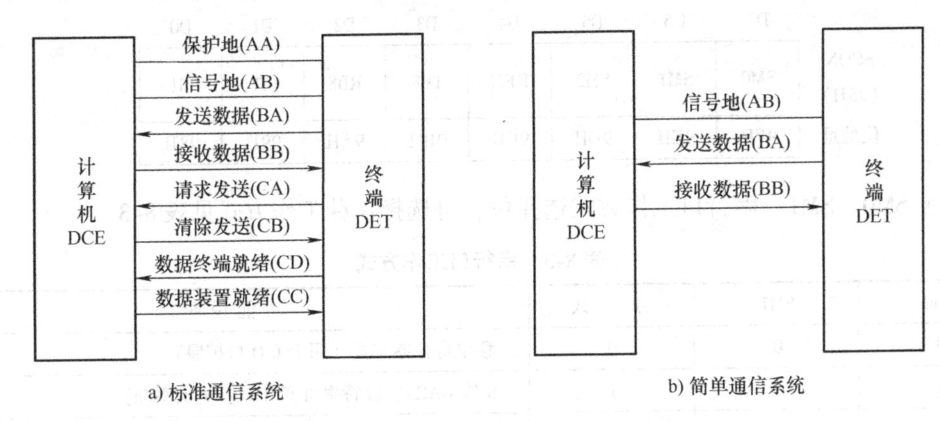

图 8-5 RS－232C 数据通信系统的结构

8.3 MCS－51 系列单片机的串行接口

8.3.1 串行口结构与控制寄存器

MCS－51 单片机的串行口主要由两个物理上独立的串行数据缓冲器 SBUF、发送控制器、接收控制器、输入移位寄存器和输出控制门组成，如图 8-6 所示。发送数据缓冲器 SBUF 只能写入，不能读出，接收数据缓冲器只能读出，不能写入，两个缓冲器共用一个地址 99H。通过串行口控制寄存器 SCON 和电源控制寄存器 PCON 控制串行口的工作方式及波特率。波特率发生器可用定时器 T0 或 T1 构成。

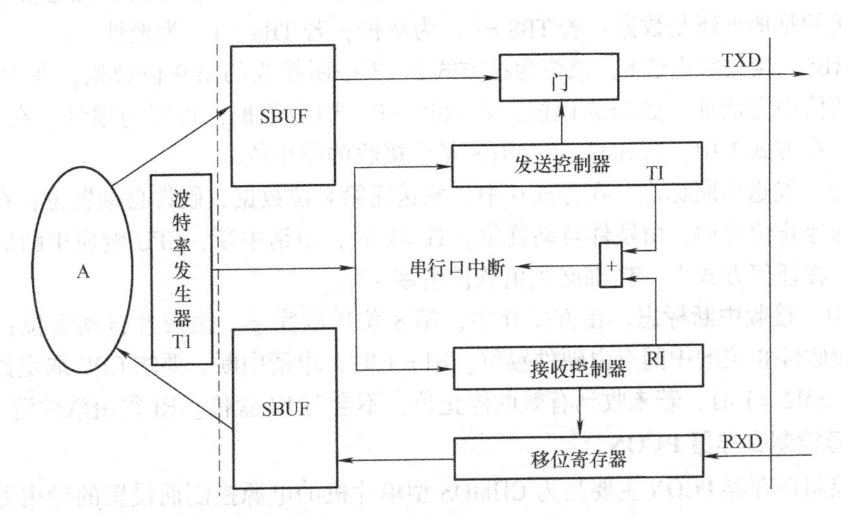

图 8-6 MCS－51 单片机串行口组成示意图

1. 串行口控制寄存器 SCON

串行口控制寄存器 SCON 字节地址为 98H，可位寻址。SCON 用来设定串行口工作方式、接收发送控制以及设置状态标志。其格式如下：

	D7	D6	D5	D4	D3	D2	D1	D0
SCON (98H)	SM0	SM1	SM2	REN	TB8	RB8	TI	RI
位地址	9FH	9EH	9DH	9CH	9BH	9AH	99H	98H

（1）SM0、SM1　串行口工作方式选择位，可选择4种工作方式见表8-3。

表8-3　串行口工作方式

SM0	SM1	方　式	功能说明
0	0	0	移位寄存器方式（用于I/O口扩展）
0	1	1	8位UART，波特率可变（T1：溢出率/n）
1	0	2	9位UART，波特率为$f_{OSC}/64$或$f_{OSC}/32$
1	1	3	9位UART，波特率可变（T1：溢出率/n）

（2）SM2　多机通信控制位。在方式2、3中，当SM2=1时，若接收到的第9位数据（RB8）为1，则将接收到的前8位数据送入SBUF，并置位RI产生中断请求；反之，若接收到的第9位数据（RB8）为0时，则将接收到的前8位数据丢弃。在方式2、3中，若SM2=0，则无论第9位数据为0还是为1，都将前8位数据装入SBUF中，并置位RI产生中断请求。在方式0中，SM2必须是0。

（3）REN　允许串行接收位，由软件置位或清除。当REN=1时，允许接收；当REN=0时，禁止接收。

（4）TB8　发送数据位8。该位为在方式2、3中要发送的第9位数据。在许多通信协议中，该位作为奇偶校验位。可用软件置位与清零。在MCS-51单片机多机通信中，TB8表示主机发送的是地址还是数据：若TB8=0，为数据；若TB8=1，为地址。

（5）RB8　接收数据位8，该位为在方式2、3中所接收的第9位数据，在MCS-51单片机多机通信中为地址、数据标识位，若RB8=0，则为数据，否则为地址。在方式0中，RB8未用；在方式1中，若SM2=0，RB8是已接收的停止位。

（6）TI　发送中断标志。在方式0中，发送完第8位数据，硬件自动置位；在其他方式中，在发送停止位之初，由硬件自动置位。TI=1时，申请中断，CPU响应中断后，发送下一帧数据。在任何方式中，TI都必须由软件清零。

（7）RI　接收中断标志。在方式0中，第8位接收完毕，由硬件自动置位；在其他方式中，在接收停止位的中间点由硬件置位。RI=1时，申请中断，要求CPU取走数据。但在方式1中，SM2=1时，若未收到有效的停止位，不会对RI置位。RI须由软件清零。

2. 电源控制寄存器PCON

电源控制寄存器PCON主要是为CHMOS型单片机的电源控制而设置的专用寄存器。其格式如下：

	D7	D6	D5	D4	D3	D2	D1	D0
PCON (87H)	SMOD				GF1	GF0	PD	IDL

在 HMOS 的单片机中，该寄存器中除最高位外，其他位都是虚设的。最高位（SMOD）是串行口波特率的倍增位，当 SMOD = 1 时串行口波特率加倍。系统复位时，SMOD = 0。PCON 寄存器不能进行位寻址。

8.3.2 串行口的工作方式

MCS－51 单片机串行通信共有 4 种工作方式，由串行控制寄存器 SCON 中的 SM0、SM1 决定。

1. 方式 0

在方式 0 下，串行口作为同步移位寄存器使用，其波特率是固定的，为 $f_{osc}/12$，数据由 RXD（P3.0）端输入或输出，而由 TXD（P3.1）端输出同步移位脉冲，发送、接收的是 8 位数据，低位在先，高位在后。

（1）发送　执行任何一条将 SBUF 作为目的寄存器的指令时，数据开始从 RXD 端串行发送，其波特率为振荡频率的 1/12。方式 0 发送时的时序如图 8-7a 所示。

在写信号有效后，相隔一个机器周期，发送控制端 SEND 有效（高电平），允许 RXD 发送数据，同时，允许从 TXD 端输出移位脉冲。1 帧（8 位）数据发送完毕时，各控制端均恢复原状态，只有 TI 保持高电平呈中断申请状态。要再次发送数据时，必须用软件将 TI 清零。

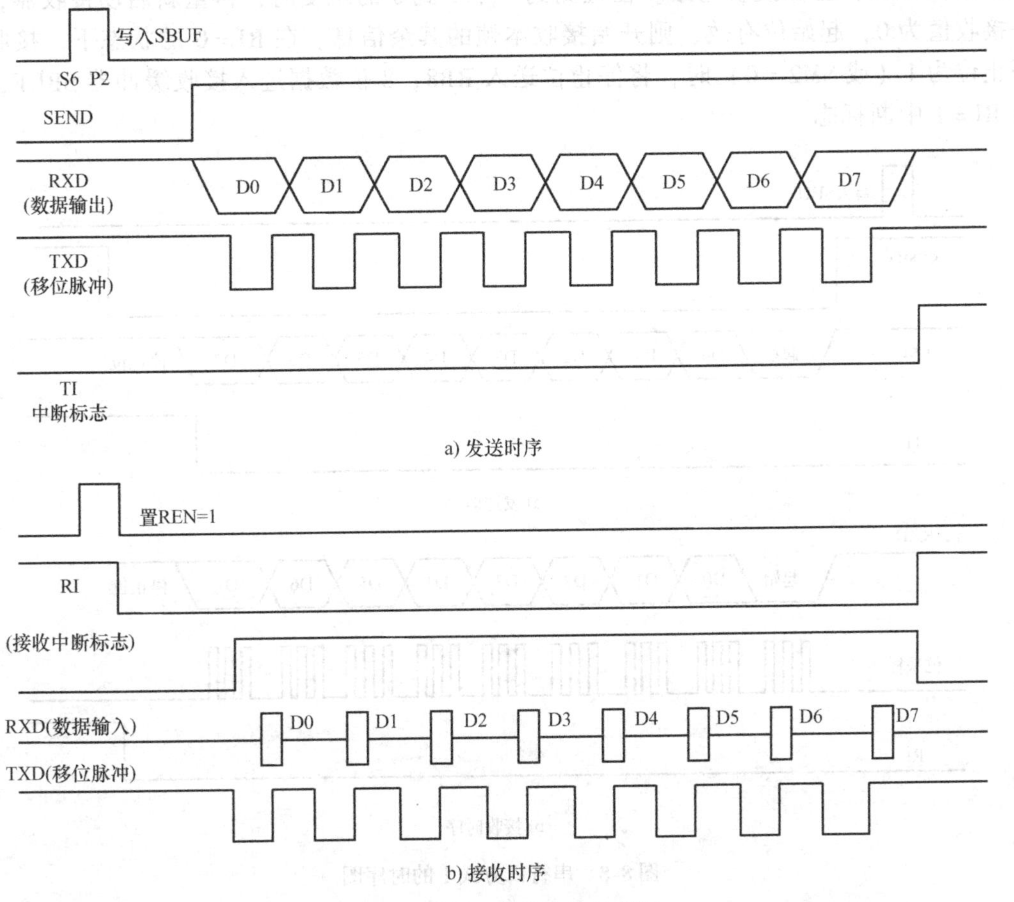

图 8-7　串行口方式 0 的时序图

(2) 接收　在满足 REN=1 和 RI=0 的条件下，就会启动一次接收过程。此时，RXD 为串行输入端，TXD 为同步脉冲输出端。串行接收的波特率也为振荡频率的 1/12。其时序如图 8-7b 所示。同样，当接收完一帧（8 位）数据后，控制信号复位，只有 RI 仍保持高电平，呈中断申请状态。再次接收时，必须通过软件对 RI 清零。

2. 方式 1

在方式 1 下，串行口为 8 位异步通信接口。一帧信息为 10 位：1 位起始位（0）、8 位数据位（低位在先）和 1 位停止位（1）。TXD 为发送端，RXD 为接收端。波特率由指令指定。

(1) 发送　串行口以方式 1 发送时，数据由 TXD 端输出，CPU 执行一条写入 SBUF 的指令后，便启动串行口发送，发送完一帧信息时，发送中断标志置 1，其时序如图 8-8a 所示。

(2) 接收　方式 1 的接收时序如图 8-8b 所示。数据从 RXD 端输入。当允许输入位 REN 置 1 后，接收器便以波特率的 16 倍速率采样 RXD 端电平，当采样到 1 至 0 的跳变时，启动接收器接收，并复位内部的 16 分频计数器，以实现同步。计数器的 16 个状态把 1 位时间等分成 16 份，并在第 7、8、9 个计数状态时，采样 RXD 电平。因此，每一位的数值采样三次，至少两次相同的值才被确认。在起始位如果接收到的值不是 0，则起始位无效，复位接收电路。在检测到一个 1 到 0 的跳变时，再重新启动接收器，如果接收值为 0，起始位有效，则开始接收本帧的其余信息。在 RI=0 的状态下，接收到停止位为 1（或 SM2=0）时，将停止位送入 RB8，8 位数据进入接收缓冲器 SBUF，并置 RI=1 中断标志。

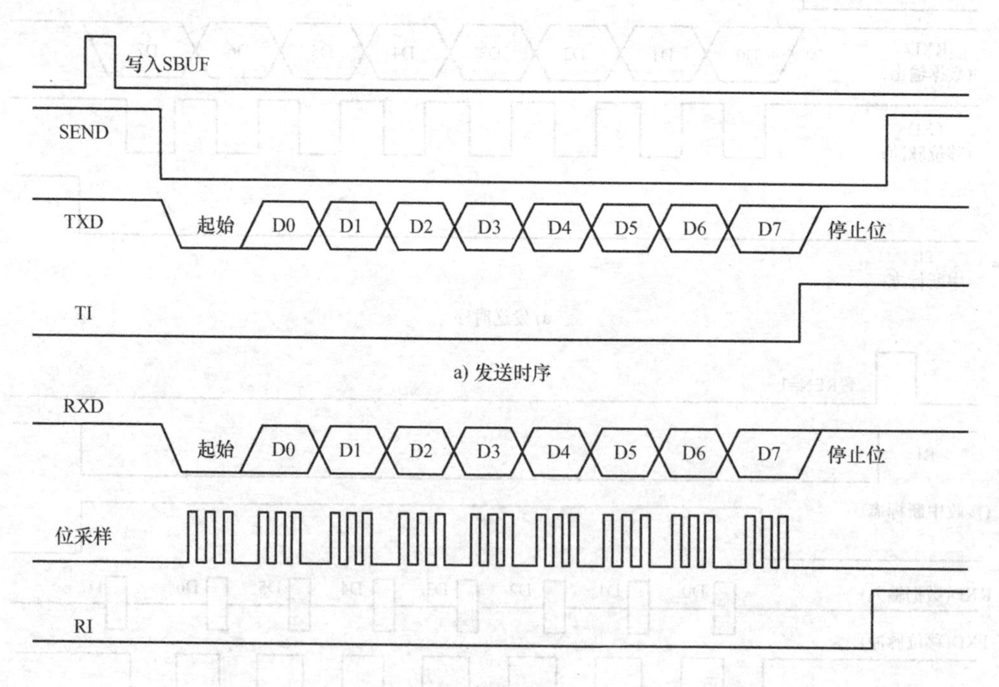

图 8-8　串行口方式 1 的时序图

在方式1的接收中设置有数据辨识功能，即在同时满足以下两个条件时，接收数据有效，实现装载SBUF、RB8及RI置1，接收控制器再次采样RXD的负跳变，以便接收下一帧数据：

1）RI=0。

2）SM2=0或接收到的停止位=1。

如果上述条件任一不满足，所接收的数据无效，接收控制器不再恢复。

3. 方式2和方式3

串行口工作在方式2、3时，为9位异步通信口，发送、接收一帧信息由11位组成，即起始位1位（0）、数据8位（低位在先）、1位可编程位（第9数据位）和1位停止位（1）。发送时，可编程位（TB8）可设置0或1；接收时，可编程位送入SCON中的RB8。

方式2、3的区别在于：方式2的波特率为$f_{OSC}/32$或$f_{OSC}/64$（$f_{OSC}/(64/2^{SMOD})$），而方式3的波特率可变。

（1）发送　在方式2、3下，发送时，数据由TXD端输出，附加的第9位数据为SCON中的TB8。CPU执行一条写入SBUF的指令后，便立即启动发送器发送，送完一帧信息时，置T1=1中断标志。其时序如图8-9a所示。

（2）接收　与方式1类似，当REN=1时，CUP开始不断地对RXD采样，采样速率为波特率的16倍，当检测到负跳变后启动接收器，位检测器对每位采集3个值，用采3取2办法确定每位状态。当采至最后一位时，将8位数据装入SBUF，第9位数据装入RB8并置RI=1。其时序如图8-9b所示。

同样，方式2、3中也设置有数据辨识功能，即当RI=0、SM2=0或接收到的第9位的数据RB8=1的任一条件不满足时，所接收的数据帧无效。

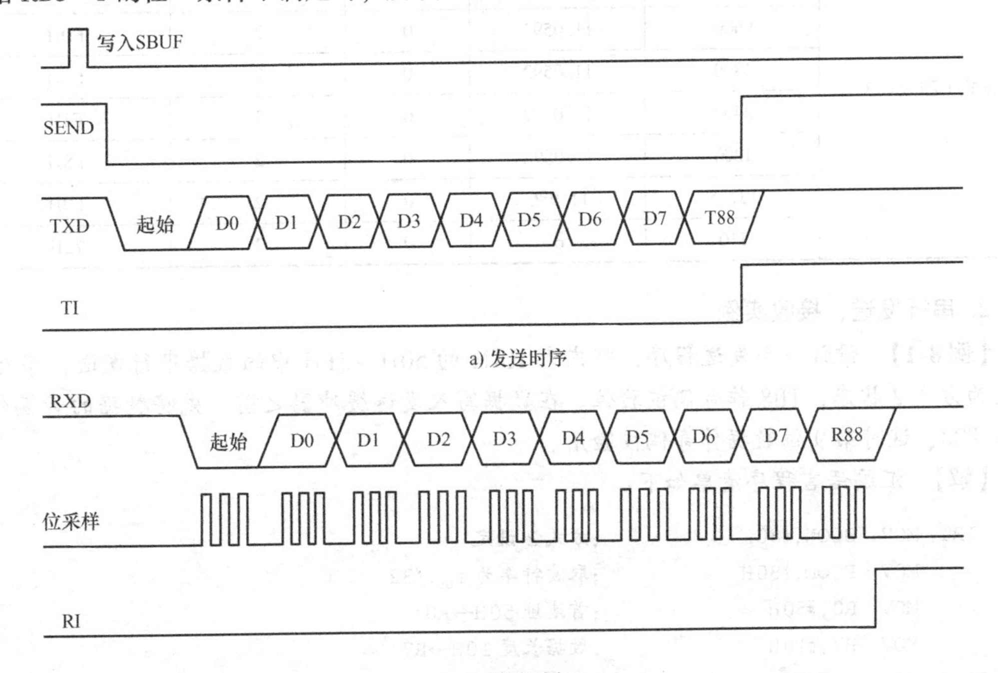

图8-9　串行口方式2、3的时序图

8.3.3　串行通信的程序设计

1. 波特率的设计

串行口在方式0和方式2下工作时，其波特率为固定值。方式0发送接收时，其波特率为振荡频率的1/12（$f_{OSC}/12$）；方式2发送接收时，其波特率为$f_{OSC}/(64/2^{SMOD})$。串行口在方式1和方式3下工作时，波特率可变，与溢出率有关。8051/8751/8031系统中常用定时/计数器1作为波特率发生器，其波特率由下式确定：

$$波特率=(定时/计数器1溢出率)/(32/2^{SMOD})$$

式中，SMOD为特殊功能寄存器PCON中的最高位特征位。

定时/计数器的溢出率取决于计数速率和定时时间常数。

T1工作于自动装载方式的工作方式2时，TL1作计数用，自动重装的值放在TH1中时，溢出率可由下式确定：

$$溢出率=计数速率/[256-(TH1)]$$

当C/T=0时，计数速率$=f_{OSC}/12$。表8-4是定时/计数器1产生的常用波特率。

表8-4　定时/计数器1产生的常用波特率

串行口工作方式	波特率/(bit/s)	f_{OSC}/MHz	SMOD	T1工作方式	T1重装初值
方式0	1000000	12	×	×	×
方式2	375000	12	1	×	×
方式2	187500	6	1	×	×
方式1和方式3	62500	12	1	2	FFH
	19200	11.0592	0	2	FDH
	9600	11.0592	0	2	FDH
	4800	11.0592	0	2	FAH
	2400	11.0592	0	2	F4H
	1200	11.0592	0	2	E8H
	137.5	11.986	0	2	1DH
	110	6	0	2	72H

2. 串行发送、接收实例

【例8-1】 设计一个发送程序，将内部RAM的50H～5FH中的数据串行发送，串行口设定为方式2状态，TB8作奇偶校验位。在数据写入发送缓冲器之前，先将数据的奇偶位P写入TB8，这时第9位数据作奇偶校验用。

【解】 汇编语言程序清单如下：

```
TRT:  MOV  SCON,#80H        ;方式2设定
      MOV  PCON,#80H        ;取波特率为 fosc/32
      MOV  R0,#50H          ;首地址50H→R0
      MOV  R7,#10H          ;数据长度10H→R7
LOOP: MOV  A,@R0            ;取数据→A
      MOV  C,PSW.0
```

```
        MOV   TB8,C              ;奇偶标志位 P→TB8
        MOV   SBUF,A             ;数据→SBUF,启动发送
WAIT: JBC   TI,CONT            ;判发送中断标志
        SJMP WAIT
CONT: INC   R0
        DJNZ R7,LOOP
        RET
```

C51 语言程序清单如下：

```
#include <reg51.h>
#include <absacc.h>
unsigned char id,n;
/ ****************
主函数:发送程序
****************/
void main(void)
    {
      SCON=0x80;             //设置工作方式
      PCON=0x80;             //设置波特率
      id=0x50;               //设置首地址
      for(n=0;n<=0x10;++n)
        {
          TB8=P;             //奇偶标志位数据送 TB8
          SBUF=DBYTE[id];   //要发送的数据送数据缓冲器 SBUF
          while(1)
            {
              if(TI==1)      //发送完成后对 TI 清零并进行下一次发送
                {
                  TI=0;
                  ++id;
                  break;
                }
            }
        }
    }
```

【例 8-2】 设计一个接收程序，将接收的 16B 数据送入内部 RAM 的 50H ~5FH 单元中。设串行口在方式 3 状态下工作，波特率为 2400bit/s。定时/计数器 1 作波特率发生器时，SMOD =0，计数常数为 F4H（见表 8-4）。

【解】 汇编语言程序清单如下：

```
RVE: MOV   TMOD,#20H        ;T1 编程为方式 2 定时状态
      MOV   TH1,#0F4H        ;重装初值→TH1
      MOV   TL1,#0F4H        ;初值→TL1
      SETB TR1               ;启动 T1 工作,产生波特率
```

```
        MOV  R0,#50H        ;R0 置地址初值
        MOV  R7,#10H        ;数据长度 10H→R7
        MOV  SCON,#0D0H     ;串行口工作方式 3 接收
        MOV  PCON,#00H      ;置 SMOD=0
  WAIT: JBC  RI,PRI         ;等待接收到数据
        SJMP WAIT
   PRI: MOV  A,SBUF         ;奇偶校验判 P=RB8?
        JNB  PSW.0,PNP
        JNB  RB8,PER
        SJMP RIGHT
   PNP: JB   RB8,PER
 RIGHT: MOV  @R0,A          ;数据→缓冲器
        INC  R0
        DJNZ R7,WAIT        ;判数据块收完否?
        CLR  PSW.5          ;正确接收完 16B 置标志
        RET
   PER: SETB PSW.5          ;奇偶校验出错置标志
        RET
```

C51 语言程序清单如下:

```
#include <reg51.h>
#include <absacc.h>
unsigned char id,n;
/*****************
主函数:接收程序
*****************/
void main(void)
  {
     TMOD=0x20;              //设置定时/计数器 1 为方式 2
     TH1 =0xf4;              //设置重新初值
     TL1 =0xf4;              //设置初值
     TR1 =1;                 //启动定时/计数器 1 工作
     SCON=0xd0;              //设置工作方式
     PCON=0x00;              //SMOD=0
     id=0x50;                //设置首地址
     for(n=0;n<=0x10;++n)
       {
           if(RI==1)         //若 RI=1,接收数据并检查数据,正确送指定数据存储区域且
                             //对 RI 清零并进行下一次接收
             {
               RI=0;
               if(P==1)
                 {
                   if(RB8==1)
```

```
                    {
                      DBYTE[id] = SBUF;
                       ++id;
                    }
                 else
                    {
                      F0 = 1;
                    }
              }
           else
              {
                 if(RB8 == 0)
                    {
                      F0 = 1;
                    }
                 else
                    {
                      DBYTE[id] = SBUF;
                       ++id;
                    }
              }
          }
      }
  }
```

8.3.4 双机通信

【例8-3】 设有两个 MCS-51 单片机应用系统相距很近，将它们的串行口直接相连，以实现全双工的双机通信，如图 8-10 所示。设甲机发送乙机接收，串行口在方式 1 状态下工作，波特率为 2400bit/s。

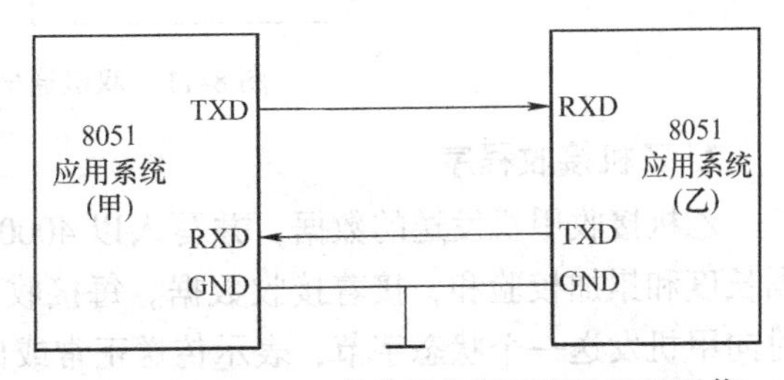

图 8-10 MCS-51 单片机应用系统的双机通信

【解】 波特率设计：甲乙两机均选用 6.0000MHz 的振荡频率，其计数常数 N 按下式计算：

$$N = 256 - f_{OSC}/12/[\text{波特率} \times (32/2^{SOMD})] = 256 - 6 \times 10^6/12/[2400 \times (32/2^{SOMD})]$$

取 SMOD = 0 时 N = 249.49，圆整误差过大；改取 SMOD = 1，N = 242.98 ≈ 243 = F3H，实际的波特率 = 2403.85bit/s。

1. 甲机发送程序

甲机将外部数据存储器 4000H ~ 42FFH 单元的内容向乙机发送，在发送数据之前先将数据块长度发送给乙机，每发送完 256B，向乙机发送一个累加校验和。

发送程序约定：

1）波特率设置初始化：T1 在方式 2 下工作，计数常数为 F3H，SMOD = 1。

2）串行口初始化：串行口在方式 1 下工作，允许接收（因要不断接收乙机状态）。

3）工作寄存器设置：

R7、R6——数据块长度寄存器，R7 为高 8 位。

R5——累加和寄存器。

其程序流程图如图 8-11 所示。

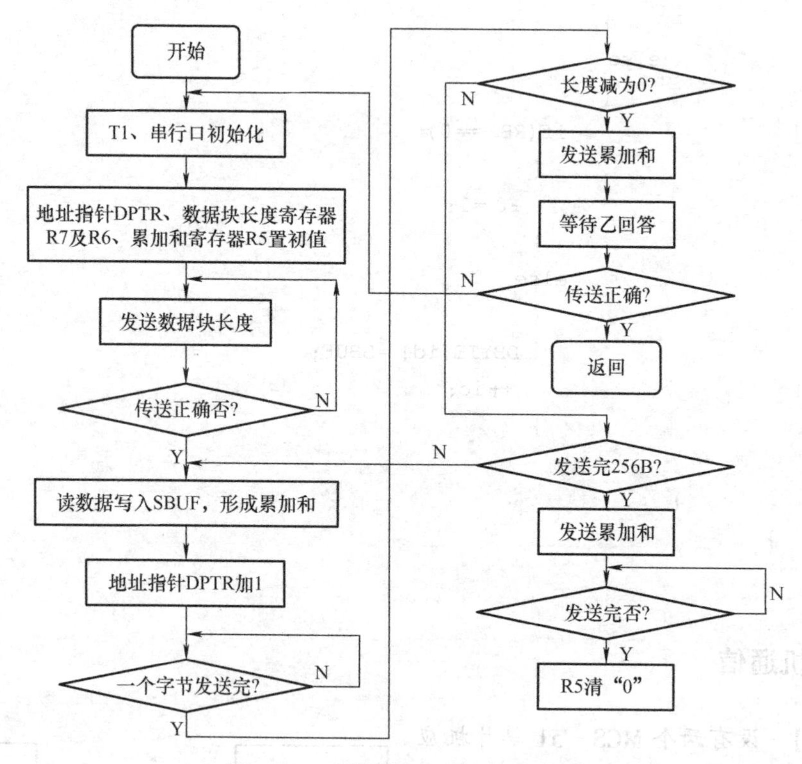

图 8-11　双机通信发送程序流程图

2. 乙机接收程序

乙机接收甲机发送的数据，并写入以 4000H 为首址的外部数据存储器中。首先接收数据长度和累加校验和，接着接收数据。每接收 256B，进行一次累加和校验，数据传递结束时向甲机发送一个状态字节，表示传送正常或出错。

接收程序约定：

1）波特率设置初始化：与发送程序同。

2）串行口初始化：与发送程序同。

3）工作寄存器设置：

R4——页内计数器。

R5——累加和寄存器。

R7、R6——数据块长度寄存器，R7 为高 8 位，R6 为低 8 位。

4）传送状态字：00H 为传送正常，FFH 为传送出错。

其程序流程图如图 8-12 所示。

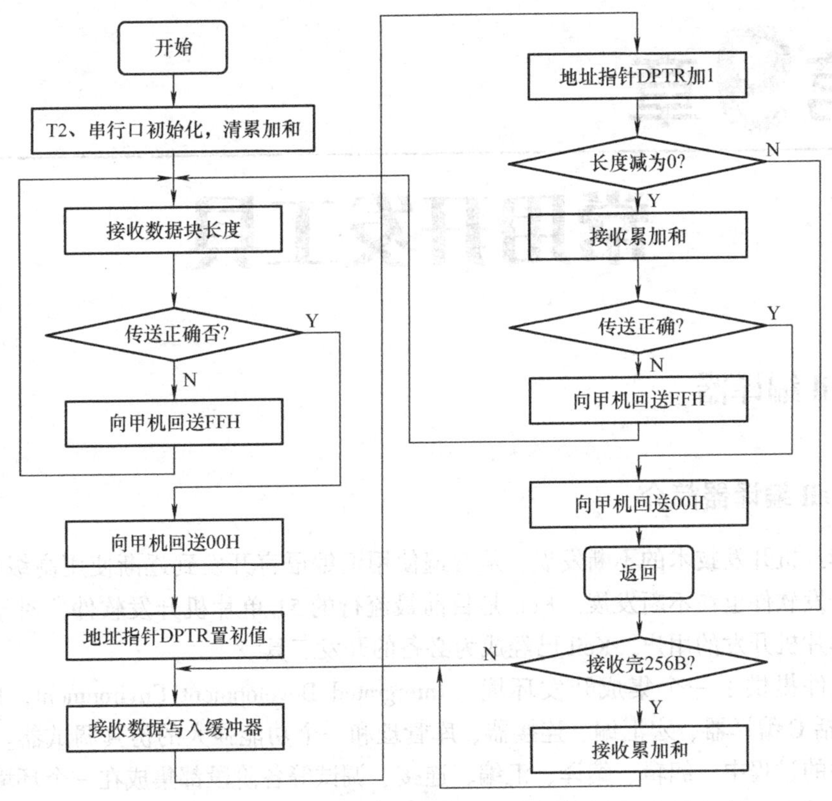

图 8-12　双机通信接收程序流程图

为了保证数据传送的可靠性，可以在数据传送中采用计时器管理模式，即发送一个信息后，启动定时器，如果在规定时间内接收到接收计算机回送的确认信息，则表明成功发送，定时器清零并关闭，然后再发送第二个信息，依此类推；如果在定时器溢出（规定时间满）时还没有接收到回送的确认信息，则再次送回该信息。

8.4　习题

1. 什么是并行通信和串行通信?
2. 试简述 RS-232C 串行通信标准的数据传送格式和电气标准。
3. RS-232C 标准的接口信号有哪几类？其中主要信号是什么？
4. 以 MCS-51 单片机串行口方式 1 为例，说明其发送和接收工作过程。
5. MCS-51 单片机串行口四种工作方式的特点是什么？
6. 在串行通信中如何应用 RS-232C 接口？
7. 两个 MCS-51 单片机系统进行双机通信，工作于方式 1，将甲机内部存储器 30H ~ 4FH 单元存放的数据送到乙机相应的单元。要求画出电路连接图和程序流程图。选择波特率，编写完整的通信程序。

第9章 常用开发工具

9.1 Keil 编译器

9.1.1 Keil 编译器简介

随着单片机开发技术的不断发展，从普遍使用汇编语言开发到逐渐使用高级语言开发，单片机的开发软件也在不断发展。Keil 是目前最流行的 51 单片机开发软件，对于使用 C51 语言进行单片机开发的用户，Keil 已经成为必备的开发工具。

Keil 软件提供了一个集成开发环境（Intergrated Development Environment，IDE）uVision，它包括 C 编译器、宏汇编、连接器、库管理和一个功能强大的仿真调试器。这样在开发应用软件的过程中，编辑、编译、汇编、连接、调试等各阶段都集成在一个环境中，先用编辑器编写程序，接着调用编译器进行编译，连接后即可直接运行。这样避免了过去先用编辑器进行编辑，然后退出编辑状态进行编译，调试后又要调用编辑器的重复过程，缩短了开发周期。

开发人员可用 IDE 本身或其他编辑器编辑 C 文件或汇编文件，Keil 编译器把 C 语言或汇编语言编写的源程序与 Keil 内含的库函数装配在一起，然后分别由 C51 或 A51 编译器编译生成目标文件（. OBJ）。目标文件可由 LIB51 创建生成库文件，也可以与库文件一起经 L51 连接定位生成绝对目标文件（. ABS）。ABS 文件由 OH51 转换成标准的 HEX 文件，以调试器 dScope51 进行源代码级调试，也可由仿真器直接对目标进行调试，也可以直接写入程序存储器如 EPROM 中。根据编译器的性能，其机器语言代码长度可长可短，其执行速度由指令的组合方式决定。

9.1.2 Keil 编译器使用

1. 启动软件

启动 Keil 软件，出现图 9-1 所示的操作界面。

2. 建立工程

在项目开发中，并不是仅有一个源程序就行了，还要为这个项目选择 CPU（Keil 支持数百种 CPU，而这些 CPU 的特性不完全相同），确定编译、汇编、连接的参数，指定调试的方式。有一些项目还会由多个文件组成，为管理和使用方便，Keil 使用工程（Project）这一概

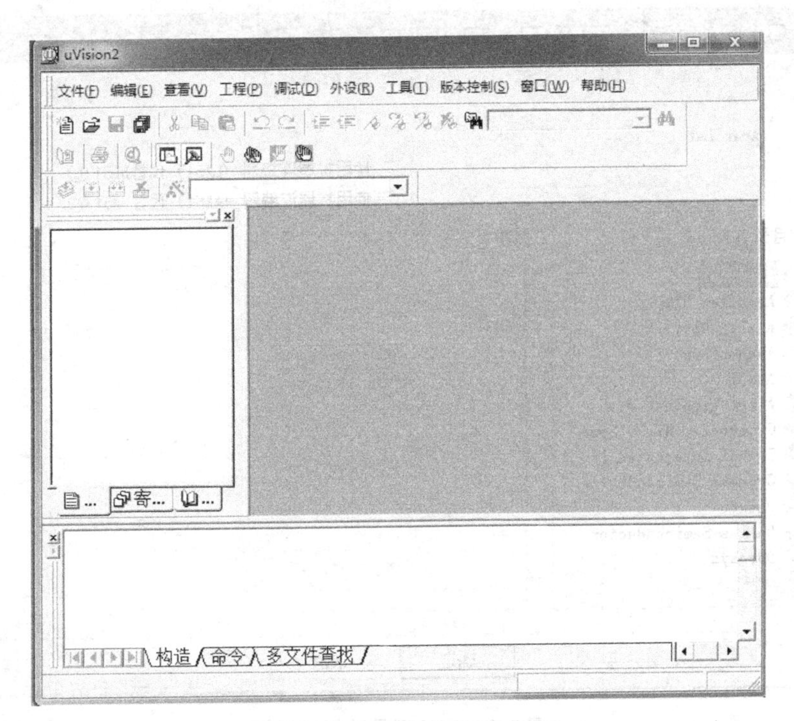

图 9-1　Keil 启动后的操作界面

念，将这些参数设置和所需的所有文件加在一个工程中，只能对工程而不能对单一的源程序进行编译（汇编）和连接等操作。

（1）新建工程　选择菜单命令“工程”→“新建工程”，出现图 9-2 所示的对话框，输入新工程文件名，不需要扩展名，单击“保存”按钮，出现图 9-3 所示的对话框。

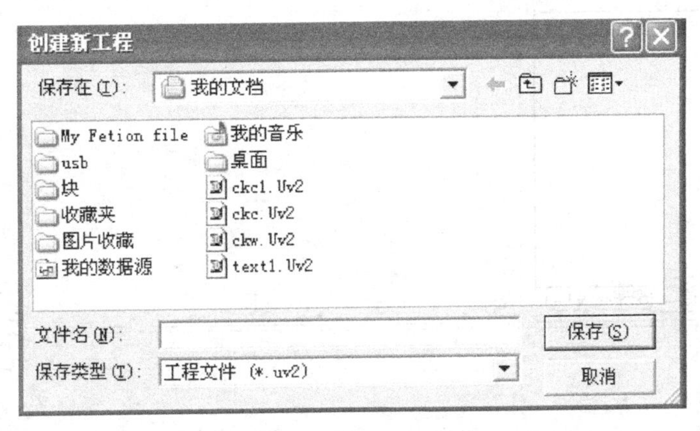

图 9-2　创建新工程对话框

（2）选择目标 CPU（即用户使用芯片的厂家和型号）　从图 9-3 中可以看出 Keil 支持的 CPU 种类繁多，几乎所有目前流行的芯片厂家的 CPU 型号都包括在其中。选择时，单击所选厂家前面的加号“+”，展开之后选择所需的 CPU 型号即可。

（3）新建程序文件　选择菜单命令“文件”→“新建…”，出现图 9-4 所示的文本输入界面，输入单片机汇编程序和 C51 语言程序。

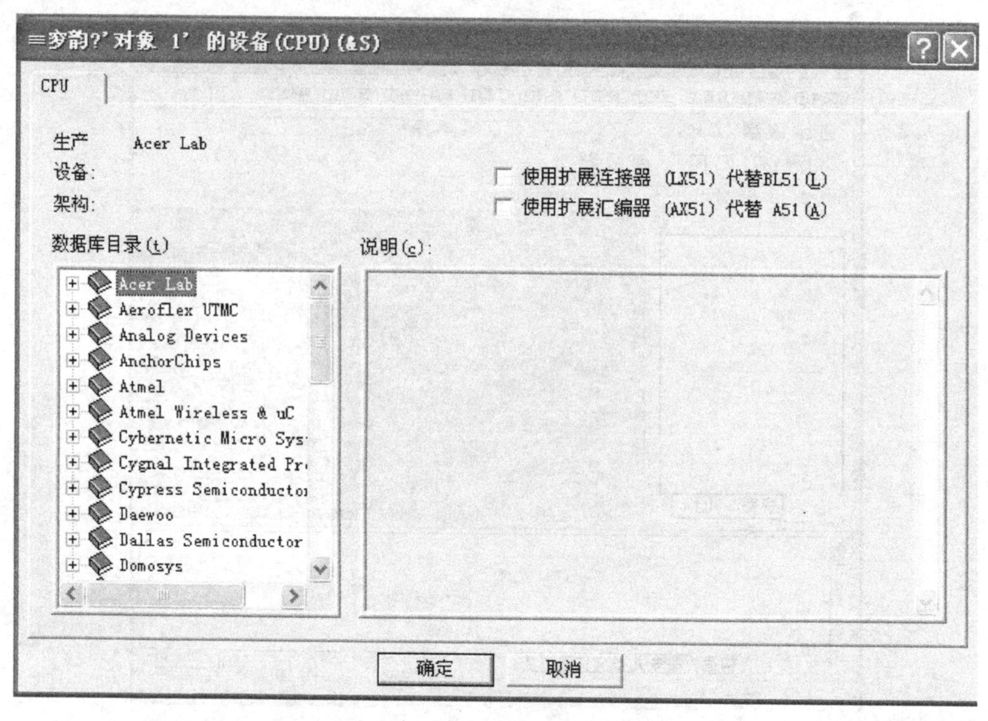

图 9-3　CPU 型号选择对话框

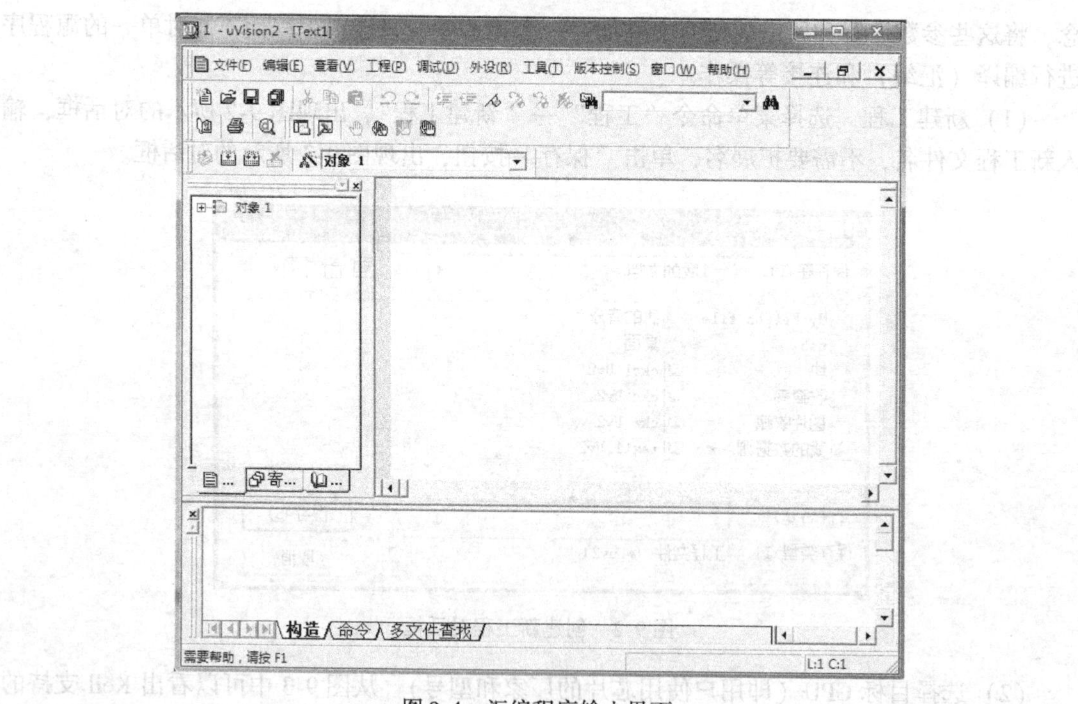

图 9-4　汇编程序输入界面

注意:

1）输入时，对于汇编语言程序，英文字母大、小写含义相同，而对于 C51 语言程序，英文字母有大小写之分，不能输入错误。

2）对于汇编语言程序，严格按指令格式输入有关指令，标号与操作码用“:”间隔，操作码与操作数之间空一格，操作数之间用“,”间隔，指令与注释用“;”间隔。

3）对于汇编语言程序，程序起始地址必须为0000H，格式为“ORG 0000H”，ORG与0000H之间空一格。

4）对于汇编语言程序，整个程序必须在结束处输入“END”指令，代表整个程序结束，一个程序只能有一个“END”指令，且放在所有指令的最后。

（4）文件保存　程序输入完成后，选择菜单命令“文件”→“保存”，输入文件名，文件扩展名为“. asm”，如图9-5所示，单击“保存”按钮。

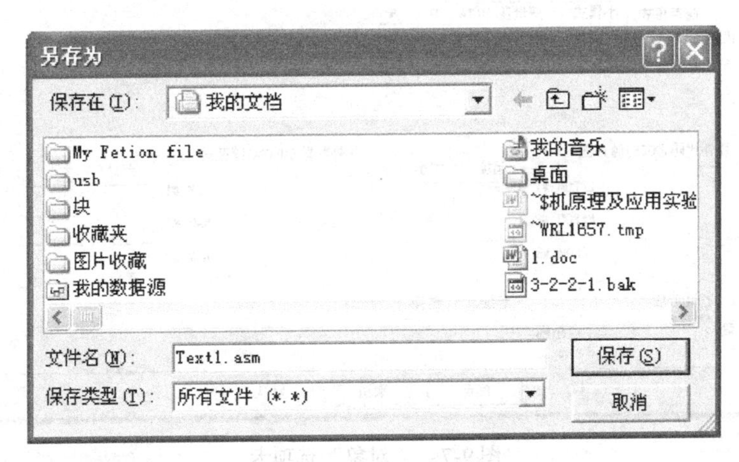

图9-5　文件保存对话框

（5）增加文件到文件组中　右击“对象1”→“源文件组1”→“增加文件到文件组‘源文件组1’”，出现图9-6所示的对话框，文件类型选择为“所有文件”，输入文件名加扩展名，单击“增加”即可。

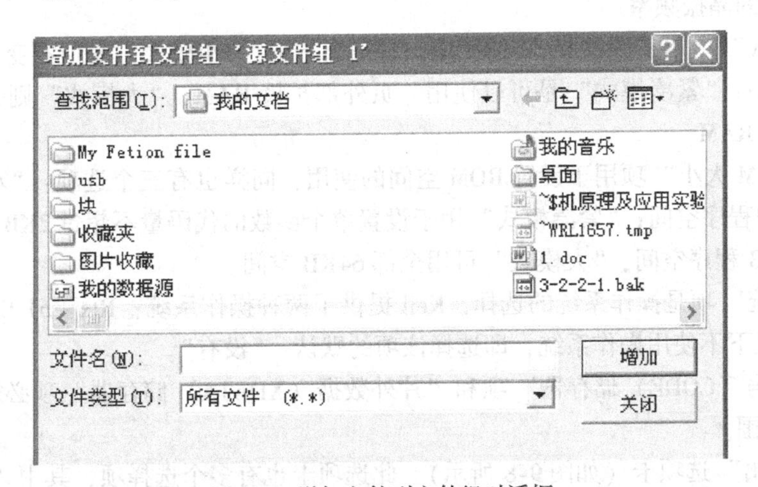

图9-6　增加文件到文件组对话框

（6）构造对象，检查程序输入的正确性　选择菜单命令“工程”→“构造对象”，在下面出现构造对象的有关信息，应该在最后为“0错误0警告”，此时说明输入的汇编程序无错，否则对指令进行检查。

3. 工程的参数设置

工程建立好之后，还要对工程进行进一步的设置，以满足要求。

选择菜单命令“工程”→“对象‘对象 1’的选项”，出现图 9-7 所示对话框。此对话框共有 8 个选项卡，有些复杂，绝大多数设置取默认值即可。

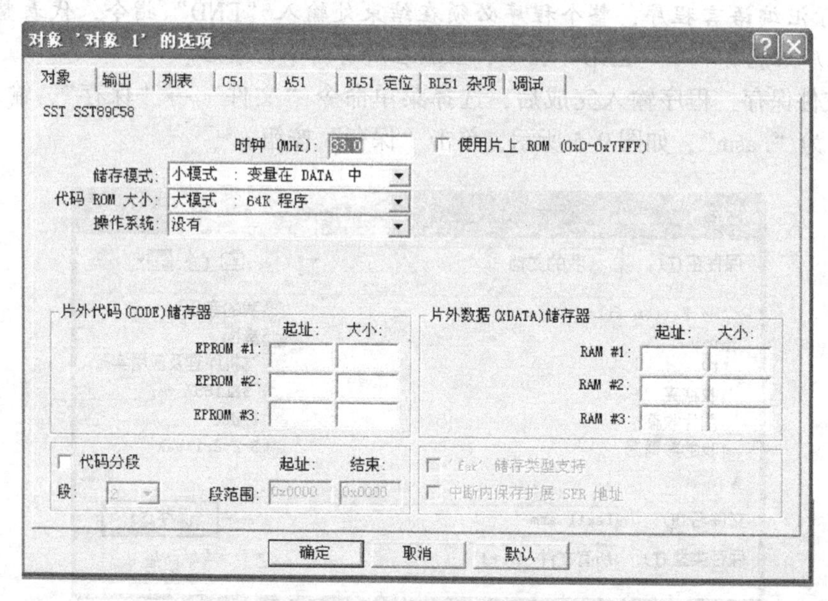

图 9-7 “对象”选项卡

（1）“对象”选项卡（如图 9-7 所示） “时钟”项的数值是晶振频率值，默认值是目标 CPU 的最高可用频率值，该数值与最终产品的目标代码无关，仅用于软件模拟调试时显示程序执行时间。正确设置该参数，可使显示时间与实际所用时间一致，一般将其设置为开发的硬件所用的晶振频率。

“储存模式”项用于设置 RAM 的使用，有三个选项：“小模式”是所有变量都在单片机的内部 RAM 中；“紧凑模式”是可以使用一页外部扩展 RAM；“大模式”则是可以使用全部外部的扩展 RAM。

“代码 ROM 大小”项用于设置 ROM 空间的使用，同样也有三个选项：“小模式”只用于低于 2KB 的程序空间；“紧凑模式”用于设置单个函数的代码量不超过 2KB，而整个程序可以使用 64KB 程序空间；“大模式”可用全部 64KB 空间。

“操作系统”项是操作系统的选择，Keil 提供了两种操作系统：Rtx－51 tiny 和 Rtx－51 full。一般情况下不使用操作系统，即选择该项的默认：“没有”。

“片外代码（CODE）储存器”项和“片外数据（XDATA）储存器”项必须根据硬件来决定其具体范围。

（2）“输出”选项卡（如图 9-8 所示） 此选项卡也有多个选择项，其中“创建 HEX 文件”用于生成可执行代码文件（可以用编程器写入单片机芯片的 HEX 格式文件，文件扩展名必须为“. HEX”），默认情况下该项未被选中，若需要写片，则必须选中该项。

选中“调试信息”，将会生成调试信息，这些信息用于调试，如果需要对程序进行调试，应当选中该项。选中“浏览信息”，将可以通过菜单命令“菜单”来查看，这里取默认值。

按钮“选择目标（OBJ）目录”用来选择最终的目标文件所在的文件夹，默认与工程文件在同一个文件夹中。

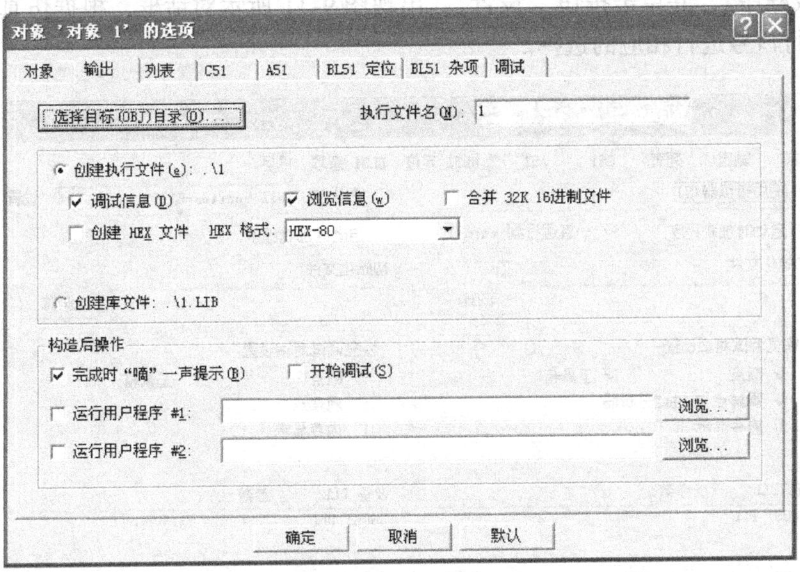

图 9-8 “输出”选项卡

“执行文件名”用于指定最终生成的目标文件夹的名字，默认与工程名相同，这两项一般不需要修改。

(3)“列表”选项卡（如图 9-9 所示） “列表”选项卡用于调整生成的列表文件选项。在汇编或编译完成后将产生“*.lst”的列表文件，在连接完成后也将产生“*.m51”的列表文件，该选项卡用于对列表文件的内容和形式进行细致调节，其中比较常用的选项是“C 编译器列表文件”下的“汇编代码”项，选中该项可以在列表文件中生成 C 语言源程序所对应的汇编代码。

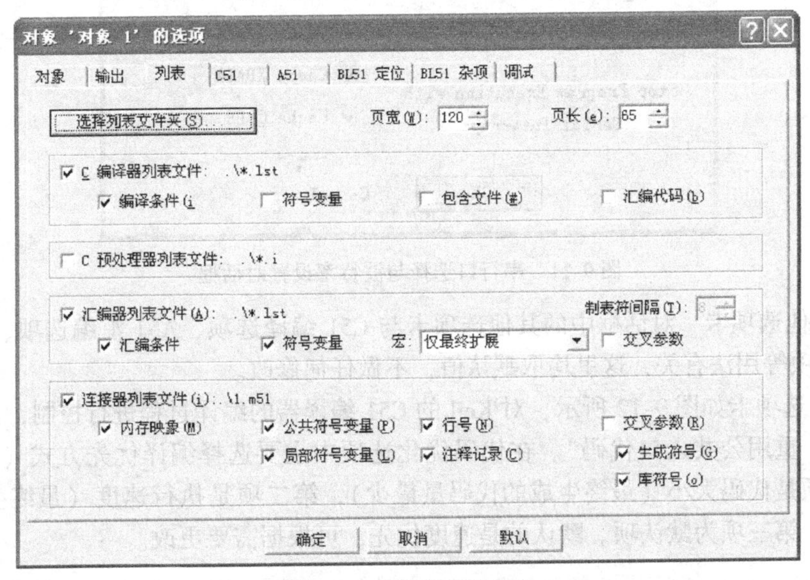

图 9-9 “列表”选项卡

（4）"调试"选项卡（如图 9-10 所示） 如果选择模拟器调试，则选中左边栏的"使用模拟器"；如果使用仿真器，则选中右边栏的"使用 Keil Monitor－51 Driver"，同时选中"启动时加载程序"，并单击按钮"设置"，出现图 9-11 所示对话框，根据仿真器具体通信波特率和串行口号进行相应的选择。

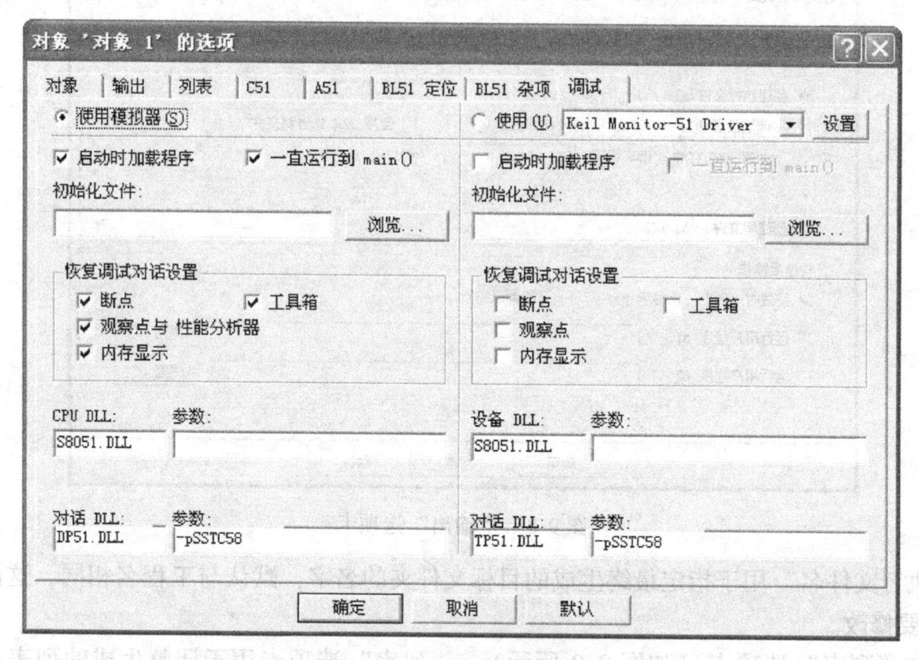

图 9-10 "调试"选项卡

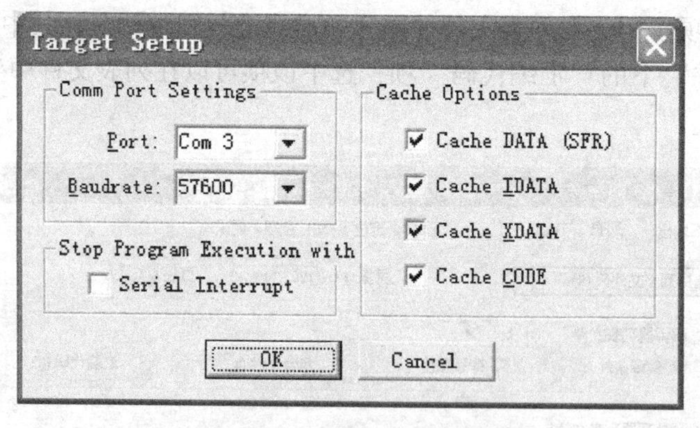

图 9-11 串行口选择与波特率设置对话框

（5）其他选项卡 对话框中的其他选项卡与 C51 编译选项、A51 汇编选项、BL51 连接器的连接选项等用法有关，这里均取默认值，不做任何修改。

"C51"选项卡如图 9-12 所示，对 Keil 的 C51 编译器的编译过程进行控制，其中比较常用的是"8：重用公共入口代码"。在代码优化选项中主要选择编译优先方式（即"重点"项），第一项是代码大小（最终生成的代码量最少），第二项是执行速度（最终生成的代码速度最快），第三项为默认项。默认的是速度优先，可根据需要更改。

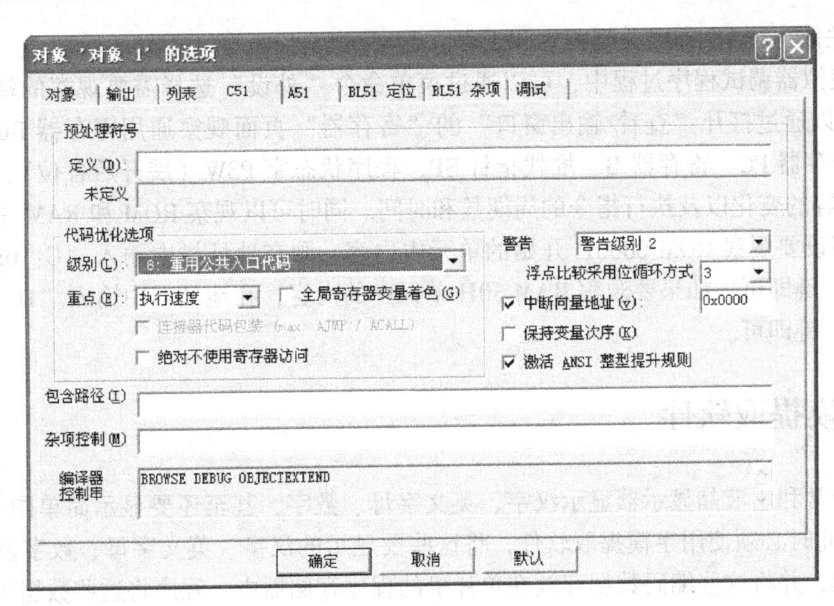

图 9-12　“C51”选项卡

4. 程序调试

选择菜单命令“调试”→“开始/停止调试模式”。

1）单步运行程序：按 F11 功能键，即可单步运行程序，观察程序运行光标的位置及发光二极管的显示情况，运行一遍后，再更改开关的上、下位置（随意）后，再按 F11 键，观察发光二极管的显示情况。

2）运行程序：按 F5 功能键，即可连续运行程序，在程序调试过程中常使用设置断点然后全速运行的方式，在断点处可以获得各变量值，但无法知道程序到达断点以前究竟执行了哪些代码，而这往往是需要了解的，为此，Keil 软件提供了跟踪功能，在运行程序之前单击“调试/运行踪迹记录”开关，然后全速运行程序。当程序停止运行后，单击“调试/查看运行踪迹记录”按钮，自动切换到反汇编窗口，其中前面标有减号“－”的行就是中断以前执行的代码，可以按窗口边的“上卷”按钮向上翻，查看代码运行记录，如图 9-13 所示。

3）程序修改：如果需要修改程序，首先停止程序的调试模式，再修改程序，然后保存，再构造对象（必须进行这一步，否则修改无效）后，如果出现“0 错误 0 警告”，则可以运行调试程序，对参数不需要再设置。

4）停止程序运行：选择菜单命令“调试”→“开始/停止调试模式”，即可。

5）关闭工程：在停止运行程序后，选择菜单命令“工

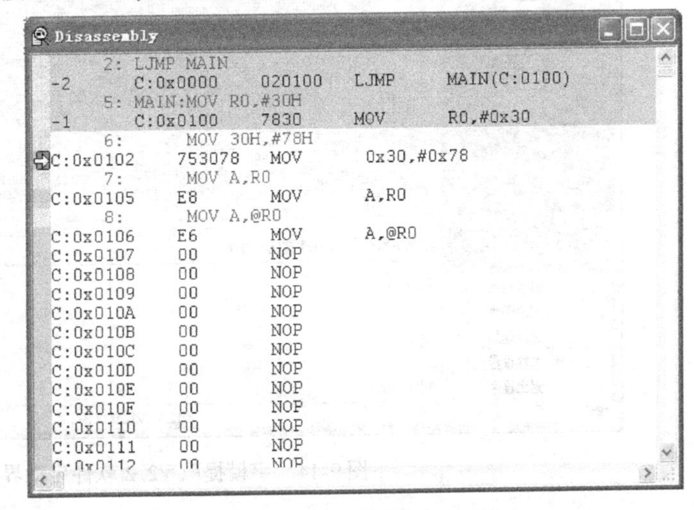

图 9-13　反汇编窗口

程”→“关闭工程”，即可关闭程序和工程。

使用模拟器调试程序过程中，可以通过菜单命令“外设”选择需要观察的端口和内部SFR，还可以通过打开“查看/输出窗口”的“寄存器”页面观察通用寄存器R0～R7、累加器A、寄存器PC、寄存器B、堆栈指针SP、程序状态字PSW（展开后各位）、数据指针DPTR等内容的变化以及执行指令的周期数和时间。同时可以观察ROM和RAM中的数据变化情况，假设要观察ROM 0000H开始的单元中内容，则在地址栏中输入“C：0x0000”单击“Enter”键即可，如果要观察RAM 30H单元中的内容，在地址栏中输入“D：0x30”单击“Enter”键即可。

9.2 字模提取软件

我们经常利用液晶显示器显示汉字、英文字母、数字，甚至还要显示简单图像（图标、商标等），此时必须使用字模提取软件，将这些要显示的汉字、英文字母、数字及图像转换成编码数据，并将这些编码数据存放在单片机的程序存储器中，程序将这些数据写入液晶显示器中进行显示。

字模提取V2.2软件是目前比较常用的字模提取软件，该软件不仅可以将汉字、字母、数字等转换成编码数据，同时具有编辑图像并转换成编码数据的功能，对于较特殊的符号，还可以采用在WORD软件中插入该特殊字符，再通过复制、粘贴的方式将其粘贴到文字输入区，按“Ctrl”+“Enter”即可生成编码数据。

启动字模提取V2.2软件，其界面如图9-14所示。

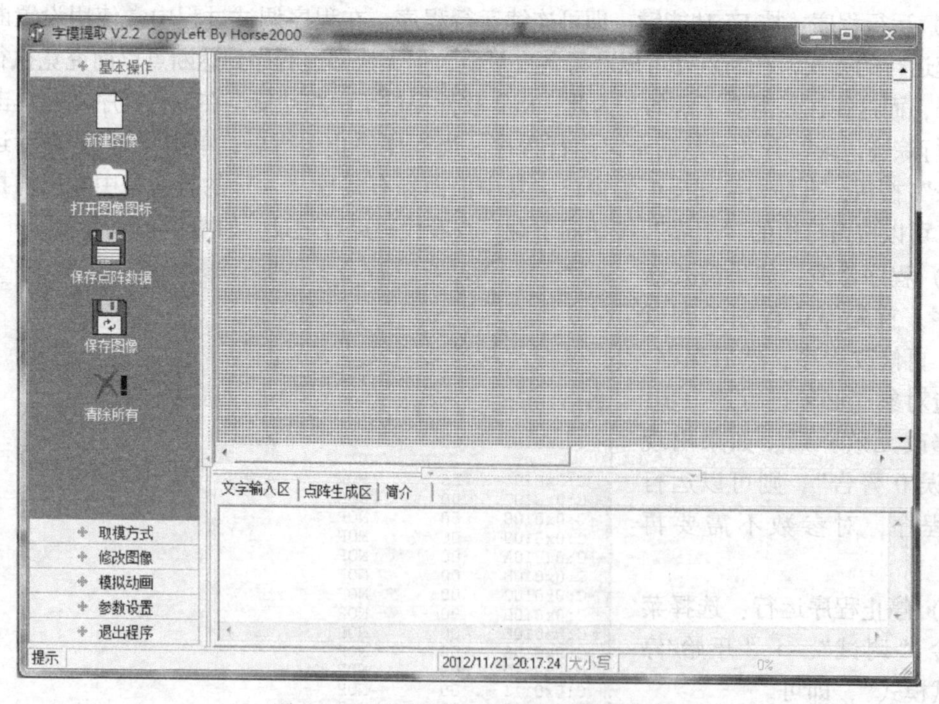

图9-14 字模提取V2.2软件启动界面

在文字输入区输入汉字、英文字母、数字等，如输入“中国”，按“Ctrl” + “Enter”即可在显示区域生成汉字，如图 9-15 所示。

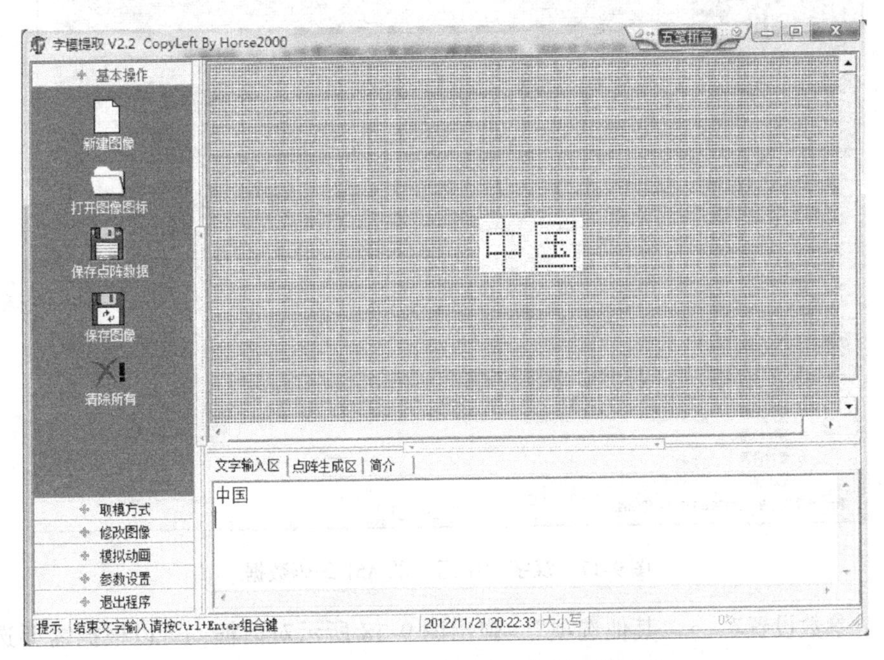

图 9-15 输入“中国”后生成的汉字界面

“取模方式”有三个选项：单击“C51 格式”将在点阵生成区生成适合 C51 语言程序的编码，如图 9-16 所示；单击“A51 格式”将在点阵生成区生成适合汇编语言程序的编码，如图 9-17 所示；单击“数据压缩”将对图像文件进行压缩处理，对打开的图像必须先生成编码数据，然后再进行数据压缩。

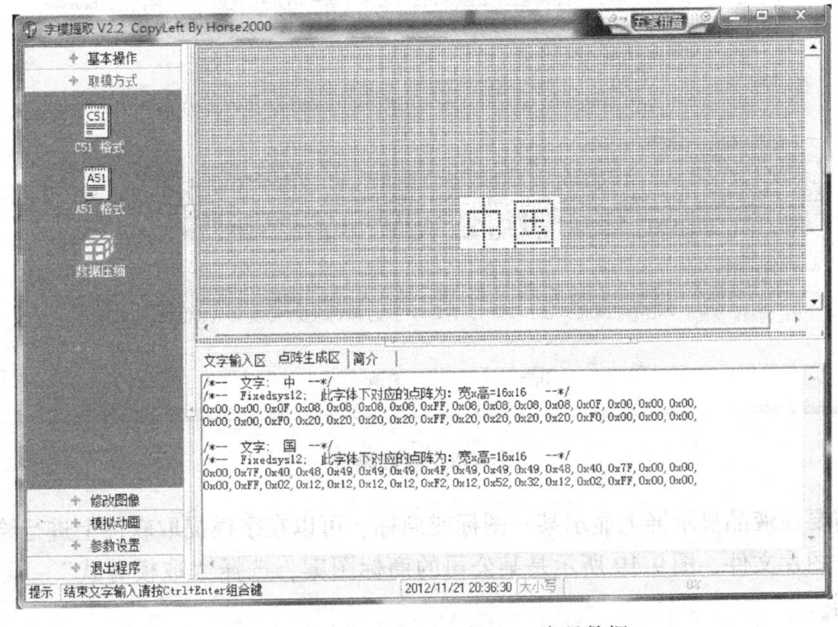

图 9-16 汉字“中国”的 C51 编码数据

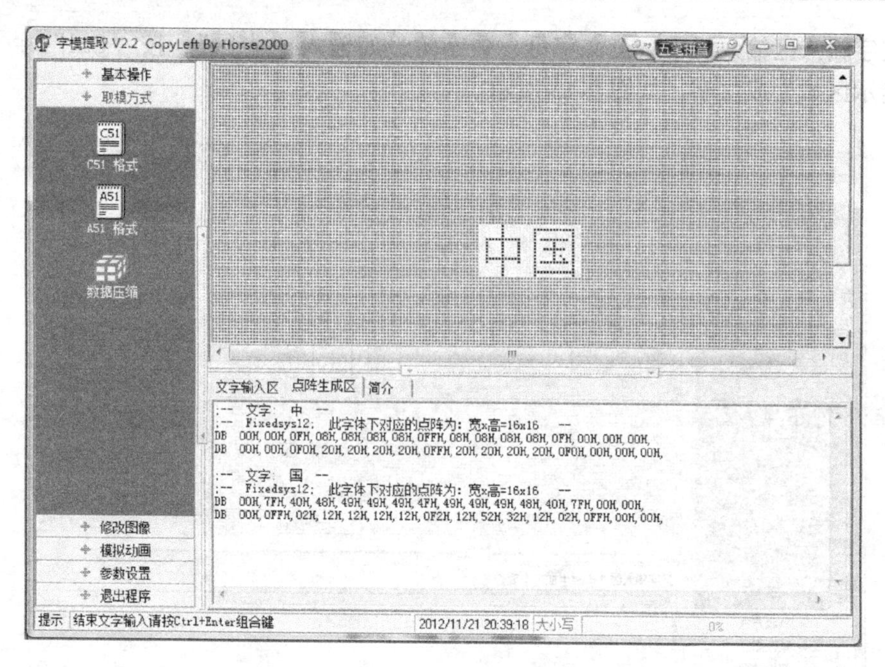

图 9-17 汉字“中国”的 A51 编码数据

选择“参数设置”→“其他选项”，弹出图 9-18 所示对话框，可以根据需要选中合适的选项。

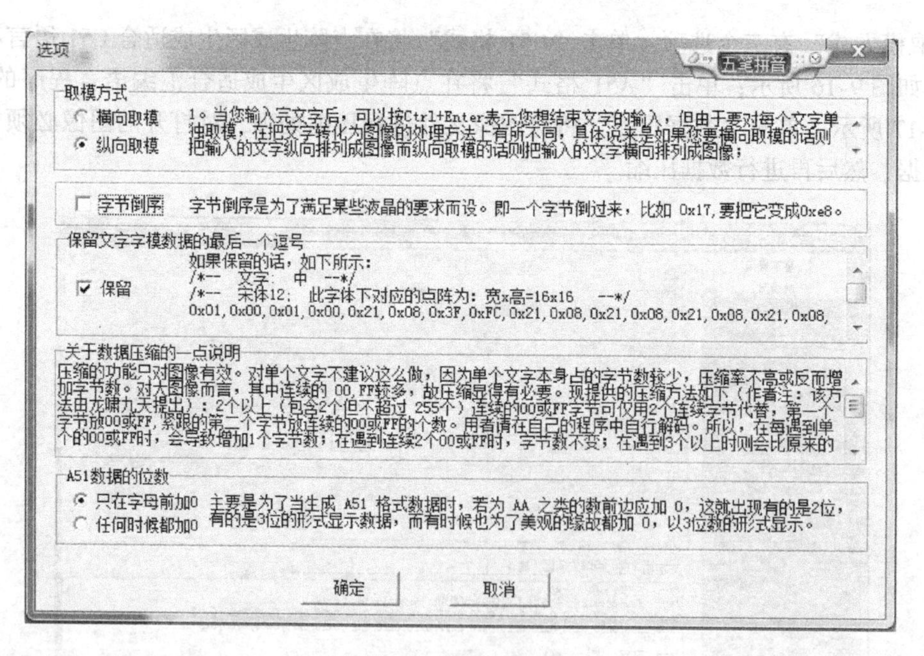

图 9-18 参数设置

如果需要在液晶显示屏上显示某一图标或商标，可以在字模提取软件上进行绘制，也可以打开一个图片文件，图 9-19 所示是某公司的商标图案，选择“取模方式”→“C51”生成编码数据。

图 9-19 图像编码数据

9.3 编程器与烧录软件

在完成单片机程序编写、调试后，要将程序写入单片机或 EPROM 中，需要使用编程器进行写入，一般编程器生产厂家在提供编程器产品的同时会附上烧录软件，在使用 Keil 软件编程时，在编译、连接时必须生成 HEX 文件，烧录时打开该文件，然后下载即可。图 9-20 所示为 STC 的下载软件界面。

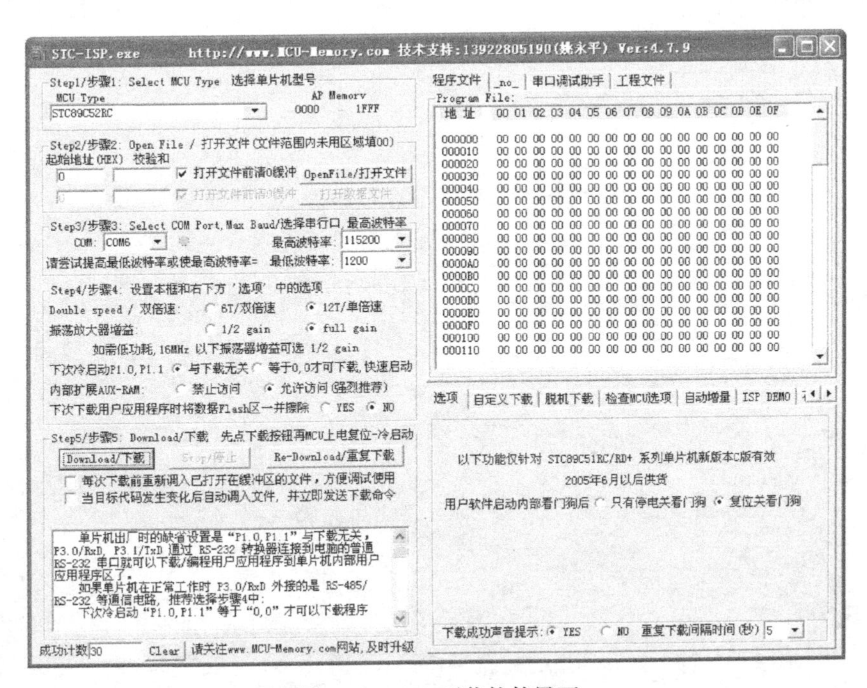

图 9-20 STC 下载软件界面

操作过程如下：

步骤一：选择 MCU 型号。

步骤二：打开文件（限 HEX 文件和 BIN 文件）。

步骤三：选择编程器与计算机连接的串行口，如果不清楚串行口号，可以右击计算机桌面“我的电脑”，单击“属性”，在“系统属性”中选择“硬件”，单击“设备管理器”，展开“端口”，即可查看串行口号；选择编程器与计算机通信的波特率。

步骤四：对本框参数进行设置，一般取默认值。

步骤五：单击“Download/下载”按钮下载程序，当提示出现通电后再开编程器电源，当出现下载完成已加密后，表示下载完成。

第10章 单片机应用系统设计

10.1 抗干扰与可靠性

10.1.1 研究抗干扰技术的重要性

近年来，单片机在工业自动化、生产过程控制、智能化仪器仪表等领域的应用越来越深入和广泛，有效地提高了生产效率，改善了工作条件，大大提高了控制质量与经济效益。单片机系统必须长期稳定、可靠地运行，否则将导致控制误差加大，严重时会使系统失灵，甚至造成巨大的损失。

影响单片机系统可靠、安全运行的主要因素是来自系统内部和外部的各种电气干扰，以及系统结构设计、元器件选择、安装、制造工艺和外部环境条件等带来的不利影响。这些因素对单片机系统造成的干扰后果主要表现在下述几个方面。

（1）数据采集误差加大　干扰侵入单片机系统测量单元模拟信号的输入通道，叠加在有用信号之上，会使数据采集误差加大，特别是当传感器输出微弱信号时，干扰更加严重。

（2）数据受干扰发生变化　单片机系统中，由于 RAM 是可以读/写的，因此在干扰的侵害下，RAM 中的数据有可能被篡改。在单片机系统中，程序及表格、常数存于 EPROM 中，避免了这些数据受干扰破坏。但是，内部 RAM 和外部扩展 RAM 中的数据都有可能受到外界干扰而变化。根据干扰窜入的途径、受干扰数据的性质不同，系统受损坏的情况也不同。有的会造成数据误差，有的则使控制失灵，有的改变程序状态，有的改变某些部件（如定时器/计数器，串行口等）的工作状态等。例如，MCS－51 系列单片机的复位端（RESET）没有特殊抗干扰措施时，干扰侵入该端口，虽然不易造成系统复位，但会使单片机内特殊功能寄存器（SFR）状态发生变化，导致系统工作不正常。又如当程序计数器 PC 值超过芯片地址范围（当系统扩展小于 64KB），CPU 获得虚假数据 FFH 时，执行“MOV　R7，A”指令，将造成工作寄存器 R7 内容变化。

综上所述，提高单片机系统的可靠性、安全性，已成为人们日益关心的课题。单片机系统抗干扰技术的研究，就是在这种需求下产生的。人们在不断完善单片机系统硬件配置的过程中，分析系统受干扰的原因，探讨和提高系统的抗干扰能力，这不仅具有一定的科学理论意义，而且具有很高的工程实用价值。因此，单片机系统抗干扰技术的研究和应用，已成为计算机应用技术中一个十分重要的课题。

10.1.2 单片机系统可靠性

1. 可靠性设计任务

影响单片机系统可靠性的因素有内部与外部两方面。针对内外因素的特点，采取有效的软硬件措施，是可靠性设计的根本任务。

（1）内部因素　主要是指影响单片机系统正常工作的元器件本身的性能与可靠性、系统结构设计和安装与调试等各种因素。

1）元器件本身的性能与可靠性。元器件是组成系统的基本单元，其性能好坏与稳定性直接影响整个系统性能与可靠性。在可靠性设计当中，首要的工作是精选元器件，使其在长期稳定性、精度等级方面满足要求。

2）系统结构设计。系统结构设计包括硬件电路结构设计和运行软件设计。元器件选定之后，根据系统运行原理与生产工艺要求将其连成整体，并编制相应软件。电路设计时要求元器件与线路布局合理，以消除元器件之间的电磁耦合相互干扰；优化的电路设计也可以消除或削弱外部干扰对整个系统的影响，如去耦电路、平衡电路等；也可以采用冗余结构，当某些元器件发生故障时也不影响整个系统的运行。软件是单片机测控系统区别于其他通用电子设备的独特之处，通过合理编制软件可以进一步提高系统运行的可靠性。

3）安装与调试。元器件与整个系统正确安装与调试，是保证系统运行和可靠性的重要措施。尽管元器件选择严格，系统结构设计合理，但安装工艺粗糙，调试不严格，仍可能达不到预期的效果。

（2）外部因素　主要是指系统周边环境中对单片机系统运行产生影响的各种因素。

1）外部电气条件：如电源电压的稳定性、强电场与磁场等的影响。

2）外部空间条件：如温度、湿度及空气清洁度等。

3）外部机械条件：如振动及冲击等。

2. 可靠性设计的一般方法

（1）元器件级可靠性措施　元器件是单片机系统的基本部件，元器件的性能与可靠性是整体性能与可靠性的基础。近20年来，电子元器件的可靠性提高了三个数量级以上。现在小功率晶体管及中、小规模数字集成电路芯片的实际故障率降到了10×10^{-9}/h。把10^{-9}/h的故障率定义为“非特”（fit）。由于大规模集成技术的进步，大规模数字电路以及模拟集成芯片的可靠性与性能也大大提高，这就为设计高性能、高可靠性的单片机系统奠定了基础。

电子元器件故障率的降低主要由生产厂家来保证。作为设计与使用者主要是保证所选用的元器件的质量或可靠性指标符合设计要求。为此，必须采取下列措施：

1）严格管理元器件的购置、储运。采购元器件之前，应首先对生产厂家的质量信誉有所了解，这可通过厂方提供的有关数据资料获得，也可以通过调查用户来了解，必要时可亲自做试验加以检验。厂家一旦选定，就不应轻易更换，尽量避免在一台设备中使用不同厂家的同一型号的元器件。

元器件的储运要符合技术条件，避免意外损伤。入库后需要严格管理，建立科学的档案资料，并及时了解使用情况，尤其是发生故障情况。对于存放时间较长的元器件，在使用前需仔细检查测试。严禁将不同类别、不同型号、不同批号的元器件混合堆放。

2）老化、筛选、测试。电子元器件在装机前应经过老化筛选，淘汰那些质量不佳的元器件。老化处理的时间长短与所用元器件量、型号、可靠性要求有关，一般为24h或48h。老化时所施用的电气应力（电压或电流等）应等于或略高于额定值，常为额定值的110%～120%。老化后测试应注意淘汰那些功耗偏大、性能指标明显变化或不稳定的元器件。老化前后性能指标保持稳定的是优选的元器件。

3）降额使用。所谓降额使用，就是在低于额定电压和额定电流的条件下使用元器件，这可以提高元器件的可靠性。

降额使用多用于无源元件（电阻、电容等）、大功率器件、电源模块或大电流高压开关器件等。

降额使用不适用于TTL器件，因为TTL电路对工作电压范围要求较严，不能降额使用。MOS型电路可降压使用，但因其工作电流十分微小，失效主要不是功耗发热引起的，故降额使用对于MOS型集成电路效果不大。

4）选用集成度高的元器件。近年来，电子元器件的集成化程度越来越高。系统选用集成度高的芯片可减少元器件的数量，使得印制电路板布局简单，减少焊接和连线，从而大大降低故障率和受干扰的概率。近几年来，国外芯片厂家研制了许多高性能、高集成化的专用芯片，使系统的可靠性大大提高。

与传统的抗干扰技术相比，选用高集成度的芯片以提高系统的可靠性是抗干扰设计的新趋势，是抗干扰技术先进性的重要标志。在单片机测控系统中，应能选用集成芯片就不选用分离元器件，能选用大规模集成芯片就不选用小规模集成芯片，这应是可靠性与抗干扰设计的一条准则。

（2）部件及系统级可靠性措施　部件及系统级的可靠性技术是指功能部件或整个系统在设计、制造、检验等环节所采取的可靠性措施。元器件的可靠性主要取决于元器件制造商，部件及系统的可靠性则取决于设计者的精心设计。可靠性研究资料表明，影响计算机可靠性的因素，有40%来自电路及系统设计。

关于电路及系统的可靠性技术已有大量研究成果及可行的成功经验。这些成果及经验归纳起来主要从以下七个方面来阐述。

1）冗余技术（也称容错技术或故障掩盖技术）。它是通过增加完成同一功能的并联或备用单元（包括硬件单元或软件单元）数目来提高系统可靠性的一种设计方法。如在电路设计中，对那些容易产生短路的部分，以串联形式复制；对那些容易产生开路的部分，以并联的形式复制。

冗余技术包括硬件冗余、软件冗余、信息冗余和时间冗余等。

硬件冗余是用增加硬件设备的方法，当系统发生故障时，将备份硬件顶替上去，使系统仍能正常工作。一般来说，在电路级、功能单元级、部件级和系统级都可以采用冗余结构。增加的硬件设备，可以采用多重结构、双机系统及表决系统等。硬件冗余结构主要用在高可靠性的场合。

2）电磁兼容性设计。电磁兼容性是指计算机系统在电磁环境中的适应性，即能保持完成规定功能的能力。电磁兼容性设计的目的，是使系统既不受外部电磁干扰的影响，也不对其他电子设备产生影响。

电磁兼容性设计是针对电磁环境对系统的干扰问题的研究，所以又称之为抗电磁干扰设计，简称抗干扰设计。根据前面提到的可靠性设计概念，不难看出电磁兼容性设计是可靠性设计的一个重要分支。可靠性设计所指的系统外部条件较为广泛，抗干扰设计仅针对外部电磁环境而言。由于外部电磁环境是影响单片机系统运行稳定性的主要因素，抗干扰设计是诸多可靠性设计内容中的重点。

单片机系统常用的抗电磁干扰的硬件措施有滤波技术、去耦电路、屏蔽技术及接地技术等；常用的软件措施主要有数字滤波、软件冗余、程序运行监视及故障自动恢复技术等。

3）信息冗余技术。对单片机系统而言，保护信息和重要数据是提高可靠性的重要方面。为了防止系统因故障等原因而丢失信息，常将重要数据或文件多重化，复制一份或多份“拷贝”，并存于不同的空间。一旦某一区间或某一备份被破坏，则自动从其他部分重新复制，使信息得以恢复。

4）时间冗余技术。为了提高单片机系统的可靠性，可以采用重复执行某一操作或某一程序，并将执行结果与前一次的结果进行比较对照来确认系统工作是否正常。只有当两次结果相同时，才被认可，并进行下一步操作。如果两次结果不相同，可以再重复执行一次，当第三次结果与前两次之中的一次相同时，则认为另一结果是偶然故障引起的，应当剔除。如果三次结果均不相同，则初步判定为硬件永久性故障，需进一步检查。

这种办法是用时间为代价来换取可靠性，称为时间冗余技术，俗称重复检测技术。它的优点是不用增加设备的硬件投资，简单易行。其不足之处是减慢了运行速度。因而只能用在执行时间比较宽余，操作步骤又比较重要的情况。

5）故障自动检测与诊断技术。对于复杂系统，为了保证能及时检验出有故障的装置或单元模块，以便及时把有用单元替换上去，就需要对系统进行在线测试与诊断。这样做的目的有两个：一是为了判定动作或功能的正常性；二是为了及时指出故障部位，缩短维修时间。

6）软件可靠性技术。单片机运行软件是系统要实现的各项功能的具体反映，是设计人员高级脑力劳动的结晶。软件可靠性的主要标志是软件是否真实而准确地描述了要实现的各种功能。因此，对生产工艺的了解熟悉程度直接关系到软件的编写质量。提高软件可靠性的前提条件是设计人员对生产工艺过程的深入了解，并且使软件易读、易测试和易修改。

软件可靠性技术尚属探索研究阶段，许多理论问题有待解决，例如软件的可测性问题。为了提高软件的可靠性，应尽量将软件规范化、标准化和模块化，尽可能把复杂的问题化成若干较为简单明确的小任务，把一个大程序分成若干独立的小模块，这有助于及时发现设计中的不合理部分，而且检查和测试几个小模块要比检查和测试大程序方便得多。

7）失效保险技术。有些重要系统，一旦发生故障时希望整个系统应处于安全或保险状态。例如，某些工业自动化装置一旦发生故障，不论性质如何，应自动切断执行设备，以免造成更大事故。

10.1.3 单片机系统的抗干扰技术

可靠性是单片机系统的重要性能指标，由多种因素决定。单片机系统所在现场的各种干扰是影响可靠性的主要因素。

干扰是指叠加在电源电压或正常工作信号上的其他电信号。干扰有多种来源：电网、空间电磁场、输入/输出通道等。干扰会影响传送信息的正确性，扰乱程序的正常运行，使程序“飞走”或进入死循环，还可能损坏单片机的元器件。干扰是单片机控制系统设计时必须认真对待的问题。

解决干扰问题从两方面着手：一是设法切断干扰通路，减小干扰影响；二是增强单片机本身的抗干扰能力。

1. 硬件抗干扰技术

（1）电源　电源是指单片机所用的电源。一般由电网的工频交流电源经降压、整流等环节后使用。由于电网的影响以及生产现场大容量电气设备的开停，会使交流电压含有高频成分、浪涌电压、尖脉冲，或发生较大幅度的波动，这些干扰通过电源途径影响单片机系统的正常工作。

抑制交流电源的干扰，除了使单片机电源尽量与大容量用电设备分别供电以外，还经常采用滤波、屏蔽、隔离及稳压等措施。

1）采用滤波和屏蔽的方法。图10-1是采用滤波和屏蔽的交流电源，图中画出了低通滤波器和电源变压器。

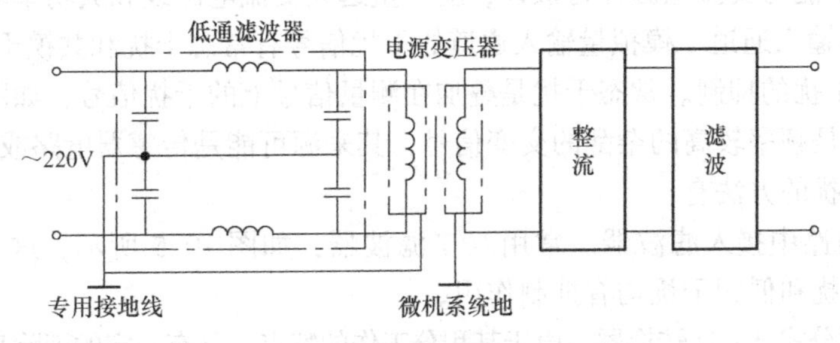

图10-1　交流电源的滤波和屏蔽

低通滤波器由电感和电容组成，它对工频交流电的阻抗很小，而对于高频干扰信号具有很强的抑制作用。低通滤波器加屏蔽外壳，并使之良好接地。低通滤波器的进线端和出线端要离开一定距离，或采用屏蔽线，以防止感应和辐射耦合。

电源变压器采用双屏蔽形式，一次绕组和二次绕组分别加屏蔽层，并分别接地。一次屏蔽层接专用地线，二次屏蔽层接直流地（即单片机系统地），这样可以阻断高频干扰信号经变压器的一、二次侧之间的耦合电容传播到单片机系统，另外可以消除静电感应。

2）采用隔离和交流稳压措施。对于要求较高的系统，可以在上述交流供电线路基础上，再增加隔离和交流稳压措施，如图10-2所示。

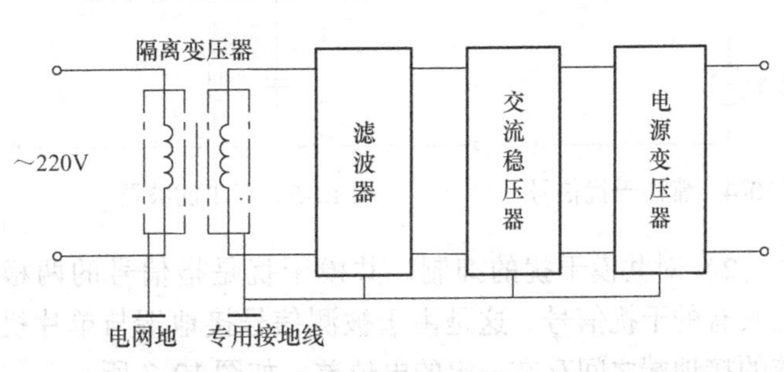

图10-2　交流电源的隔离、滤波、稳压和屏蔽

隔离变压器的电压比为1∶1，为双屏蔽形式。隔离变压器的作用是阻止浪涌电压和尖脉冲通过，其屏蔽层能抑制高频干扰和静电感应作用。

交流稳压器用于补偿电网电压的波动，其稳压精度并不需要太高，但要求它工作可靠，且要有较快的响应速度。

3）采用分散的直流供电方式。为了提高单片机直流电源系统的供电可靠性，可以对各模板分别设置直流稳压电源，如图 10-3 所示。

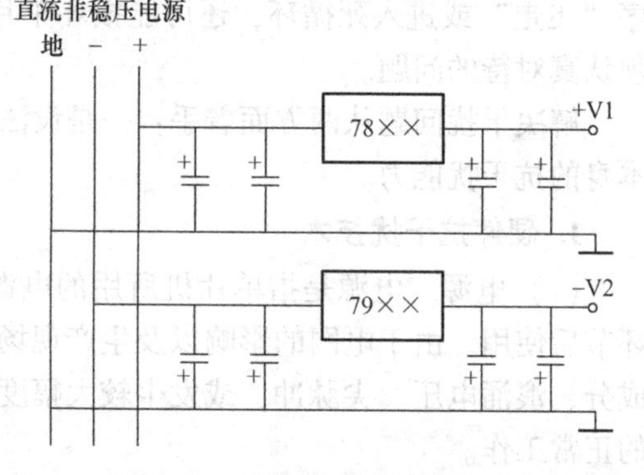

图 10-3 分散的直流供电方式

现有多种规格的三端集成稳压快，型号为 78××或 79××，能方便地用来组成直流稳压电源。采取各自独立供电，还能消除相互之间通过电源产生的干扰。

4）采用高抗干扰稳压电源和干扰抑制器。除上述几种措施以外，也可以采用抗干扰电源成品。目前这类高抗干扰稳压电源和干扰抑制器已有一些现成产品可供选购，例如抗干扰稳压变压器、净化型交流稳压电源（电源调节器）、采用反激变换器的开关稳压电源、用频谱均衡法原理制成的干扰抑制器等。

5）信号线不能与交流电源并行敷设，应尽量远离交流电源线和大功率电气设备。

（2）模拟量输入通道 模拟量输入通道的干扰信号有常态干扰和共模干扰两种。

1）对常态干扰的抑制。常态干扰是叠加在测量信号上的干扰信号，如图 10-4 所示。这种干扰信号一般是频率较高的杂乱的交变信号，其来源可能是传感器电路或传输线。

抑制常态干扰的方法有：

① 在输入电路中接入滤波器。常用双 T 滤波器，如图 10-5 所示，这是一种带通滤波器，对于高频干扰和低频干扰均有抑制作用。

② 采用双积分式 A－D 转换器，由于其积分工作的特点，具有一定的消除高频干扰的作用。

③ 接入光耦合器，能有效阻断噪声的传送。

④ 将电压信号传送改为用电流信号传送，能提高抗干扰能力，如图 10-6 所示，采用 4～20mA 电流传送信号，在进入 A－D 转换器之前在 250Ω 电阻上产生 1～5V 的电压信号。对传输线路还可以采取屏蔽措施。

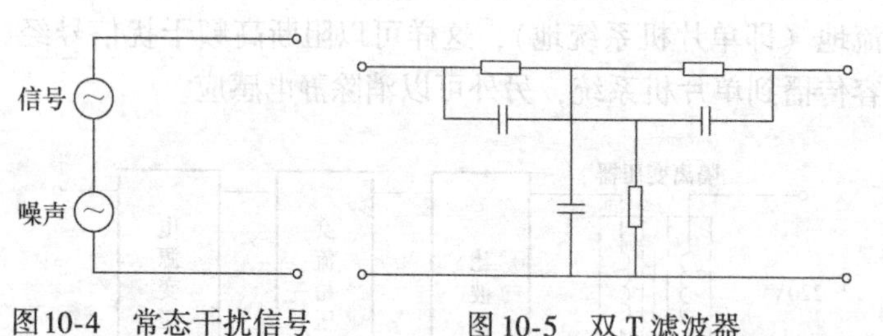

图 10-4 常态干扰信号　　图 10-5 双 T 滤波器

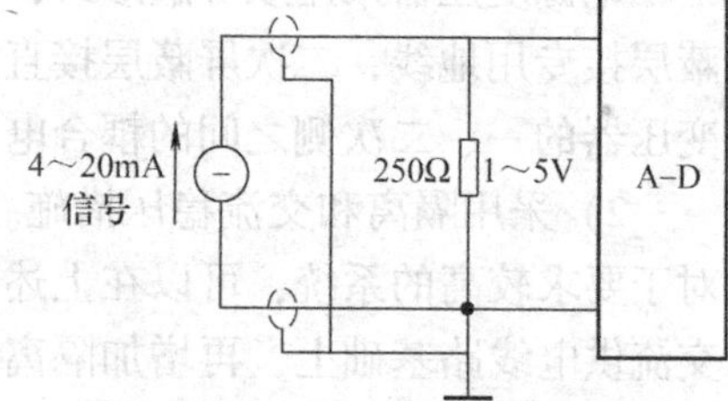

图 10-6 采用电流传输方式

2）对共模干扰的抑制。共模干扰是指信号的两根线上共有的干扰信号。这是由于被测信号接地端与单片机系统的接地端之间存在一定的电位差，如图 10-7 所示。

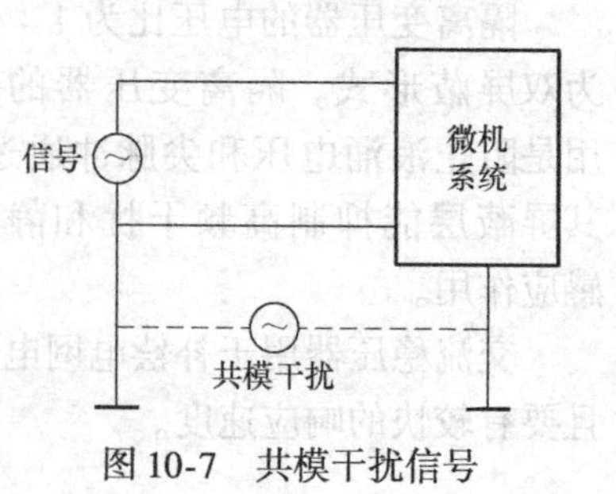

图 10-7 共模干扰信号

抑制共模干扰的方法有：

① 采用双端输入的差动放大器，这种放大器具有很高的共模抑制比。

② 采用隔离方法，消除不适当的共地带来的共模干扰。如使用带有光电隔离的测量放大器。如果信号传送距离长，可以采用频率信号形式传送，便于实现光电隔离。

(3) 传输线 在单片机控制系统中，从被测信号处和执行机构到单片机都可能有相当长的距离。由于受空间电磁场的影响，这些传输线会给单片机系统带来干扰。消除这种干扰的措施有：

1) 敷设线路时要使被测信号线、控制信号线与交流电源线、电气设备驱动线、大功率电气设备离开一定距离。

2) 信号线使用双绞线，使空间电磁场在一个个小环路中产生的感应电动势相互抵消；另外还可以采用屏蔽线或将信号线穿入金属管，屏蔽层或金属管的一端良好接地。

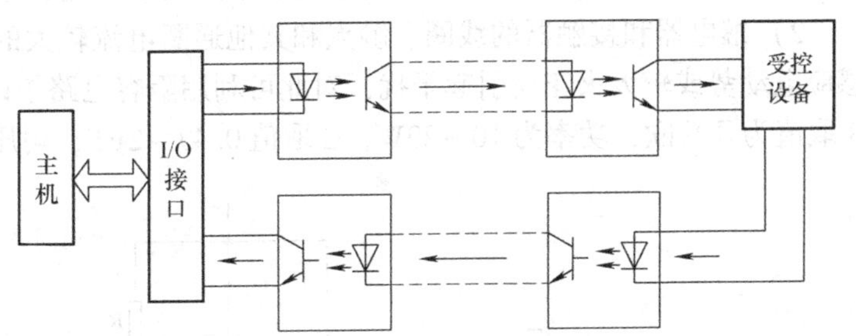

图 10-8 传输长线的光耦浮置处理

3) 通过光耦合器将长线“浮置”起来，如图 10-8 所示，这样能有效地消除从传输线带入单片机的干扰。

4) 为了避免信号失真，对于长线传输要注意阻抗匹配。阻抗匹配的方法有：终端并联阻抗、始端串联阻抗、终端并联隔直阻抗、终端接钳位二极管等，如图 10-9 所示。

(4) 接地系统 “地”是一种统称，指某种参考零电位或某一部分电路的公共点。在单片机系统中，大致有以下几种“地”：

1) 数字地（逻辑地）：单片机系统数字电路的零电位线。

2) 模拟地：A－D 转换器之前或 D－A 转换器之后模拟电路的零电位线。

3) 信号地：传感器的地。

4) 功率地：大功率设备的地。

5) 交流地：工频交流电源的地线。

6) 直流地：单片机用直流电源的地线。

7) 屏蔽地：屏蔽系统的地，即机壳地。

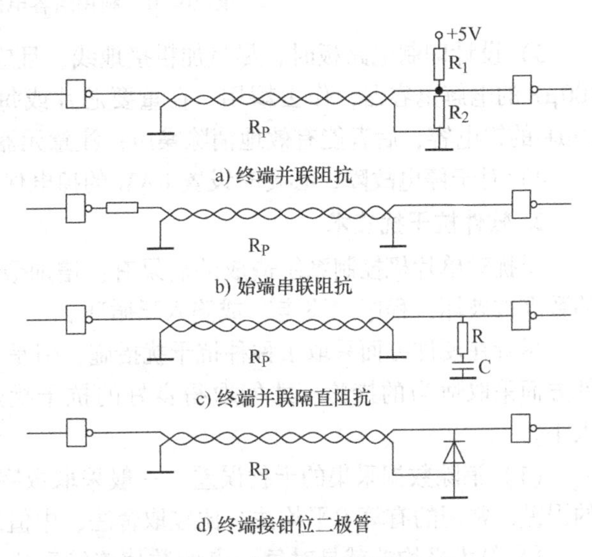

图 10-9 传输长线的阻抗匹配

单片机系统中的接地是一个重要问题。不适当的接地会形成产生干扰的回路，而正确的接地能消除干扰。对于不同的地，要有不同的处理方法：

1) 单片机系统的地（即其直流电源地）与信号地、功率地必须分开，避免干扰信号通过地线传入单片机。信号地与功率地也要分开，以免影响被测信号。

2) 数字地与模拟地必须分开，且只在一点相连，否则两种回路会相互影响。

3) 长传输线的屏蔽层应一端接屏蔽地。屏蔽地都接到机柜，然后单独接大地。

4）当有多个元器件要接在同一地线上时，这些元器件应多点就近接地还是统一接地呢？在低频（<1MHz）电路中，因元器件和布线的电感不大，为减小地线环路造成的干扰，常采用一点接地。在高频（>10MHz）电路中，元器件、布线的电感和分布电容将造成各接地线之间的耦合，为缩短接地线，采用多点就近接地。当频率为1～10MHz时，如采用一点接地，其地线长度不应超过波长的1/20，原则上应采用多点接地。

（5）其他硬件

1）为防止电磁波和静电感应的干扰，单片机装置应加金属外壳屏蔽。

2）继电器和接触器的线圈、触点和其他通断电流较大的按钮、开关，在操作时会产生感应电动势或较大火花而引起干扰，对此可利用阻容电路予以吸收，如图10-10所示。一般R取值为几百欧，功率为10～20W，C取值0.47～2μF，耐压按实际电路确定。

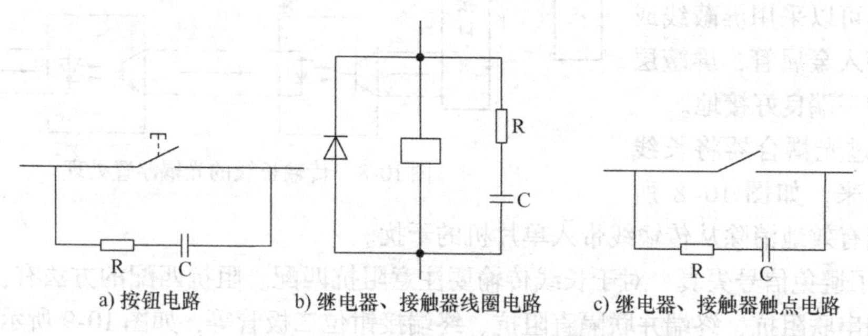

图10-10　利用阻容电路减少干扰

3）设计印制电路板时，尽量加粗接地线，且应形成闭合环路；在电源输入端连接10～100μF的电解电容器，作去耦用；在重要芯片或每几个芯片的电源端接入去耦电容和1～10μF的钽电容，后者能有效地消除噪声；注意元器件和线路的合理布置。

4）对于停电故障，必要时设置RAM的掉电保护。

2. 软件抗干扰技术

干扰对单片机控制系统造成的后果有：增加数据采集的误差，输出控制失误，RAM中的数据被破坏，程序“飞走”或陷入死循环。

尽管在硬件方面采取了种种抗干扰措施，但是干扰是不可能完全消除的，必须同时从软件方面采取适当的措施，才能取得良好的抗干扰效果。软件方面的抗干扰可以从多方面入手。

（1）消除数据采集的干扰误差　一般采取数字滤波的方法来消除干扰对数据采集带来的误差。常用的有算术平均法、比较取舍法、中值法、一阶递推数字滤波法等。

1）算术平均法就是对每一点的数值连续采样多次（一般取3～5次）计算其平均值，以此平均值作为该点的采样结果。这种方法可以减小系统的随机干扰对采集结果的影响。

2）比较取舍法用来剔除采样数据中较大的偏差，具体做法是对每个采样点连续采样几次，根据所采样数据的变化规律，确定取舍办法来剔除偏差数据。例如：对每个采样点连续采样3次，取其中2次相同数据为采样结果。

3）中值法就是对一点数据连续采样n次（一般n为奇数），把n次的采样值依大小次序排列，取其中间值作为该点的采样结果。中值法对于偶然因素造成的波动或采样器件不稳定所引起的脉动干扰比较有效。

4）一阶递推数字滤波法是利用软件实现 RC 低通滤波器的算法，代替硬件实现 RC 滤波，计算公式为

$$Y_K=(1-\alpha)Y_{K-1}+\alpha X_K$$

式中，X_K为第 K 次采样值；Y_{K-1}为第（K－1）次滤波结果输出值；Y_K为第 K 次滤波结果输出值；α 为滤波平滑系数：

$$\alpha\approx T/\tau$$

式中，τ 为 RC 滤波器时间常数；T 为采样周期。

（2）确保正常控制状态　为了解决因受干扰而使控制状态失常的问题，可采取下列软件措施：

1）对于开关量输入，为了确保信息无误，在软件中可采取重复读入的方法（至少两次），认为无误后再输入；对于开关量输出，应将输出量回读（要有硬件配合），以便确认输出无误。

2）采用软件冗余方法。在条件控制系统中，对于控制条件的一次采样、处理、控制输出改为循环地采样、处理、控制输出。这种方法对于惯性较大的控制系统具有良好的抗偶然因素干扰的作用。

3）设置当前输出状态寄存单元，当干扰侵入输出通道、破坏输出状态时，系统能及时查询该寄存单元的输出状态信息，以便及时纠正输出状态。

（3）程序运行失常后的恢复　系统受到干扰导致 PC 值改变后，PC 值可能指向操作数或指令码中间单元，将它作为指令码执行；或使 PC 值超出程序区，将非程序区的随机数作为指令码运行。不论哪种情况，都会造成程序的盲目运行，最后由于偶然巧合进入死循环。程序的盲目运行还可能导致寄存器或数据存储器中的数据破坏。对于程序运行失常后的恢复，可以采用以下方法解决：

1）设置软件陷阱。这种方法是在非程序区设置拦截措施，当 PC 失控、程序“飞走”进入非程序区时，使程序进入陷阱，从而迫使程序返回初始状态。例如，对于 MCS－51 系列单片机可以用“LJMP　0000H”的指令填满非程序区。这样不论 PC 失控后飞到非程序区的哪个字节，都能使程序回到复位状态；也可以在程序区每隔一段（如几十条指令）连续将几个单元置为“00”（空操作）当出现程序失控时，利用这些空操作指令，能使程序恢复正常。

2）设置时间监视器。设置软件陷阱能解决一部分程序失控问题，但当程序失控后进入某种死循环时，软件陷阱可能不起作用。使程序从死循环中恢复到正常状态的有效方法是设置时间监视器，时间监视器又常称为看门狗（Watchdog）。

10.2　逻辑电平转换技术

RS－232 原是基于公用电话网的一种串行通信标准，推荐的最大电缆长度为 15m（50ft），即传输距离一般不超过 15m，它的逻辑电平以公共地为对称，其逻辑“0”电平规定在＋3～＋25V 之间，逻辑“1”电平则在－25～－3V 之间，因而它不仅要使用正负极性的双电源，而且与传统的 TTL 等数字电路的逻辑电平不兼容，两者之间必须进行电平转换。表 10-1 列出了 RS－232 标准的主要电气特性参数。

表 10-1　RS-232 标准的主要电气特性参数

项　目	参数指标
带 3 ~ 7kΩ 负载时驱动器的输出电平	逻辑 0 为 +3 ~ +25V，逻辑 1 为 -25 ~ -3V
不带负载时驱动器的输出电平	-25 ~ +25V
驱动器通断时的输出阻抗	>300Ω
输出短路电流	<0.5A
驱动器转换速率	<30V/μs
接收器输入阻抗	3 ~ 7kΩ
接收器输出电压	-25 ~ +25V
输入开路时接收器的输出逻辑	1
输入经 300Ω 接地时接收器的输出逻辑	1
+3V 输入时接收器的输出逻辑	0
-3V 输入时接收器的输出逻辑	1
最大负载电容	2500pF
不能识别的过渡区	-3 ~ +3V

常用的电平转换器件有以 MC1488 与 MCl489 为代表的集成电路。MC1488 实质上由 3 个与非门和 1 个反相器组成，通过它们可将 4 路 TTL 电平转换为 RS-232 电平，它需要 ±15V 或 ±12V 双路电源，适用于数据发送。MC1489 实质上是 4 个带控制门的反相器，可将 4 路 RS-232 电平转换成 TTL 电平，它只使用单一的 5 V 电源，适用于数据接收，其控制端通常接一滤波电容到地，如果将它们连到电源正极，则可改变输入信号的门限特性。

由于 MC1488/1489 是功能单一的发送/接收器，所以双向数据传输中各端都要同时使用这两个器件，此外又必须同时具备正负两组电源，因而在很多应用场合下显得不方便。为此推出了只用单一电源且具有发送/接收双重功能电路的 RS-232 收发器。这种器件的内部集成了一个充电泵电压变换器，它能将 +5V 或者更低的电源电压变换为 RS-232 所需的 ±10V 以上的电压。因此在使用者看来，RS-232 电平就几乎与 TTL 电平“兼容”了。

这种单一 +5V 供电的 RS-232 收发芯片是美国美信（MAXIM 是 Maxim Integrated Products Inc. 的注册商标）等公司生产的产品，其品种与型号繁多，它们之间的差别主要在于芯片内部集成的发送器与接收器数量不同，以及有无节能或称睡眠模式等。此外，其中有些芯片需要外接 0.1 ~ 10μF 电容器；有些芯片则在内部集成了电容，因而无需使用或可以少连外接电容。

图 10-11 描述了 MAX220/232/232A 芯片引脚、内部功能框图及外接电容等信息。芯片内除了两个发送驱动器与两个接收器外，还有两个电源变换电路，一个升压泵将 +5 V 提高

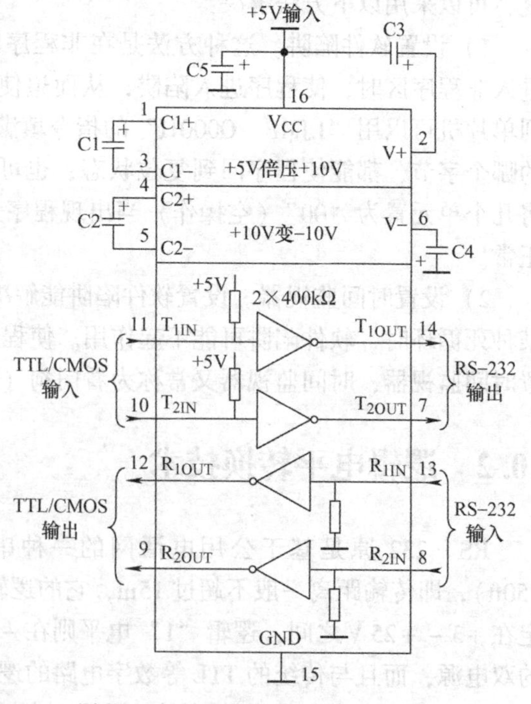

图 10-11　MAX220/232/232A 原理图

到+10V，另一个变换器则将+10V转换成-10 V。对于外接电容，MAX232要求C1~C5全为1.0μF；MAX232A则要求全为0.1μF；MAX220要求C1、C2与C5为4.7μF，C3与C4为10μF。

为了与+3.3V低电源电压逻辑电路兼容，厂家还推出了+3 V系列的RS-232产品，如MAX3218/3221/3223/3232/3237等，不仅如此，厂家还提供1.8~4.25 V宽范围低电压产品，如MAX3218等。

10.3 系统设计

一般来说，设计和调试单片机控制系统是软硬结合、逐步完善的过程，其内容和步骤包括：

(1) 总体设计 在对系统要求进行全面分析之后，确定实施方案，画出系统的硬件结构框图和应用程序结构框图。

(2) 硬件设计 包括选择主机、配置外设、设计输入通道和输出通道、设计电源和接地系统，同时要考虑抗干扰措施。

(3) 软件设计 结合硬件设计，首先明确软件部分各个模块的功能，更详细地画出各模块的流程图，然后进行主程序设计和各模块程序设计，最后连接起来得到完整的应用程序。

(4) 系统调试 将硬件和软件相结合，分模块进行调试、修正和完善原始设计，最后进行整个系统的调试。系统调试需要借助一定的设备，调试完成后将应用程序固化在程序存储器中。

10.3.1 单片机控制系统的总体设计

确定单片机控制系统的总体方案，是系统设计中十分重要的一步。合理的总体设计包括对系统要求的全面分析和对实现方法的正确选择。

1. 全面分析系统的要求

对系统全面分析，主要分析系统有哪些要求。一般从以下几个方面入手：

1) 需要检测的信号有哪些，变化快慢怎样，对检测精度有何要求，相应地确定检测方法、检测元件和输入通道的结构。

2) 执行机构是什么，需要输出几个控制信号，是数字量还是模拟量，功率多大，有何特殊要求，相应地确定输出通道的结构。

3) 对控制精度有何要求，应采用何种控制算法。

4) 对显示、打印、报警、通信等方面有何要求，相应地确定实现方法。

5) 系统操作方式如何，如怎样启动和停止，怎样设置工艺参数，是否需要加手动操作方式，手动方式和自动方式如何切换。

6) 系统是否有进一步扩展的需要，输入/输出通道和存储器容量是否要留有裕量。

7) 系统工作环境怎样，是否需要加强抗干扰措施。

2. 划分任务和画出系统结构框图

在分析系统要求之后，就要划分硬件和软件的任务，完成系统结构设计。计算机的硬件和软件是相互结合来工作的，有些任务必须由硬件来实现，而有些任务则必须由软件来实现。但是也有一些任务既可由硬件来完成，也可以由软件来完成，例如定时、逻辑控制等，这时就要综合考虑确定。一般来说，增加硬件会提高成本，但能简化设计程序，且实时性好。反之，加重软件任务，会增加编程调试工作量，但能降低硬件成本。

划分硬件和软件的任务，要按照各个部分列出其任务清单，例如数据采集部分，硬件的任务是提供测量电路，包括传感器、信号转换和放大电路、A-D 转换器等；软件的任务是按照一定的采样周期，进行定时采样，把数据存入指定区域。

根据对硬件和软件任务的划分，可以画出系统的结构框图。系统结构框图包括硬件结构框图和应用程序结构框图。框图画成模块式，其目的是表示本系统的总体方案，作为下一步硬件设计和软件设计的基础。

10.3.2 硬件设计

硬件设计的任务是根据总体设计给出的结构框图，逐一设计出各单元电路，最后组合起来，成为完整的硬件系统。

1. 单片机的选择

目前常用的单片机是 8 位机和 16 位机，其性能指标主要包括：中断系统、I/O 口的数量和功能、内部寄存器和存储器以及是否有 A-D 转换器等。因此，除了某些高精度快速系统需要采用 16 位单片机以外，对于一般控制系统来说，选择 8 位单片机就能满足要求。8 位单片机的类型很多，计算机公司根据检测和控制的需要，还在大力开发新的产品，如增加内部 ROM 容量、带 A-D 转换器、带看门狗电路等，具有很大的选择余地。

2. 输入通道设计

输入通道的设计内容是确定通道结构和元件配置，合理选择 A-D 转换器和其他器件。作为实际控制系统中完整的输入通道，还应包括信号的检测和转换环节，在设计输入通道时需要统一考虑。例如对于温度检测和控制系统，选用哪种测温元件，若传送距离较长，是采用电压信号、电流信号还是频率信号进行传送，均需考虑。如果采用热电偶作为检测元件，其信号需要经过放大，还有冷端补偿和查分度表的问题；如果采用热电阻作检测元件，需要经过信号转换和放大，还有线性化问题。这些既与输入通道有关，又涉及软件设计。

同时需要注意，在输入通道设计中，必须采取适当的信号隔离措施。

3. 输出通道设计

输出通道的设计内容也是要确定其通道结构和元件配置，并合理选择 D-A 转换器和其他元件。

输出通道的特点是带有功率驱动，要根据执行机构的需要，合理选择驱动电路。这一部分有时也会涉及电气设备的主电路。当然，在输出通道设计中，也要采取适当的隔离措施。

4. 操作信号等部分的接口和电路设计

(1) 参数设定　控制系统中有的参数可能需要人为设定和变动，实现这一功能的器件有按键、开关和拨码盘，可根据方便操作的原则来选用。

(2) 系统启动/停止等操作　为了实现系统的启动、停止和复位，要设置相应的按键和开关。另外，为了使生产设备在自动控制系统出现故障的情况下能够继续运行，一般设置手动操作开关，同时要有自动/手动切换环节。

(3) 显示 根据要显示的数据的种类、数目和位数，确定显示方式和数码管数量。当用一组数码管显示多种数据时，可以有不同的显示方式，如自动巡回显示或由按键选择显示。另外，还要确定采用动态显示还是静态显示，这样就可以设计显示部分的电路。

(4) 打印 当系统有打印要求时，一般可采用安装在操作面板上的微型打印机，要设计其接口电路。另外要确定打印操作方式——定时打印还是由开关（按键）控制打印，若是后者要设置打印开关。

(5) 报警 报警的方式有声（如蜂鸣器）、光（信号灯），由开关量输出经驱动电路进行控制，也可以同时在数码管上显示出某种字符，这属于软件设计。

根据系统的报警要求，确定报警的方式，设计相应的电路。

(6) 通信 若有通信要求，可利用单片机上的串行口来实现。

5. 硬件合成

以上各单元电路设计完成后，就可以进行硬件合成，将各单元电路按照总体设计的硬件结构框图组合在一起，形成一个完整的硬件系统原理图。在进行硬件合成时，要注意以下几点：

1）根据输入和输出的信号需要，全面安排微处理器的I/O口，查看是否够用，如果不够用，应扩展I/O口。扩展I/O口（以及存储器）之后，应考虑微处理器总线的实际负载，必要时接入总线驱动器。

2）检查信号逻辑电平是否兼容。电路中可能兼有TTL和MOS器件，也可能有非标准的信号电平，若电平不兼容，就要加电平转换电路。

3）从提高可靠性出发，全面检查电路设计，检查抗干扰措施是否完备，考虑是否需要设置“看门狗”电路，是否需要增加自检环节等。

4）考虑电源系统。相互隔离部分的电路必须采用各自独立的电源和地线，切不可混用；同一部分电路的电源，其电压种类应尽量减少；对于稳压性能有特殊要求的电路，如A-D转换器的基准电压，要确定是否需要单独设置。

5）合理安排地线系统。确定哪些单元电路的地线可以相连，哪根地线接机壳、接大地或浮空。

6. 电源配置

在确定系统所用的几种直流电源后，分别估算其所需功率，如有合适的单片机用整流电源产品，就可以选用。在交流侧应采用滤波装置，必要时加隔离变压器和交流稳压器。如果没有现成产品可用，就要自行设计电源变压器和整流滤波稳压电路。

硬件设计除了上述六部分内容以外，还可能要做印制电路板、操作面板的设计等工作。

10.3.3 软件设计

软件设计是设计控制系统的应用程序，这一工作要与硬件设计相结合。软件设计的任务是在系统设计和硬件设计的基础上，确定程序结构，划分功能模块，然后进行主程序和各模块程序的设计，最后连接起来成为一个完整的应用程序。

1. 软件结构设计

在进行系统总体设计时，曾经画过软件结构框图，那时由于硬件系统没有设计完成，结构框图十分粗略。当硬件设计完成后，就能够明确对软件设计的具体要求。例如：数据采集部分，明确 CPU 对启动 A-D 转换要发什么控制信号，端口地址是什么，CPU 用什么方法得知 A-D 转换结束，采样周期多长等。

进行软件结构设计的任务是确定程序结构，划分功能模块。

主程序的一般结构是先进行各种初始化，然后等待采样周期信号的中断请求。对各个功能模块进行划分，例如可分为定时、数据采集、数字滤波、标度变换、控制算法、显示、报警、打印等。进而明确各个模块的任务和相互联系，画出每个模块的详细流程图。

模块化程序设计是软件设计的基本方法。其中心思想是将一个功能较多、程序量较大的程序整体按其功能划分为若干个相对独立的程序段（称为程序模块），分别进行独立的设计调试和查错，最终再连接成一个程序整体。模块化程序设计方法的优点是：对每个模块进行程序设计时无需过多了解其他模块，可以独立进行；便于修改和调试；便于程序调用；程序整体层次清晰，结构一目了然，方便阅读。

2. 主程序和各模块程序的设计

根据确定的流程图，分别编写主程序和各模块程序。编程时尽量利用现成的子程序，以减少工作量。

对于软件设计，需要说明以下几点：

1）在单片机系统中，可以采用的高级语言有 BASIC 语言、C 语言和 PL/M 语言等。借助于一般的单片机开发装置就能使用 BASIC 语言编程。

2）设计中必须贯彻可靠性设计的原则，例如采取必要的抗干扰措施——数字滤波、软件陷阱等。

3）控制算法是单片机控制系统程序设计中的重要内容，要根据被控制对象的特性，合理选择控制算法，以达到所要求的控制精度。

4）对于存储器空间的使用应统一安排。在程序存储器中，安排好用户程序区、子程序区及表格区等；在数据存储器中，安排好采样数据区、处理结果数据区、显示和打印数据区、标志区等。

5）对于各个程序模块，要画出流程图，说明其功能。应明确各程序模块的入口、出口和对 CPU 内部寄存器的占用情况，以便于模块连接，对于程序中的指令应有必要的注释，以便于阅读。

6）主程序和各模块程序设计完成后，连接起来应成为一个完整的程序。

7）最后对于整个程序作一简要说明，内容包括占用内部资源状况、存储器分配图、标志的定义以及程序启动方法等。

10.4 习题

1. 单片机控制系统的设计一般分几步？每一步完成什么任务？
2. 硬件设计和软件设计主要包括哪些内容？
3. 单片机控制系统接地要注意什么问题？
4. 硬件抗干扰有哪些主要措施？
5. 软件抗干扰有哪些主要措施？

附　　录

附录 A　MCS－51 系列单片机指令表

表 A-1　数据传送类指令

助 记 符	机 器 码	字 节 数	机器周期数
MOV　A，Rn	E8～EF	1	1
MOV　A，direct	E5　direct	2	1
MOV　A，@Ri	E6～E7	1	1
MOV　A，#data	74　data	2	1
MOV　Rn，A	F8～FF	1	1
MOV　Rn，direct	A8～AF　direct	2	2
MOV　Rn，#data	78～7F　data	2	1
MOV　direct，A	F5　direct	2	1
MOV　direct，Rn	88～8F　direct	2	2
MOV　direct1，direct2	85　direct1　direct2	3	2
MOV　direct，@Ri	86～87　direct	2	2
MOV　direct，#data	75　direct　data	3	2
MOV　@Ri，A	F6～F7	1	1
MOV　@Ri，direct	A6～A7　direct	2	2
MOV　@Ri，#data	76～77　data	2	1
MOV　DPTR，#data16	90　$data_{15\sim8}$　$data_{7\sim0}$	3	2
MOVC　A，@A+DPTR	93	1	2
MOVC　A，@A+PC	83	1	2
MOVX　A，@Ri	E2～E3	1	2
MOVX　A，@DPTR	E0	1	2
MOVX　@Ri，A	F2～F3	1	2
MOVX　@DPTR，A	F0	1	2
PUSH　direct	C0　direct	2	2
POP　direct	D0　direct	2	2
XCH　A，Rn	C8～CF	1	1
XCH　A，direct	C5　direct	2	1
XCH　A，@Ri	C6～C7	1	1
XCHD　A，@Ri	D6～D7	1	1
SWAP　A	C4	1	1

表 A-2　算术运算类指令

助 记 符	机 器 码	字 节 数	机器周期数
ADD　A，Rn	28～2F	1	1
ADD　A，direct	25　direct	2	1
ADD　A，@Ri	26～27	1	1
ADD　A，#data	24　data	2	1
ADDC　A，Rn	38～3F	1	1
ADDC　A，direct	35　direct	2	1
ADDC　A，@Ri	36～37	1	1
ADDC　A，#data	34　data	2	1
SUBB　A，Rn	98～9F	1	1
SUBB　A，direct	95　direct	2	1
SUBB　A，@Ri	96～97	1	1
SUBB　A，#data	94　data	2	1
INC　A	04	1	1
INC　Rn	08～0F	1	1
INC　direct	05　direct	2	1
INC　@Ri	06～07	1	1
INC　DPTR	A3	1	2
DEC　A	14	1	1
DEC　Rn	18～1F	1	1
DEC　direct	15　direct	2	1
DEC　@Ri	16～17	1	1
MUL　AB	A4	1	4
DIV　AB	84	1	4
DA　A	D4	1	1

表 A-3　逻辑运算类指令

助 记 符	机 器 码	字 节 数	机器周期数
ANL　A，Rn	58～5F	1	1
ANL　A，direct	55　direct	2	1
ANL　A，@Ri	56～57	1	1
ANL　A，#data	54　data	2	1
ANL　direct，A	52　direct	2	1
ANL　direct，#data	53　direct　data	3	2
ORL　A，Rn	48～4F	1	1
ORL　A，direct	45　direct	2	1
ORL　A，@Ri	46～47	1	1
ORL　A，#data	44　data	2	1
ORL　direct，A	42　direct	2	1
ORL　direct，#data	43　direct　data	3	2
XRL　A，Rn	68～6F	1	1
XRL　A，direct	65　direct	2	1
XRL　A，@Ri	66～67	1	1
XRL　A，#data	64　data	2	1
XRL　direct，A	62　direct	2	1
XRL　direct，#data	63　direct　data	3	2
CLR　A	E4	1	1

（续）

助　记　符	机　器　码	字　节　数	机器周期数
CPL　A	F4	1	1
RL　A	23	1	1
RLC　A	33	1	1
RR　A	03	1	1
RRC　A	13	1	1

表 A-4　控制转移类指令

助　记　符	机　器　码	字　节　数	机器周期数
LCALL　direct16	12　$direct_{15\sim8}$　$direct_{7\sim0}$	3	2
ACALL　direct11	$a_{10}a_9a_8$10001　$addr_{7\sim0}$	2	2
RET	22	1	2
RETI	32	1	2
LJMP　direct16	02　$direct_{15\sim8}$　$direct_{7\sim0}$	3	2
AJMP　direct11	$a_{10}a_9a_8$00001　$addr_{7\sim0}$	2	2
SJMP　rel	80　rel	2	2
JMP　@A+DPTR	73	1	2
JZ　rel	60　rel	2	2
JNZ　rel	70　rel	2	2
JC　rel	40　rel	2	2
JNC　rel	50　rel	2	2
JB　bit，rel	20　bit　rel	3	2
JNB　bit，rel	30　bit　rel	3	2
JBC　bit，rel	10　bit　rel	3	2
CJNE　A，direct，rel	B5　direct　rel	3	2
CJNE　A，#data，rel	B4　direct　rel	3	2
CJNE　Rn，#data，rel	B8～BF　data　rel	3	2
CJNE　@Ri，#data，rel	B6～B7　data　rel	3	2
DJNZ　Rn，rel	D8～DF　rel	2	2
DJNZ　direct，rel	B5　direct　rel	3	2
NOP	00	1	1

表 A-5　位操作类指令

助　记　符	机　器　码	字　节　数	机器周期数
CLR　C	C3	1	1
CLR　bit	C2　bit	2	1
SETB　C	D3	1	1
SETB　bit	D2　bit	2	1
CPL　C	B3	1	1
CPL　bit	B2　bit	2	1
ANL　C，bit	82　bit	2	2
ANL　C，/bit	B0　bit	2	2
ORL　C，bit	72　bit	2	2
ORL　C，/bit	A0　bit	2	2
MOV　C，bit	A2　bit	2	1
MOV　bit，C	92　bit	2	1

附录B　MCS－51系列单片机反汇编指令分类表

a7～a4 \ a3～a0	0	1	2	3	4	5	6，7	8～F
0	NOP	AJMP 0	LJMP	RR　A	INC　A	INC　direct	INC　@Ri	INC　Rn
1	JBC bit，rel	ACALL 0	LCALL	RRC A	DEC A	DEC direct	DEC　@Ri	DEC Rn
2	JB bit，rel	AJMP 1	RET	RL A	ADD A，#data	ADD A，direct	ADD A，@Ri	ADD A，Rn
3	JNB bit，rel	ACALL 1	RETI	RLC A	ADDC A，#data	ADDC A，direct	ADDC A，@Ri	ADDC A，Rn
4	JC rel	AJMP 2	ORL direct，A	ORL direct，#data	ORL A，#data	ORL A，direct	ORL A，@Ri	ORL A，Rn
5	JNC rel	ACALL 2	ANL direct，A	ANL direct，#data	ANL A，#data	ANL A，direct	ANL A，@Ri	ANL A，Rn
6	JZ rel	AJMP 3	XRL direct，A	XRL direct，#data	XRL A，#data	XRL A，direct	XRL A，@Ri	XRL A，Rn
7	JNZ rel	ACALL 3	ORL C，bit	JMP　@A＋DPTR	MOV A，#data	MOV direct，#data	MOV　@Ri，#data	MOV Rn，#data
8	SJMP rel	AJMP 4	ANL C，bit	MOVC A，@A＋PC	DIV AB	MOV direct1，direct2	MOV direct，@Ri	MOV direct，Rn
9	MOV DPTR，#data16	ACALL 4	MOV bit，C	MOVC A，@A＋DPTR	SUBB A，#data	SUBB A，direct	SUBB A，@Ri	SUBB A，Rn
A	ORL C，/bit	AJMP 5	MOV C，bit	INC DPTR	MUL AB		MOV　@Ri，direct	MOV Rn，direct
B	ANL C，/bit	ACALL 5	CPL bit	CPL C	CJNE A，#data，rel	CJNE A，direct，rel	CINE@Ri，#data，rel	CINE Rn，#data，rel
C	PUSH direct	AJMP 6	CLR bit	CLR C	SWAP A	XCH A，direct	XCH A，@Ri	XCH A，Rn
D	POP direct	ACALL 6	SETB bit	SETB C	DA A	DJNZ direct，rel	XCHD A，@Ri	DJNZ Rn，rel
E	MOVX A，@DPTR	AJMP 7	MOVX A，@R0	MOVX A，@R1	CLR A	MOV A，direct	MOV A，@Ri	MOV A，Rn
F	MOVX　@DPTR，A	ACALL 7	MOVX　@R0，A	MOVX　@R1，A	CPL A	MOV direct，A	MOV　@Ri，A	MOV Rn，A

附录C　ASCII（美国标准信息交换码）表

行	列	0①	1①	2①	3	4	5	6	7①
	位 654→ ↓ 3210	000	001	010	011	100	101	110	111
0	0000	NUL	DLE	SP	0	@	P	`	p
1	0001	SOH	DC_1	!	1	A	Q	a	q
2	0010	STX	DC_2	”	2	B	R	b	r
3	0011	ETX	DC_3	#	3	C	S	c	s
4	0100	EOT	DC_4	$	4	D	T	d	t
5	0101	ENQ	NAK	%	5	E	U	e	u
6	0110	ACK	SYN	&	6	F	V	f	v
7	0111	BEL	ETB	,	7	G	W	g	w
8	1000	BS	CAN	(	8	H	X	h	x
9	1001	HT	EM	)	9	I	Y	i	y
A	1010	LF	SUB	*	:	J	Z	j	z
B	1011	VT	ESC	+	;	K	[	k	{
C	1100	FF	FS	,	<	L	\	l	|
D	1101	CR	GS	–	=	M	]	m	}
E	1110	SO	RS	.	>	N	^	n	~
F	1111	SI	US	/	?	O	_	o	DEL

① 第0、1、2和7列特殊控制功能的解释如下：

NUL	空字符	VT	垂直制表符	SYN	同步空闲
SOH	标题开始	FF	换页	ETB	结束传输块
STX	正文开始	CR	回车	CAN	作废
ETX	正文结束	SO	移出	EM	媒介结束
EOT	传输结束	SI	移入	SUB	替换
ENQ	询问或请求	DLE	数据链路换义	ESC	换码
ACK	承认或确认回应	DC_1	设备控制1	FS	文件分隔符
BEL	响铃	DC_2	设备控制2	GS	组分隔符
BS	退格	DC_3	设备控制3	RS	记录分隔符
HT	水平制表符	DC_4	设备控制4	US	单元分隔符
LF	换行	NAK	拒绝接收	SP	空格
				DEL	删除

附录 D REG51. H 清单

```
/* -----------------------------------------------------------------------------
REG51.H

Header file for generic 80C51 and 80C31 microcontroller.
Copyright (c) 1988 -2001 Keil Elektronik GmbH and Keil Software, Inc.
All rights reserved.
------------------------------------------------------------------------------ */

/*  BYTE Register   */
sfr P0     = 0x80;
sfr P1     = 0x90;
sfr P2     = 0xA0;
sfr P3     = 0xB0;
sfr PSW    = 0xD0;
sfr ACC    = 0xE0;
sfr B      = 0xF0;
sfr SP     = 0x81;
sfr DPL    = 0x82;
sfr DPH    = 0x83;
sfr PCON   = 0x87;
sfr TCON   = 0x88;
sfr TMOD   = 0x89;
sfr TL0    = 0x8A;
sfr TL1    = 0x8B;
sfr TH0    = 0x8C;
sfr TH1    = 0x8D;
sfr IE     = 0xA8;
sfr IP     = 0xB8;
sfr SCON   = 0x98;
sfr SBUF   = 0x99;

/*  BIT Register   */
/*  PSW  */
sbit CY    = 0xD7;
sbit AC    = 0xD6;
sbit F0    = 0xD5;
sbit RS1   = 0xD4;
sbit RS0   = 0xD3;
sbit OV    = 0xD2;
```

```
sbit P     = 0xD0;

/*  TCON  */
sbit TF1   = 0x8F;
sbit TR1   = 0x8E;
sbit TF0   = 0x8D;
sbit TR0   = 0x8C;
sbit IE1   = 0x8B;
sbit IT1   = 0x8A;
sbit IE0   = 0x89;
sbit IT0   = 0x88;

/*  IE  */
sbit EA    = 0xAF;
sbit ES    = 0xAC;
sbit ET1   = 0xAB;
sbit EX1   = 0xAA;
sbit ET0   = 0xA9;
sbit EX0   = 0xA8;

/*  IP  */
sbit PS    = 0xBC;
sbit PT1   = 0xBB;
sbit PX1   = 0xBA;
sbit PT0   = 0xB9;
sbit PX0   = 0xB8;

/*  P3  */
sbit RD    = 0xB7;
sbit WR    = 0xB6;
sbit T1    = 0xB5;
sbit T0    = 0xB4;
sbit INT1  = 0xB3;
sbit INT0  = 0xB2;
sbit TXD   = 0xB1;
sbit RXD   = 0xB0;

/*  SCON  */
sbit SM0   = 0x9F;
sbit SM1   = 0x9E;
sbit SM2   = 0x9D;
sbit REN   = 0x9C;
sbit TB8   = 0x9B;
```

```
sbit RB8   = 0x9A;
sbit TI    = 0x99;
sbit RI    = 0x98;
```

附录 E　ABSACC. H 清单

```
/* ---------------------------------------------------------------------------
ABSACC.H

Direct access to 8051, extended 8051 and Philips 80C51MX memory areas.
Copyright (c) 1988-2001 Keil Elektronik GmbH and Keil Software, Inc.
All rights reserved.
--------------------------------------------------------------------------- */

#define CBYTE ((unsigned char volatile code  *) 0)
#define DBYTE ((unsigned char volatile data  *) 0)
#define PBYTE ((unsigned char volatile pdata *) 0)
#define XBYTE ((unsigned char volatile xdata *) 0)

#define CWORD ((unsigned int volatile code  *) 0)
#define DWORD ((unsigned int volatile data  *) 0)
#define PWORD ((unsigned int volatile pdata *) 0)
#define XWORD ((unsigned int volatile xdata *) 0)


#ifdef __CX51__
#define FVAR(object, addr)   (*((object volatile far *) (addr)))
#define FARRAY(object, base) ((object volatile far *) (base))
#else
#define FVAR(object, addr)    (*((object volatile far *) ((addr)+0x10000L)))
#define FCVAR(object, addr)   (*((object const far *) ((addr)+0x810000L)))
#define FARRAY(object, base)  ((object volatile far *) ((base)+0x10000L))
#define FCARRAY(object, base) ((object const far *) ((base)+0x810000L))
#endif
```

附录 F　MATH. H 清单

```
/* ---------------------------------------------------------------------------
MATH.H

Prototypes for mathematic functions.
```

```
Copyright (c) 1988 -2001 Keil Elektronik GmbH and Keil Software, Inc.
All rights reserved.
------------------------------------------------------------------------*/

#pragma SAVE
#pragma REGPARMS
extern char   cabs(char  val);
extern int    abs(int  val);
extern long   labs(long  val);
extern float  fabs(float val);
extern float  sqrt(float val);
extern float  exp(float val);
extern float  log(float val);
extern float  log10(float val);
extern float  sin(float val);
extern float  cos(float val);
extern float  tan(float val);
extern float  asin(float val);
extern float  acos(float val);
extern float  atan(float val);
extern float  sinh(float val);
extern float  cosh(float val);
extern float  tanh(float val);
extern float  atan2(float y, float x);

extern float  ceil(float val);
extern float  floor(float val);
extern float  modf(float val, float *n);
extern float  fmod(float x, float y);
extern float  pow(float x, float y);

#pragma RESTORE
```

附录 G　INTRINS. H 清单

```
/*-----------------------------------------------------------------------
INTRINS. H

Intrinsic functions for C51.
Copyright (c) 1988 -2001 Keil Elektronik GmbH and Keil Software, Inc.
All rights reserved.
```

```
-------------------------------------------------------------------------- */

extern void          _nop_(void);
extern bit           _testbit_ (bit);
extern unsigned      char _cror_(unsigned char, unsigned char);
extern unsigned      int  _iror_(unsigned int,unsigned char);
extern unsigned      long _lror_(unsigned long, unsigned char);
extern unsigned      char _crol_(unsigned char, unsigned char);
extern unsigned      int  _irol_(unsigned int,unsigned char);
extern unsigned      long _lrol_(unsigned long, unsigned char);
extern unsigned      char _chkfloat_(float);
```

附录 H　STDIO. H 清单

```
/* --------------------------------------------------------------------------
STDIO. H

Prototypes for standard I/O functions.
Copyright (c) 1988 -2001 Keil Elektronik GmbH and Keil Software, Inc.
All rights reserved.
-------------------------------------------------------------------------- */

#ifndef EOF
 #define EOF -1
#endif

#ifndef NULL
#define NULL ((void *) 0)
#endif

#ifndef _SIZE_T
 #define _SIZE_T
 typedef unsigned int size_t;
#endif

#pragma SAVE
#pragma REGPARMS
extern char _getkey (void);
extern char getchar (void);
extern char ungetchar (char);
extern char putchar (char);
extern int printf   (const char *, ...);
```

```
extern int sprintf  (char * , const char * , ... );
extern int vprintf  (const char * , char * );
extern int vsprintf (char * , const char * , char * );
extern char *gets (char * , int n);
extern int scanf (const char * , ... );
extern int sscanf (char * , const char * , ... );
extern int puts (const char * );

#pragma RESTORE
```

参考文献

[1] 李桂林．单片机原理与应用开发教程［M］．北京：电子工业出版社，2016.
[2] 曹建树，等．单片机原理与应用实例［M］．北京：机械工业出版社，2014.
[3] 艾学忠．单片机原理及接口技术［M］．北京：机械工业出版社，2012.
[4] 陈志旺．51单片机案例笔记［M］．北京：机械工业出版社，2015.
[5] 贾菲．单片机汇编语言编程就这么容易［M］．北京：化学工业出版社，2015.
[6] 李晓林，苏淑靖，许鸥，牛昱光．单片机原理与接口技术［M］．3版．北京：电子工业出版社，2015.
[7] 刘军．单片机原理与接口技术［M］．上海：华东理工大学出版社，2006.
[8] 王会良，王东峰，董冠强．单片机C语言应用100例［M］．3版．北京：电子工业出版社，2017.
[9] 周永东．单片机技术及应用（C语言版）［M］．北京：电子工业出版社，2012.
[10] 于永，戴佳，常江．51单片机C语言常用模块与综合系统设计实例精讲［M］．北京：电子工业出版社，2007.
[11] 求是科技．8051系列单片机C程序设计完全手册［M］．北京：人民邮电出版社，2006.
[12] 丁向荣，谢俊，王彩申．单片机C语言编程与实践［M］．北京：电子工业出版社，2009.